砌体结构工程施工

（第2版）

袁 帅 郭 圆 编著

北京理工大学出版社
BEIJING INSTITUTE OF TECHNOLOGY PRESS

内 容 提 要

本书按照高等院校土木工程类相关专业的教学要求，根据现行规范、规程、标准编写而成。全书共分为砌体结构工程基础知识、砌体结构工程施工过程和综合实践三个学习单元，其中砌体结构工程基础知识单元主要包括砌体结构的应用范围与发展方向、砌体房屋的组成与墙体的作用、砌体材料与力学性能、砌体的砌筑方法与构造要求、脚手架与垂直运输设施等任务；砌体结构工程施工过程单元主要包括施工准备、工程开工、施工过程的形成与验收交工、项目收尾管理与竣工验收等任务；综合实践单元主要包括工地参观、情境教学—图纸会审与工地例会、墙体砌筑操作实训等任务。全书将工艺流程作为贯穿理论知识的脉络，理论服务于实践的需要，实现理论与实践一体化，充分反映了砌体结构工程实际施工工艺。

本书可作为高等院校土木工程类相关专业的教材，也可供建筑工程技术与管理人员工作时参考使用。

图书在版编目（CIP）数据

砌体结构工程施工 / 袁帅，郭圆编著. —2版. —北京：北京理工大学出版社，2019.3

ISBN 978-7-5682-6649-9

Ⅰ. ①砌…　Ⅱ. ①袁…②郭…　Ⅲ. ①砌体结构－工程施工－高等学校－教材　Ⅳ. ①TU754

中国版本图书馆CIP数据核字（2019）第009873号

出版发行 / 北京理工大学出版社有限责任公司
社　　址 / 北京市海淀区中关村南大街5号
邮　　编 / 100081
电　　话 /（010）68914775（总编室）
　　　　　（010）82562903（教材售后服务热线）
　　　　　（010）68948351（其他图书服务热线）
网　　址 / http://www.bitpress.com.cn
经　　销 / 全国各地新华书店
印　　刷 / 河北鸿祥信彩印刷有限公司
开　　本 / 787毫米×1092毫米　1/16
印　　张 / 13
字　　数 / 315千字
版　　次 / 2019年3月第2版　2019年3月第1次印刷
定　　价 / 49.00元

责任编辑 / 陈莉华
文案编辑 / 陈莉华
责任校对 / 周瑞红
责任印制 / 边心超

第2版前言

砌体结构在工程建设中历史悠久，有着举足轻重的地位。砌体结构工程的施工与使用推动了我国现代建筑的发展。砌体结构建筑造价低，施工操作相对简单，其抗震性能通过增强结构的整体性和构件的整体刚度正在日益增强，能够保证建筑物的安全性能，同时通过加强构件的工业化生产和推进机械化施工等一系列措施，减轻劳动强度和加快施工进度的目标也逐步得以实现。

“砌体结构工程施工”是土木工程类相关专业的核心课程，课程的教学质量对学生毕业后能否胜任建筑工程相关工作有很大的影响。本书遵守行业标准、满足企业需求、适应专业发展，从砌体结构理论出发，结合工程实际，依据施工组织的基本步骤，以施工工艺流程为主线，系统地介绍了砌体结构工程的相关知识和施工操作技能要点，形成适用于高等院校学生的课堂教学体系。本书全面系统地阐述了砌体结构工程施工的理论知识和施工技术，具有实践性、针对性和实用性强的特点。

本书修订过程中力求有所创新，删除了一些在建筑工程中较少使用的陈旧的内容。对各单元的知识体系进行了深入的思考，并联系实际进行知识点的总结与概括，使该部分内容更具有指导性与实用性，便于学生学习与思考；对各章复习思考题也进行了适当的删减与补充，有利于学生课后复习，强化应用所学理论知识，提高学生解决工程实际问题的能力。全书共三个单元，主要内容包括砌体结构工程基础知识、砌体结构工程施工过程和综合实践。

本书的修订参阅了国内同行的多部著作，部分高等院校的老师提出了很多宝贵的意见供我们参考，在此表示衷心的感谢！对于参与本书第 1 版编写但未参与本次修订的老师、专家和学者，本次修订的所有编写人员向你们表示敬意，感谢你们对高等教育教学改革作出的不懈努力，希望你们对本书保持持续关注并多提宝贵意见。

本书虽经反复讨论修改，但限于编者的学识及专业水平和实践经验，修订后的教材仍难免有疏漏和不妥之处，恳请广大读者指正。

编　者

第1版前言

在城市化进程日益加快的今天，一座座钢筋混凝土建造的高楼大厦拔地而起，而老街上那些红砖碧瓦砌筑的砌体房屋，伴随着拆卸机器的轰鸣声，逐渐淡出了人们的视野。只有星星点点散落在公园里的亭台楼阁，依稀提醒着我们它们的存在。砌体房屋真要消失了吗？

本书从独特的视角出发，抓住砌体房屋结构简单、施工过程紧凑以及施工环节重复少等特点，以一栋小小的砖混房屋为载体，搭建了一个诠释工程建设、施工、监理三方单位相互制约，密切合作的舞台。在这个舞台上，施工组织技术和工程监理管控，在协调中推进；在这个舞台上，施工人员与监理工程师们携手演绎了建设项目从施工准备、工程开工、施工过程的形成一直到竣工验收、后期服务的一幕完整的工程“剧目”。

本书共有 3 个单元，第 1 单元论述砌体结构工程基础知识，第 2 单元阐述砌体结构工程的施工过程，第 3 单元介绍开展相应的实践教学活动。

第 2 单元是全书的核心。该单元全方位阐述了一栋砌体房屋施工过程的形成及施工质量的控制，以建筑工程施工组织的四个阶段（施工准备→工程开工→施工过程的形成与验收交工→项目收尾管理与竣工验收）为主线，依次展开。在讲解施工技术和组织管理的同时，以“监理提示”的方式，穿插介绍了每一阶段相应的工程监理工作。重点工作任务 2.3“施工过程的形成与验收交工”，从“定位放线、土方开挖……”“墙体砌筑……”一直到“屋面混凝土浇筑”，针对二十几个施工环节展开叙述，环环相扣，其中既包含了施工技术的应用，又在“地基、基础、墙体砌筑、楼板支模、钢筋加工安装、混凝土浇筑”等重要关键环节上，同步介绍了如何开展相应的施工质量验收工作（以【施工质量验收】标示）。在单元的最后部分，还简要说明了项目收尾管理、竣工验收及工程保修和善后服务等内容。

第 3 单元是本书最具特色的一部分。在这一单元中，我们策划和组织了一次现场参观教学（含两个专项议题）、两场情境教学和一次完整的砌筑操作实训。

本书由袁帅编著，参与本书策划和编写工作的还有赵庆辉、郭圆、范丽、赵薇霞，以及济南二建集团有限公司工程师王爱云。

限于编著者自身水平，本书中的不当和偏差之处在所难免，恳请读者指正。

编　者

CONTENTS 目录

CONTENTS

第1单元　砌体结构工程基础知识

推荐阅读资料

中华人民共和国国家标准《砌体结构设计规范》(GB 50003—2011)，《建筑抗震设计规范(2016年版)》(GB 50011—2010)，《砌体结构工程施工质量验收规范》(GB 50203—2011)，《建筑工程抗震设防分类标准》(GB 50223—2008)，《建筑地基基础设计规范》(GB 50007—2011)，《建筑地基工程施工质量验收标准》(GB 50202—2018)，《钢管脚手架扣件》(GB 15831—2006)；中华人民共和国行业标准《砌筑砂浆配合比设计规程》(JGJ/T 98—2010)，《混凝土小型空心砌块建筑技术规程》(JGJ/T 14—2011)，《建筑施工扣件式钢管脚手架安全技术规范》(JGJ 130—2011)等。

任务目标

1. 知识目标

了解砌体结构的应用范围与发展方向，认识砌体房屋的组成与墙体的功能，理解和掌握砌体材料的种类、型号及强度级别，并了解其力学性能。

2. 能力目标

能够理解和分析砖与砌块砌体、石砌体、刚性基础、配筋砌体和框架填充墙等多种砌体或构件的组砌方式与砌筑要求；掌握砖墙等常见砌体的基本构造规定与抗震构造要求，了解砌块砌体、石砌体、刚性基础、配筋砌体与框架填充墙的施工方法及质量验收标准。

任务分解

任务1.1　砌体结构的应用范围与发展方向
任务1.2　砌体房屋的组成与墙体的作用
任务1.3　砌体材料与力学性能
任务1.4　砌体的砌筑方法与构造要求
任务1.5　脚手架与垂直运输设施

知识导入

通常把用砂浆将砖石砌筑起来的结构称作砌体结构。砌体结构在我国有着悠久光辉的历史。据资料记载，千百年来砌体结构不仅为人们遮风避雨、防止野兽侵害等，还在军事上成了民族抵御外敌的屏障。考古发现，最早木架泥墙结构出现在4 500～6 000年前。随着中华文明的进步与发展，人们逐渐采用黏土夯土城墙、土坯墙建造房屋。西周时期出现了烧制的瓦，在秦始皇墓中已出土了精致的砖，到了汉代，砖石应用发展有了质的飞跃，不仅用于亭台楼阁建造，更广泛地体现于雕龙画凤的装饰浮雕。“秦砖汉瓦”是中华优秀灿烂文化的重要组成部分，长城、赵州桥等建筑，更是人类建筑史上的伟大奇迹。

一座砌体房屋，以地面为界，地面以下是地基基础，以上是上部主体结构，由墙体、楼板、屋面等组成，墙体又由各种构件构成。以下分别介绍砌体结构的特点、砌体房屋的组成、砌体材料及构造要求等。

任务 1.1　砌体结构的应用范围与发展方向

任务导入

砌体结构的主要代表——砖石房屋，所采用的基本建筑材料为砖、石、砂等，取材容易，价格低廉。这些材料除具有一定的抗压强度外，还具备良好的耐火性和化学稳定性。其主要砌筑施工方法相对简单，质量可控。当然，砌体结构也有自重大、砌筑需要大量手工操作、砌体结构整体性较脆弱，以及实心黏土砖传统生产方法取土毁坏农田并污染环境等缺点。另外，砌体结构抗震性能也相对较差。

1.1.1　砌体结构的应用范围

限于结构自身特点和抗震基本要求，砌体房屋楼层在非抗震地区不超过 8 层，在抗震设防地区一般不超过 7 层。除用于围墙大门外，砌体结构主要有房屋的墙体、柱、基础，以及地沟、台阶等构件方面的应用；工业厂房的围护墙、烟囱、锅炉房、料仓及水沟等也多采用砌体结构；砌体结构还可用于农村水利设施筑坝、桥涵、围堰、粮仓及猪圈等农用设施的建设。

1.1.2　砌体结构的发展方向

第一，从节约耕地及保护生态环境角度来看，逐步禁止使用实心黏土烧结砖，代之以工业废料，如粉煤灰、炉渣等为原材料，以无污染生产工艺制成的绿色环保砖，势在必行。第二，针对砌体结构自身特点，高度重视开发轻质高强的建筑材料。如采用掺有有机化合物的高粘结性砂浆，可大幅度提高砌体抗压、抗弯、抗剪强度以及结构的整体性；再比如采用高强度砖砌筑的大块薄墙，强度明显提高而结构自重大为减轻，同时节省了材料；以相同材料、工艺制成的空心砖，在不减小墙体厚度的前提下，可取得同样效果，抗震性能也获得了显著改善。第三，大力提高砌体工程建筑机械化及施工工业自动化，例如，借鉴欧洲大、中型墙板装配技术的应用已经起步，但任重而道远。

任务 1.2　砌体房屋的组成与墙体的作用

任务导入

用砂浆类粘结材料把砌块砌筑在一起，就形成了砌体，各种砌体构件组成了砌体建(构)筑物。砌体分为普通砖砌体(烧结或非烧结砖无筋或配筋砖砌体)、砌块砌体(混凝土或轻集料混凝土砌块无筋或有筋砌体)以及石砌体(料石或毛石砌体)三类。

与钢筋混凝土框架结构相比，无论是建筑材料还是结构受力方面，砌体结构都有着明显的不同。框架结构的主受力体系是钢筋混凝土浇筑的板、梁、柱，其中墙体仅仅是围护构件；而砌体结构的主受力体系是钢筋混凝土板和墙体，其中墙体不仅仅是围护构件，而且是主要受力构件。下面以人们日常居住的一栋普通多层房屋为例，认识砌体结构各个组成部分和墙体的作用。

1.2.1　砌体房屋的组成

砌体房屋的组成，自下而上主要有地基与基础、墙体、楼梯、钢筋混凝土楼板和屋面以及雨篷、阳台、挑檐等。其中，墙体中又包含着门窗、过梁、圈梁、构造柱和其他一些墙身构件。

(1)地基与基础。砌体房屋底层墙体，埋入土中的部分是地基墙，再向下有一个大放脚是基础，基础下面是地基。砌体房屋层数有限，荷载相对较小，因而其基础多为浅基础。比如，属于刚性基础的砖或毛石条形基础、钢筋混凝土条形基础；如果上部荷载较大，地基承载力相对较低，也可采用整体筏形基础等。特殊情况下，也不排除采用桩基、箱基等深基础。

基坑(槽)开挖后，无须加固处理即满足设计要求的地基称为天然地基。如地质条件较差，则需进行人工加固处理。人工地基常用的处理方法有换土、重锤夯实、强夯、振冲、砂桩挤密、深层搅拌、堆载预压、化学加固等。

(2)墙体。墙体是最基本也是最重要的砌体构件。一般用普通砖或其他砌块和砂浆砌筑而成。砖墙体以厚度不同分类，有 12 墙、24 墙、37 墙，严寒地区还有自然保温效果较好的 49 墙，其相应实际厚度分别为 120 mm、240 mm、370 mm 和 490 mm。

为确保砌体房屋具有良好的整体性和刚度以抵抗地震灾害，根据抗震设防烈度等因素在房屋每层的楼板板底处设置圈梁。当地震设防要求不高时，一般仅在基础及房屋顶层檐口处各设一道圈梁；在房屋的转角处、纵横墙相交处、楼梯间四角等部位还应设置构造柱。

墙身构件主要有以下几种：

1)勒脚。勒脚在外墙与室外地面结合部位，其作用是保护墙角、加固墙身，另外还有美化建筑物的立面效果。

2)墙身防潮层。墙身防潮层一般设置在室外地坪以上，室内地面标高±0.000 以下 60 mm 左右第一道砖墙水平灰缝位置。墙身防潮层沿所有墙体连续设置，不得间断，以阻断地面以下潮气向上侵入并腐蚀墙身主体。

墙身防潮层所处的标高，通常是结合底层墙体砌筑施工的第一步——找平层制作完成的。在非抗震地区，用 20 mm 水泥砂浆抹平，其上做卷材防潮层。在抗震地区，则应选择刚性防潮层，一种是 25 mm 厚的水泥砂浆防潮层，所用水泥砂浆内掺一定比例的防水剂；另一种是细石混凝土防潮层，浇筑 60 mm 厚与墙等宽的细石混凝土条带，内设构造钢筋，如图 1.2.1 所示。

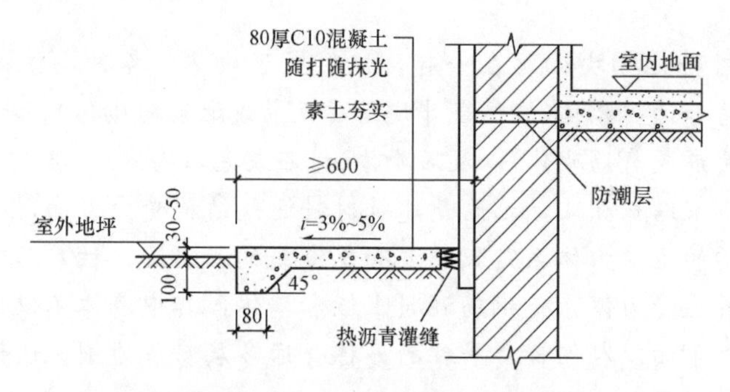

图 1.2.1　防潮层与散水案例图

3)散水与明沟。散水与明沟设置于建筑物的外墙四周。散水阻止了雨天室外雨水沿墙身、基础侵入地基，保护了地基基础结构安全。散水自身具有一定坡度，雨水流经时便形成有组织的排水将其向外导入明沟，沿明沟按一定坡度排泄，最终进入总排水管网。

散水及明沟，均可用砖、块石等材料砌筑，也可用混凝土或钢筋混凝土浇筑而成，如图 1.2.1 所示。

4)门窗过梁。门窗过梁设于门窗洞口上坪，它可以有效地支撑起洞口上部砌体及砌体所承担的楼板屋盖，并把这部分荷载传递到过梁两端，再传给窗间墙体。过梁洞口上部范围内，规范设计要求不允许设置梁。

过梁按照材料和施工方法不同，分为砖砌平拱过梁、钢筋砖过梁和钢筋混凝土过梁三种，钢筋混凝土过梁又分为现浇过梁和预制过梁。砌体房屋大规模采用第三种，前两种由于受力及抗震性能较差，目前已经很少采用。

另外，与墙身有关的构件还有雨篷、屋檐、窗台及台阶等，在识图构造等相关课程中已有详尽介绍，此处不再赘述。

(3)楼板与屋盖。楼板与屋盖都是砌体房屋的重要构件，它与墙体一起形成了砌体房屋的上部结构。

从受力看，内力以荷载的方式，在结构体系的构件中和构件之间传递。作用在楼板和屋盖上的“面”荷载，向四周扩散：如果传递到梁上，会以“线”荷载方式向两端传递到墙上；如果传递到墙上，则继续以“线”荷载方式往下层墙体传递，经基础最终传给地基。按承重墙纵横走向的不同，砌体房屋可划分为纵墙承重方案，横墙承重方案及纵、横墙混合承重方案，如图 1.2.2～图 1.2.4 所示。

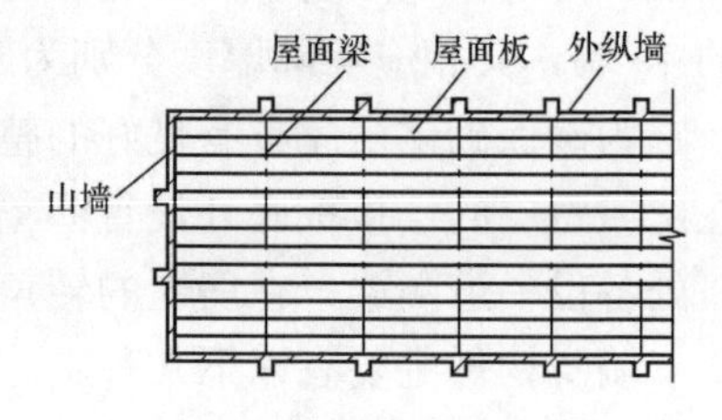

图 1.2.2　纵墙承重示意

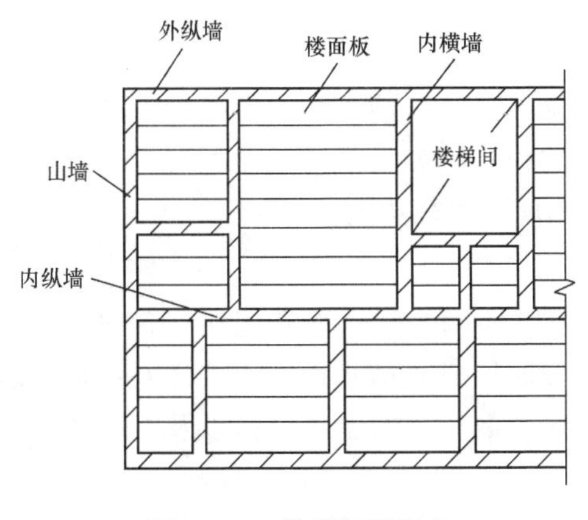

图 1.2.3　横墙承重示意

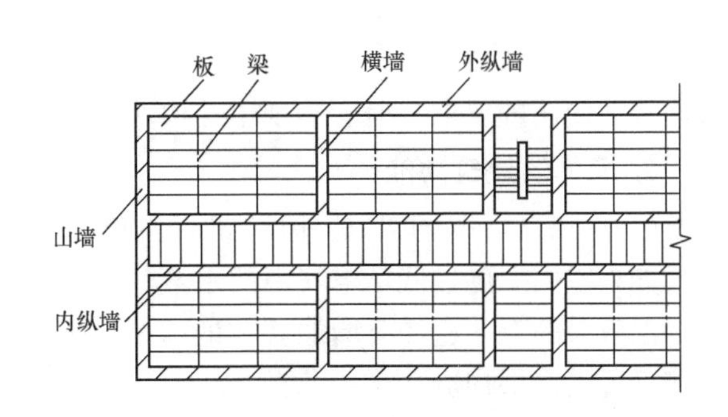

图 1.2.4　纵、横墙混合承重示意

楼板与屋盖多采用现浇钢筋混凝土结构，预制钢筋混凝土板装配式结构已经很少采用。现浇结构的优点体现在有较好的整体防水效果，当然，与预制装配式相比，现浇混凝土施工稍显烦琐，工期略长。

(4)楼梯。砌体房屋楼梯分为现浇钢筋混凝土结构板式楼梯和梁式楼梯，前者较为多见。

(5)门窗。砌体房屋门窗有木制门窗、铝合金门窗、塑料制门窗等多种。

(6)阳台。砌体房屋阳台多采用现浇钢筋混凝土结构，一般和钢筋混凝土的楼板或屋面、圈梁、构造柱整体浇筑。

1.2.2　墙体的分类及作用

墙体一般用普通砖或其他砌块以砂浆砌筑而成。无论是对砌体房屋的结构体系的安全性还是建筑功能的正常发挥方面，墙体都起着举足轻重的作用。

1.2.2.1　墙体的分类

墙体按其所处房屋的平面位置的不同，分为内墙和外墙；按墙体的走向不同，沿建筑物长轴方向的通常称为纵墙，沿短轴方向的则称为横墙，外横墙又称为山墙；按受力不同，分为承重墙和非承重墙，凡承受上部构件传来荷载的墙体，称为承重墙，反之则称为非承重墙，后者包括自承重墙、隔墙、填充墙等；按构成墙体的材料不同，又分为砖墙、砌块墙、石墙等。墙体的名称如图 1.2.5 所示。

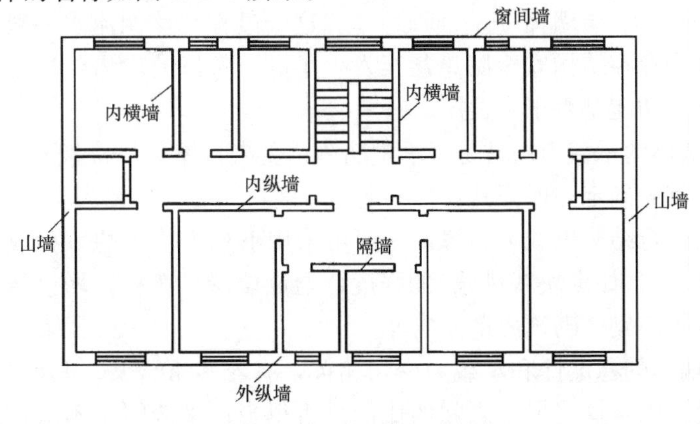

图 1.2.5　墙体的名称

1.2.2.2 墙体的作用

墙体的作用是保证房屋正常发挥遮风避雨、保温隔热的功能，为人们提供安全舒适的生活空间，大致概括为以下两方面：满足结构体系的稳定性和承载力的基本要求；满足正常而舒适使用的要求。前者体现了结构功能，后者体现了建筑功能。

1. 墙体的建筑功能

(1)保温。墙体(主要是外墙)的保温能力，对使用环境的舒适度和能耗有着很大的影响。如果室内温度过低，空气中的水蒸气会在墙体表面形成凝结水而有损墙体及饰面。增强保温效果的有效途径有增加墙体的厚度、选择导热系数较小的墙体材料以及在墙体高温一侧设置隔汽层构造。

(2)隔热。在炎热地区的夏季，墙体(主要是外墙墙体)应该具有足够的隔热能力，尽量减少太阳辐射穿过墙体进入室内，适时保持室内良好通风，均可保持室内凉爽清新的环境空间。增强隔热效果的常用构造措施主要有在墙中设置空气间层、选择导热系数较小的墙体材料、在外墙表面种植攀墙绿色植被或在外墙表面刷浅色涂料等。

(3)隔声。克服室外噪声对室内的不良影响，保证安静的工作及生活环境，越来越引起足够重视，国家已有相关标准对噪声加以限制。声波的传播以空气传播和固体传播两种方式为主，墙体隔声主要是针对前者。增强隔声效果主要的构造措施是采用大密度的材料砌筑并在墙中设置空气间隔或充填松散材料，形成复合墙体。

目前，一般房屋没有采取复合墙体隔声构造措施，为了达到隔声静音的效果，多采用设置双层窗户或者单层窗户设置双层真空玻璃等简单的方法。

(4)防火。墙体防火技术的开发、应用及实施，处在非常重要的地位。在建筑设计方面，应符合消防防火分区、防止火灾蔓延及人员疏散、减少人员伤亡等要求。作为墙体，无论是砌筑材料还是整体墙身，都应严格执行国家防火规范中的有关规定，如满足对燃烧性能和耐火极限的要求。

2. 墙体的结构功能

砌体结构体系的安全稳定，是砌体房屋基本功能发挥的前提条件，也是砌体房屋设计的基本原则和施工必须达到的标准。墙体的结构功能主要体现在承载力和稳定性上。

建筑物的荷载，包括恒荷载和各种活荷载，在设计上将它们以适当方式组合。在实际工作状态中，荷载是以内力的方式在砌体的构件中接力传递的，内力方式有弯矩、剪力、扭矩、拉力、压力等。内力传递的基本途径是：屋楼面板→顶层墙体(加本层楼板)→中间层墙体(加本层楼板)→底层墙体→基础→地基。这个过程应该像流水一般快捷畅通，如果形成“堰塞湖”，就会存在结构安全隐患甚至发生事故。整体的内力传递是否畅通，取决于每个结构构件的结构功能是否正常发挥。

(1)承载力。墙体的承载力通常是指承重墙体承受来自屋盖、楼板、梁等外部荷载的能力。设计墙体时，首先确定并保证其具备一定的厚度，如24墙、37墙的厚度，以满足其基本的构造要求，再进行结构承载力验算。一般可采用下列方法中的一种或几种来提高墙体承载力：提高墙体材料(如砌块或砂浆)的强度，增设墙垛、壁柱，增设圈梁、构造柱或改用配筋砌体，以及提高砌体砌筑质量标准等。

(2)稳定性。墙体的稳定性和承载力密切相关，有着多重含义。其取决于墙体的高度、厚度、长度是否合理以及这些尺寸之间的比例是否得当；横墙间距不能过大，不能产生局部或整体过大的位移或变形并符合相关要求；从整体或更大范围来看，房屋不能倾斜、滑移甚至倾覆或坍塌。

砌体房屋墙体作用的进一步发挥和拓展，依赖于建筑科技的不断创新与发展。逐步改革以普通黏土砖为主的砌块材料，发展预制装配化墙体材料，为工业化生产和机械化施工创造条件。大力发展轻质高强度新型建筑材料，同时为改善居住环境、提高工作生活质量，应该进一步加强墙身材料和墙身构造的开发研究。

任务 1.3　砌体材料与力学性能

砌体材料主要是指各种砌块和砂浆，其中，砂浆主要有水泥砂浆和混合砂浆之分。砂浆由胶凝材料(如水泥、石灰等)和细骨料(如砂子)加水调拌而成，有时为了改良或改变砂浆的某些性能而需要加入外加剂。普通砖和毛石都是常见的砌块材料。不同的砌体材料在不同方式的外作用力下，体现不同的受力特征和力学性能。以下从生活中常见的砌块——普通砖开始，理解和掌握砌体材料种类、型号及强度级别，并了解其力学性能。

1.3.1　砌体材料

1.3.1.1　砌块

1. 砌块及砌块种类

砌筑块体材料简称砌块，分为人工砖和天然石材两大类。

人工砖可分为烧结砖和非烧结砖，前者包括普通烧结砖和多孔烧结砖，后者包括蒸压灰砂砖、蒸压粉煤灰砖和小型混凝土空心砌块。天然石材，是开采于大自然的花岗石、砂岩及石灰岩等，根据外形及加工程度不同，可分为形状和外形都很不规则的毛石和相对比较规则的料石，而料石如果细分还有“细、半细、粗、毛”等层次。

(1)普通砖。普通砖是主要规格尺寸为 240 mm×115 mm×53 mm 的直角六面体，实心砖孔洞率要求不超过 15%。普通烧结砖以黏土、页岩、煤矸石或粉煤灰为主要原料经过焙烧而成；蒸压灰砂砖和蒸压粉煤灰砖则分别以石灰和砂、粉煤灰和石灰为主要原料，加入特定的掺合料压制成型，再经过蒸压养护而形成的实心砖。普通砖标准尺寸如图 1.3.1 所示。

(2)混凝土砌块。混凝土砌块有小型、中型两种。

1)小型混凝土空心砌块。小型混凝土空心砌块又分为普通混凝土小型砌块和轻骨料小型混凝土砌块两种。前者以碎石或卵石为粗骨料，后者以浮石、火山渣、炉渣、自然煤矸石及陶粒等为粗骨料，以混凝土制作工艺形成的砌块，主要规格尺寸为 390 mm×190 mm×190 mm，沿厚度方向有单排方形孔，空隙率在 25%～50%，如图 1.3.2 所示。

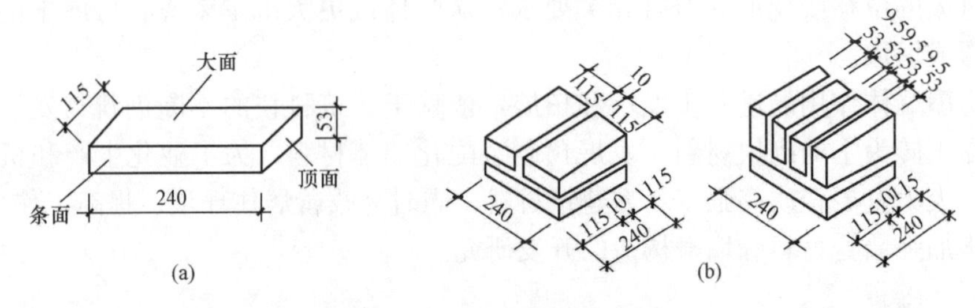

图 1.3.1　普通砖标准尺寸

(a)单砖；(b)组合砖

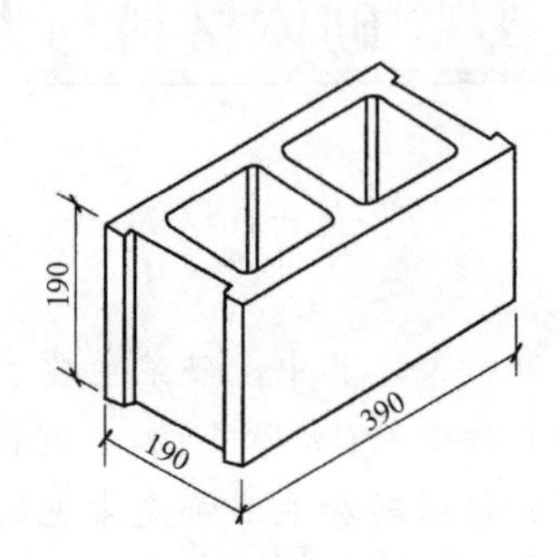

图 1.3.2　小型混凝土空心砌块

粉煤灰小型空心砌块是以粉煤灰、水泥及各种集料加水拌和制成的砌块。其中粉煤灰用量不应低于原材料重量的10%，生产过程中也可加入适量的外加剂调节砌块的性能。其按孔的排数分为单排孔、双排孔、三排孔和四排孔四种类型。

2)中型混凝土砌块。目前常用的砌体结构有普通混凝土中型砌块、粉煤灰硅酸盐密实中型砌块和废渣混凝土空心中型砌块，砌体结构的高度为 380～940 mm，长度为高度的 1.5～2.5 倍，厚度为 180～300 mm。

(3)石材。砌体工程采用的石材相对其他砌块比较少，主要是应用于毛石砌筑的条形基础、毛石砌筑的重力式挡土墙等，应选择质地坚实、无风化剥落和裂纹的毛石。毛石分为乱毛石和平毛石两种，乱毛石是指形状不规则的石块，平毛石是指形状不规则，但有两个平面大致平行的石块。毛石应呈块状，其中部厚度不宜小于 200 mm，长度不宜小于 300 mm。

2. 砌块的抗压强度

砌块的抗压强度等级，是根据在试验室由标准试验方法得到的块体极限抗压强度平均值确定的。其强度等级符号是“MU”，单位是 MPa(N/ mm^2)。

砌块的强度等级如下：

(1)烧结普通砖和烧结多孔砖有 MU30、MU25、MU20、MU15 及 MU10 五个强度等级。

(2)蒸压灰砂砖根据抗压和抗折强度分为 MU25、MU20、MU15、MU10 四个强度等级，蒸压粉煤灰砖抗压强度分为 MU30、MU25、MU20、MU15 及 MU10 五个强度等级。

(3)普通混凝土小型空心砌块分为承重砌块(L)和非承重砌块(N)，其中承重砌块的抗压强度分为 7.5、10.0、15.0、20.0、25.0 五个强度等级，非承重砌块的抗压强度分为 5.0、7.5、10.0 三个强度等级。

轻骨料混凝土小型空心砌块有 MU10、MU7.5、MU5、MU3.5 和 MU2.5 五个强度等级。

(4)石材分为 MU100、MU80、MU60、MU50、MU40、MU30 及 MU20 七个强度等级。

1.3.1.2 砂浆

1. 种类及作用

砂浆是由胶凝材料、细骨料和水等材料按适当比例拌和配制而成的。胶凝材料有水泥、石灰或普通黏土，细骨料则多采用天然砂。

砂浆分为水泥砂浆、混合砂浆及非水泥砂浆三种，有时因某种特殊工程目的，按一定比例掺入少量活性掺合剂或外加剂。水泥砂浆是由水泥、砂子和水组成；混合砂浆是在上述组成中又加入了石灰；如果用其他胶凝材料代替水泥就是非水泥砂浆，如石灰砂浆、黏土砂浆等。

从生产工艺看，砂浆有工地现场配制砂浆和专业厂生产湿拌或干混砂浆。

砂浆将砖、石等砌块砌筑为砌体，主要起着粘结、衬垫和传力的作用。砂浆在建筑工程中的用途十分广泛，在砌筑工程中，还和砌块一道起着保温、隔热、密封的作用，并使得砌体成为均匀受力的一个整体。另外，它还可以用作结构水平表面的找平层，以及用于装饰装修中墙体、天棚表面的抹灰等。

2. 砂浆的原材料

(1)水泥。砌筑砂浆所用水泥宜采用通用硅酸盐水泥或砌筑水泥，且应符合现行国家标准《通用硅酸盐水泥》(GB 175—2007)和《砌筑水泥》(GB/T 3183—2017)的规定。水泥强度等级应根据砂浆品种及强度等级的要求进行选择，M15 及以下强度等级的砌筑砂浆宜选用 32.5 级的通用硅酸盐水泥或砌筑水泥；M15 以上强度等级的砌筑砂浆宜选用 42.5 级普通硅酸盐水泥。

当在使用中对水泥质量受不利环境影响或水泥出厂超过 3 个月、快硬硅酸盐水泥超过 1 个月时，应进行复验，并应按复验结果使用。

不同品种、不同强度等级的水泥不得混合使用。水泥应按品种、强度等级、出厂日期分别堆放，应设防潮垫层，并应保持干燥。

(2)砂。砌体结构工程使用的砂，应符合国家现行标准《混凝土和砂浆用再生细骨料》(GB/T 25176—2010)、《普通混凝土用砂、石质量及检验方法标准》(JGJ 52—2006)和《再生骨料应用技术规程》(JGJ/T 240—2011)的规定。

砌筑砂浆用砂宜选用过筛中砂，毛石砌体宜选用粗砂。

水泥砂浆和强度等级不小于 M5 的水泥混合砂浆，砂中含泥量不应超过 5%；强度等级小于 M5 的水泥混合砂浆，砂中含泥量不应超过 10%。

人工砂、山砂、海砂及特细砂，应经试配并满足砌筑砂浆技术条件要求。

砂子进场时应按不同品种、规格分别堆放，不得混杂。

(3)石灰、石灰膏和粉煤灰。砌体结构工程中使用的生石灰及磨细生石灰粉应符合现行行业标准《建筑生石灰》(JC/T 479—2013)的有关规定。

建筑生石灰、建筑生石灰粉制作石灰膏应符合下列规定：

1)建筑生石灰熟化成石灰膏时，应采用孔径不大于 3 mm×3 mm 的网过滤，熟化时间不得少于 7 d；建筑生石灰粉的熟化时间不得少于 2 d。

2)沉淀池中贮存的石灰膏，应防止干燥、冻结和污染，严禁使用脱水硬化的石灰膏；

3)消石灰粉不得直接用于砂浆中。

在砌筑砂浆中掺入粉煤灰时，宜采用干排灰。

建筑生石灰及建筑生石灰粉在保管时应分类、分等级存放在干燥的仓库内，且不宜长期贮存。

(4)其他材料。砌体结构工程中使用的砂浆拌和用水及混凝土拌和、养护用水，砌体砂浆中使用的增塑剂、早强剂、缓凝剂、防水剂、防冻剂等外加剂，以及种锚固筋使用的胶粘剂，均应符合国家现行相关标准，其中有的材料，比如砂浆的各种添加剂，还要根据设计要求和现场条件进行必要的试配。

3. 强度等级

砂浆的强度是以边长为 70.7 mm 的立方体试块，在标准养护条件(温度为 20 ℃±2 ℃、相对湿度为 95%以上)下，用标准试验方法测得 28 d 龄期的抗压强度值来确定。强度等级符号是“M”，单位是 MPa(N/ mm^2)。当砂浆用于混凝土小型空心砌块砌筑时，根据需要应采用添加了掺合料和添加剂的专用砂浆，强度等级符号是“Mb”，单位是 MPa(N/ mm^2)。

水泥砂浆及预拌砌筑砂浆的强度等级可分为 M5、M7.5、M10、M15、M20、M25、M30；水泥混合砂浆的强度等级可分为 M5、M7.5、M10、M15。

混凝土小型空心砌块为了加强抗震功能或提高承载力而进行混凝土灌孔时，所用混凝土强度等级详见以下知识链接。

知识链接

混凝土小型空心砌块灌孔混凝土施工，采用专用配套混凝土，其极限抗压强度的确定方法与砂浆相似，试块为边长 150 mm 的立方体。强度等级符号是“Cb”，单位是 MPa(N/mm^2)。强度等级分 Cb40、Cb35、Cb30、Cb25 及 Cb20 五个强度等级。详见《混凝土小型空心砌块建筑技术规程》(JGJ/T 14—2011)。

4. 砂浆的配合比

砂浆是将各种砂浆的原材料混合在一起加水搅拌形成的，材料投量有着严格的比例——配合比的要求，在使用前通过计算和试配确定。以下分别介绍现场配制混合砂浆和水泥砂浆配合比的计算确定步骤及规定。

(1)现场拌制混合砂浆的试配要求。

1)计算砂浆试配强度：

$$f_{m,0}=kf_2$$

式中 $f_{m,0}$——砂浆试配强度(MPa)；

f_2——砂浆强度等级值(MPa)；

k——系数，按表 1.3.1 取值。

2)计算每立方米砂浆中水泥的用量：

$$Q_C=1000(f_{m,0}-\beta)/(\alpha\cdot f_{ce});$$

式中 Q_C——每立方米砂浆中水泥的用量(kg)；

f_{ce}——水泥的实测强度(MPa)，如无法取得，可按此式计算：$f_{ce}=\gamma_c \cdot f_{ce,k}$；

$f_{ce,k}$——水泥强度等级(MPa)；

γ_c——水泥强度等级富余系数，由统计资料确定；如无统计资料时可取 1.0；

α，β——特征系数，详见表 1.3.1 注 2.。

3)计算每立方米砂浆中石灰膏的用量：

$$Q_D=Q_A-Q_C;$$

式中 Q_D——每立方米砂浆中石灰膏的用量(kg)；

Q_A——每立方米砂浆中水泥和石灰膏的总用量(kg)，应精确至 1 kg，可为 350 kg。

4)确定每立方米砂浆中的用砂量：Q_S 为每立方米砂浆中的用砂量，应按干燥状态(含水率小于 0.5%)的堆积密度值作为计算值。

5)按砂浆稠度选每立方米砂浆中的用水量：Q_W 为每立方米砂浆中的用水量，可按砂浆稠度等要求选用 210～310 kg。

表 1.3.1　砂浆强度标准差 δ 及 k 值

级别	强度标准差 δ/MPa							k
	M5	M7.5	M10	M15	M20	M25	M30	
优良	1.00	1.50	2.00	3.00	4.00	5.00	6.00	1.15
一般	1.25	1.88	2.50	3.75	5.00	6.25	7.50	1.20
较差	1.50	2.25	3.00	4.50	6.00	7.50	9.00	1.25

注：1. 现场试配水泥混合砂浆计算系数 k，按表 1.3.1 取值。

其中，$\delta=\sqrt{\dfrac{\sum_{i=1}^{n} f_{m,i}^2-n\mu_{f,m}^2}{n-1}}$，$f_{m,i}$ 为统计周期内同一品种砂浆第 i 组试件的强度(MPa)；$\mu_{f,m}$ 为统计周期内同一品种砂浆 n 组试件强度的平均值(MPa)；n 为统计周期内同一品种砂浆试件的总组数，$n\geqslant 25$。

2. α、β 为特征系数，α 取 3.03，β 取 −15.09。

3. 混合砂浆中用水量，不包括石灰膏中的水。

4. 当采用细砂或粗砂时，用水量分别取上限或下限。

5. 当稠度小于 70 mm 时，用水量可小于下限。

6. 当施工现场气候炎热或干燥时，可酌情增加用水量。

(2)现场配置水泥砂浆的试配，应符合下列规定：

水泥砂浆的材料用量按表 1.3.2 选用。

表 1.3.2　每立方米水泥砂浆材料用量　kg/m³

强度等级	水泥	砂	用水量
M5	200～230	砂的堆积密度值	270～330
M7.5	230～260		
M10	260～290		

续表

强度等级	水泥	砂	用水量
M15	290～330	砂的堆积密度值	270～330
M20	340～400		
M25	360～410		
M30	430～480		

注：1. M15及其以下强度等级水泥砂浆，水泥强度等级为32.5级；M15以上强度等级水泥砂浆，水泥强度等级为42.5级。
2. 当采用细砂或粗砂时，用水量分别取上限或下限。
3. 当稠度小于70 mm时，用水量可小于下限。
4. 当施工现场气候炎热或干燥时，可酌情增加用水量。
5. 试配强度计算公式依然采用 $f_{m,0}=kf_2$。

1.3.2 砌体的力学性能

对砌体的一般要求是，具有良好的整体性、稳定性和受力性能。砌体分几种类型，从材料组成看，有砖砌体、混凝土砌块砌体及石砌体等；从受力状态看，有仅承担自身重量的非承重墙(或称自承重墙)，如填充墙、隔墙等砌体，还有承担外部或上部构件传来荷载的各种承重墙砌体；从构造看，有无筋砌体和配筋砌体等。

砌体材料多呈脆性，抗压强度远远高于抗拉、抗弯及抗剪强度等性能指标，因而一般情况下，普通砌体只用作轴心受压和小偏心受压构件。

1.3.2.1 砌体抗压强度

1. 概念

受压和小偏心受压构件砌体每单位面积上能抵抗压力的能力称为抗压强度。砌体的抗压强度，是砌筑制作标准的砌体试件，在标准条件下养护后，通过试件破坏性试验由极限强度的统计平均值来确定的。其单位是MPa(N/mm^2)。

2. 影响因素

(1)砌块和砂浆的强度。砌体的抗压强度，取决于砌块及砂浆两者的强度，缺一不可。一般来说，抗压强度较高的砌块，其抗弯、剪、扭、拉的强度也相对较高，对应砌体抗压强度较高；反之亦然。砂浆的强度越高，砌体中的砂浆横变形越小，砌体抗压强度也随之提高。

砌体设计强度等级规定：龄期为28 d的以毛截面计算的各类砌体抗压强度设计值为准，当施工质量为B级时，应根据块体和砂浆的强度等级分别按表1.3.3～表1.3.5采用。

表1.3.3 烧结普通砖和烧结多孔砖砌体的抗压强度设计值 MPa

砖强度等级	砂浆强度等级					砂浆强度
	M15	M10	M7.5	M5	MU2.5	0
MU30	3.94	3.27	2.93	2.59	2.26	1.15

续表

砖强度等级	砂浆强度等级					砂浆强度
	M15	M10	M7.5	M5	MU2.5	0
MU25	3.60	2.98	2.68	2.37	2.06	1.05
MU20	3.22	2.67	2.39	2.12	1.84	0.94
MU15	2.79	2.31	2.07	1.83	1.60	0.82
MU10	—	1.89	1.69	1.50	1.30	0.67

表 1.3.4　蒸压灰砂砖和蒸压粉煤灰砖砌体的抗压强度设计值　　MPa

砖强度等级	砂浆强度等级				砂浆强度
	M15	M10	M7.5	M5	0
MU25	3.60	2.98	2.68	2.37	1.05
MU20	3.22	2.67	2.39	2.12	0.94
MU15	2.79	2.31	2.07	1.83	0.82
注：当采用专用砂浆砌筑时，其抗压强度设计值按表中数值采用。					

表 1.3.5　单排孔混凝土和轻集料混凝土砌块砌体的抗压强度设计值　　MPa

砖强度等级	砂浆强度等级				砂浆强度
	Mb15	Mb10	Mb7.5	Mb5	0
MU20	5.68	4.95	4.44	3.94	2.33
MU15	4.61	4.02	3.61	3.20	1.89
MU10	—	2.79	2.50	2.22	1.31
MU7.5	—	—	1.93	1.71	1.01
MU5	—	—	—	1.19	0.70
注：1. 对独立柱或厚度为双排组砌的砌块砌体，应按表中数值乘以 0.7。 2. 对 T 形截面墙体、柱，应按表中数值乘以 0.85。					

(2)砂浆的施工性能。砂浆的施工性能主要体现在和易性、粘结强度及耐久性。其中和易性包括流动性和保水性。保水性能好可以大大延长随拌随用的砂浆的操作使用时间，流动性好不仅使得砌筑易于操作，还使得灰缝砂浆饱满和水平灰缝厚度更容易控制，从而降低了砌块在砌体内局部产生的弯剪应力，提高了砌体整体的强度。

水泥砂浆比混合砂浆更容易失水，失水后流动性快速下降，直接影响施工质量。另外也要注意，流动性过大，砂浆硬化后收缩变形会加大，又会导致砌体强度下降。所以性能较好的砂浆，既具有较高的流动性，又有很高的密实度。

(3)砌块的外形和灰缝厚度。砌块的外形和尺寸大小对砌体强度的影响不可忽视。砌块外形规则，对应的灰缝横平竖直、规则有序，砌块在砌体局部的受力清晰且弯剪应力不易在某个部位集中，从而使砌体整体承载力增大。

灰缝厚度越大，一般越难保证灰缝的均匀性与密实性，在砌块表面平整的前提下，尤其水平灰缝，宜小不宜大。对砖和小型砌块，灰缝厚度控制在 8～12 mm 为好，过大则不易保证砂浆均匀、密实，当然过小也会影响粘结效果。

(4)砌筑质量。砌筑质量受各方面因素影响最多，既有建筑材料质量、构造方式的影响，又有现场管理、工人操作技术等因素的影响。提高砌筑质量，应从多方面入手，简单说来就是尊重设计要求，严格执行施工规范标准。

1.3.2.2　砌体抗拉、抗弯及抗剪强度

砌体抗拉、抗弯及抗剪的能力相对于抗压强度，要弱很多。在实际工程中因砌体所起的建筑功能或工作状态的不同会出现不同的受力情况。比如，圆形水池中水压力在砌体上产生的环向水平拉力，如图 1.3.3、图 1.3.4 所示；挡土墙在土侧压力作用下墙体受到的弯曲作用力，以及同时受到的剪切作用，如图 1.3.5 所示。

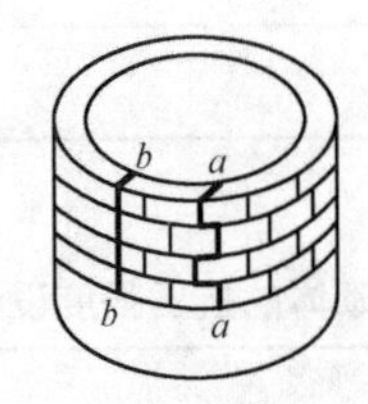

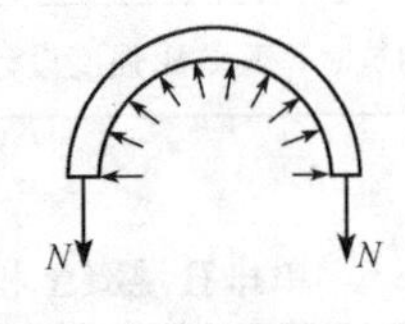

图 1.3.3　圆形水池砌体轴心受拉破坏

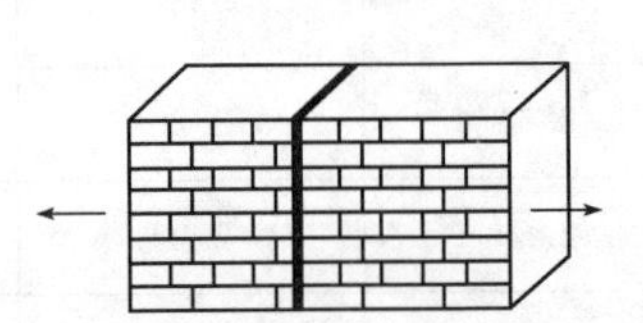
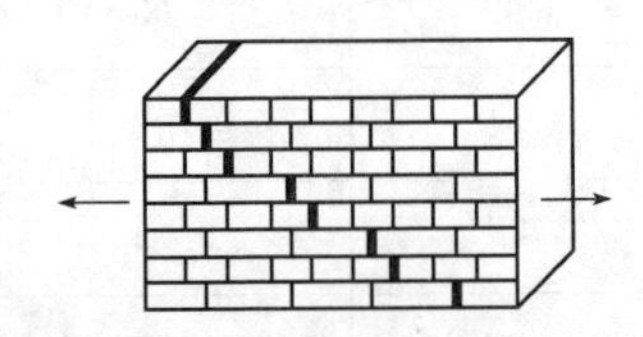

图 1.3.4　轴心受拉破坏

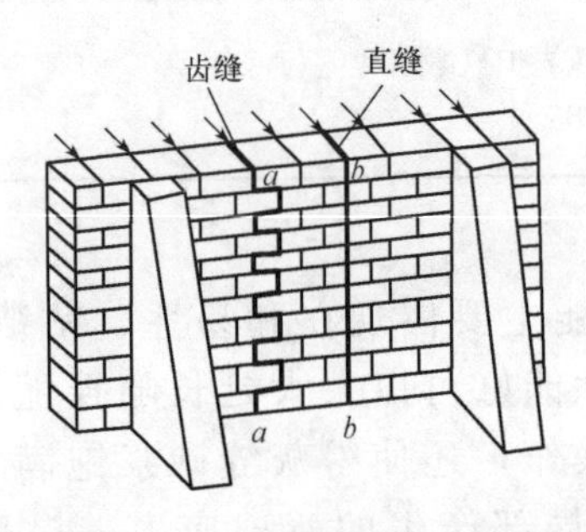

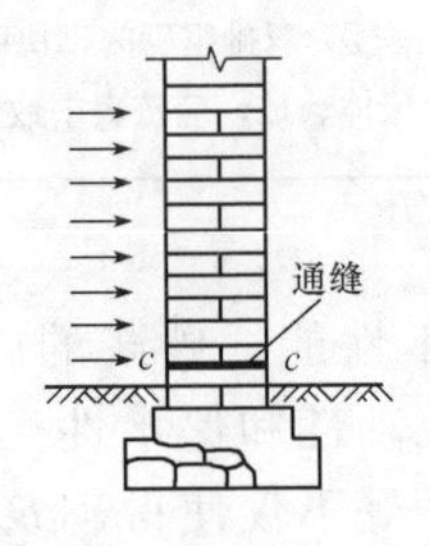

图 1.3.5　挡土墙弯曲受拉破坏

砌体在拉力作用下破坏时，受拉截面单位面积上所承受的拉力称为砌体的抗拉强度。

砌体轴心受拉破坏有两种。一种是沿竖直和水平灰缝呈锯齿形或阶梯形拉断破坏，如图 1.3.3 中沿 $a—a$ 断面的破坏情况所示。这种形式的破坏，是由于砖与砂浆之间的粘结强度、砂浆层强度较低或饱满度差造成的，称为砌体沿齿缝破坏。还有一种破坏称为竖向直缝破坏，是在轴心拉力作用下，砌体沿竖向灰缝和砖块一起断裂，如图 1.3.3 中沿 $b—b$ 断面的破坏情况所示。这种情况的发生，通常是由于砂浆强度较高而砖的抗拉强度相对不足造成的。

砌体在弯曲作用下，它的一侧断面内产生拉应力，而另一侧断面内产生压应力。产生拉应力的这部分墙体所能承受的最大拉应力，称为砌体的弯曲抗拉强度。达到极限承载力时发生的破坏形式有三种。以挡土墙为例，第一种是沿着齿缝破坏，如图 1.3.5 中沿 $a—a$ 断面的破坏情况所示；第二种是沿着砌体块材破坏或竖向直缝破坏，如图 1.3.5 中沿 $b—b$ 断面的破坏情况所示；第三种是沿着水平通缝破坏，如图 1.3.5 中沿 $c—c$ 断面的破坏情况所示。前两种情况发生的原因，与轴心受拉破坏情况类似；后一种破坏由于沿着砂浆水平浆缝发生，显然是由于砖与砂浆之间的粘结强度、砂浆层强度较低或饱满度差造成的，与砌体沿齿缝破坏情况相似。普通砌体构件受弯破坏方式与挡土墙类似，如果破坏，多发生沿齿缝或通缝、灰缝的破坏情况，如图 1.3.6 所示。

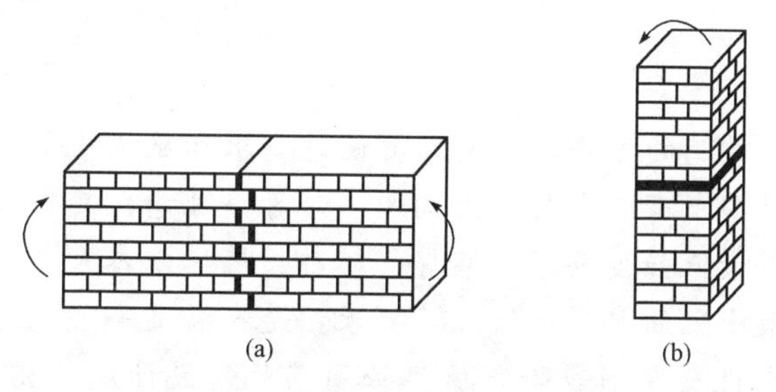

图 1.3.6　普通墙体构件弯曲受拉破坏

(a)沿齿缝破坏；(b)沿通缝破坏

砌体在剪切作用下，发生的破坏形式有三种，分别是沿通缝破坏、沿齿缝破坏和沿阶梯缝破坏，如图 1.3.7、图 1.3.8 中破坏情况所示。这些破坏的发生，主要是由于砂浆强度不足或饱满度较差直接造成的。

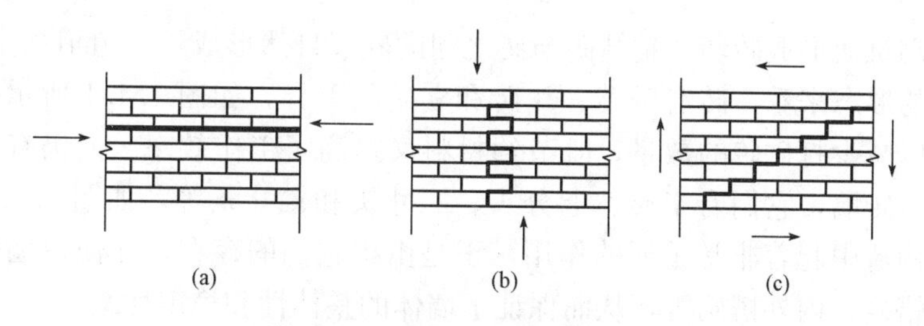

图 1.3.7　砌体受剪切破坏(一)

(a)沿通缝破坏；(b)沿齿缝破坏；(c)沿阶梯缝破坏

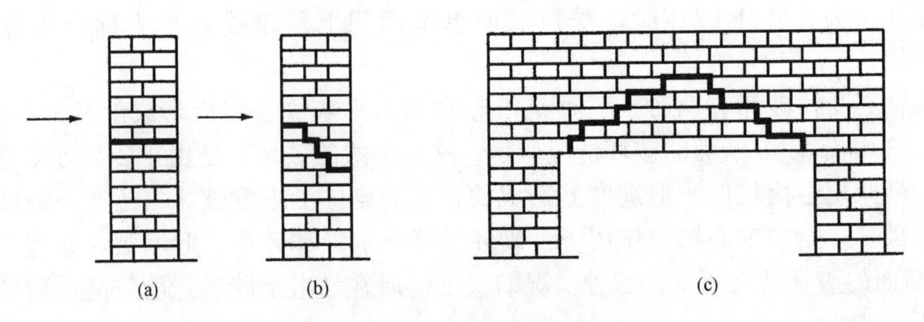

图 1.3.8 砌体受剪切破坏(二)

(a)沿通缝破坏；(b)、(c)沿齿缝破坏

试验分析表明，砌体的受拉、受弯和受剪切破坏，多发生于砂浆和砌块的连接层面，因此，砌体抗拉、抗弯、抗剪强度的提高，主要取决于灰缝内砂浆的强度和饱满度。

任务 1.4 砌体的砌筑方法与构造要求

任务导入

砌体砌筑的形式、施工的方法，必须满足设计要求和施工规范要求，并达到质量验收标准。这里所说的设计要求有三个层次：构造→计算→理念，其中“构造”要求是最基本的要求，比如，砌体材料最低强度要求，墙厚、砖柱、墙垛基本尺寸等，圈梁、构造柱的设置原则、基本尺寸、最小配筋率等；“计算”要求，是在满足一般构造要求的前提下，砌体通过结构承载力、稳定性及变形等验算核实必须满足的设计规范相关要求；“理念”要求，也称为概念设计，主要涉及建筑结构方案的合理性、有效性和可行性，比如抗震概念设计等。以下分别介绍砖砌体、砌块砌体、石砌体，以及刚性基础、配筋砖砌体、框架填充墙等砌体的砌筑方法及构造要求。

1.4.1 砖砌体

砖以砂浆砌筑而形成砖墙。粘结砖与砖之间的砂浆自然形成了一道道横平竖直的灰缝，从砖砌入砖墙的形态来看，砖有卧砖、斗砖和立砖的差异，如图 1.4.1 所示。砌筑砖墙尽量使用整砖，以减少打砍砖的数量，既节约材料又提高了工作效率。但仍有较少数量的砖需经打砍后砌入砖墙，它们有半砖、七分头、二寸头和三寸条等，如图 1.4.2 所示。这些非整砖在砖墙构造中起着非常重要的作用，正是由于它们的存在，才使得墙体内的一块块砖形成了上下错缝、内外搭砌等，从而保证了墙体的整体性和稳定性。

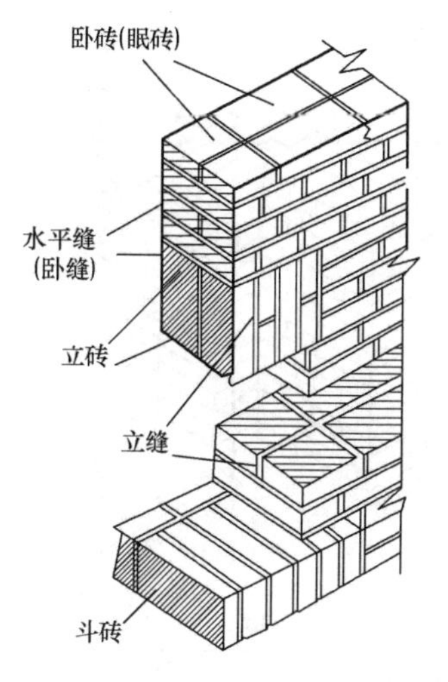

图 1.4.1　卧砖、斗砖、立砖示意

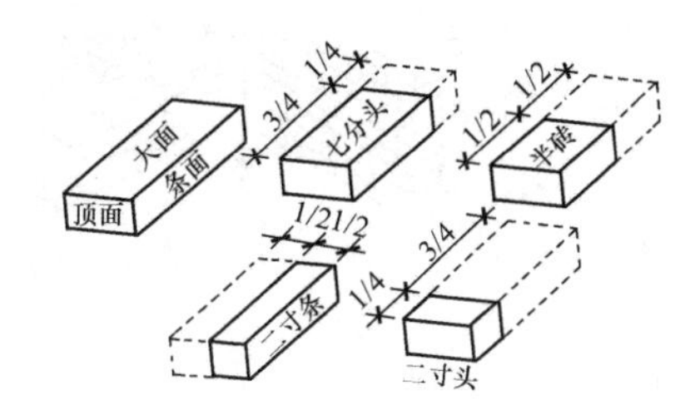

图 1.4.2　常用尺寸的非整砖

1.4.1.1　组砌要求

砌筑砖砌体，应该从基本构造及砌筑施工方法两方面确保砌体的整体性，并控制好灰缝尤其是水平灰缝的厚度。

1. 基本构造必须具备整体性

砌体砖墙，包括砖柱及墙垛，必须避免出现连续的竖向垂直通缝，以保证砌体的整体强度。砌筑时做到上下错缝、内外搭砌，且砖块上、下两皮竖缝应错缝最少 1/4 砖长，并不小于 60 mm。在每面墙体两端，也就是两面墙的交接处，应正确采用"七分头""二寸条"等，来调整错缝，有效形成内外搭砌。

2. 砖墙施工接槎连接以确保整体性

在房屋的转角和各个墙体连接处，其两侧的墙体，在施工中都要尽量同时砌筑。如果确实由于技术或组织的原因不能同时砌筑，则必须先在墙上留出接槎(俗称留槎)，后砌的墙要镶入接槎内(俗称咬槎)。接槎的方式是否合理及后砌方法是否符合规范要求，都将直接影响整栋房屋的整体性和稳定性。正确的接槎采用两种形式：一种是斜槎，俗称"踏步槎"，是在墙体连接处将待接砌墙的槎口砌成台阶式，其高度一般不大于 1.2 m，长度不小于高度的 2/3，如图 1.4.3(a)所示；另一种是直槎，俗称"马牙槎"，每隔一皮砌砖出墙外 1/4，沿着竖向高度每隔 500 mm 加 2Φ6 拉结筋水平间隔 120 mm，每边埋入墙内不宜小于 500 mm，在抗震 6、7 度设防地区，该埋入长度不宜小于 1 000 mm，如图 1.4.3(b)所示。

3. 控制水平灰缝的厚度

砖墙水平灰缝厚度，规定控制在 8～12 mm，一般为 10 mm。控制好水平灰缝的厚度十分重要。有关灰缝厚度的内容，在 1.3.2.1"砌体抗压强度"的"影响因素"中已有详细论述。

1.4.1.2　组砌方式

当普通砖长度方向与所砌筑砖墙墙体走向相一致时，称为顺砖；当普通砖长度方向与这个方向相垂直时，称为丁砖。

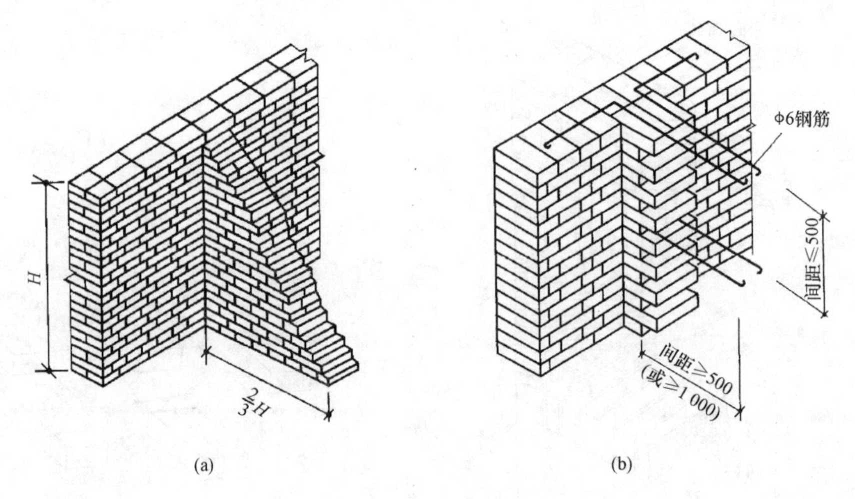

图 1.4.3 墙体连接处砌筑施工

(a)斜槎；(b)直槎

1. 单面砖墙的组砌方式

单面砖砌体的砌筑，是通过使砖沿着“丁”和“顺”两个相互垂直的方向有规律地变化，从而组合出多种方式。常见的组砌方式有一顺一丁、三顺一丁、梅花丁、两平一侧、全顺及全丁等。

(1)一顺一丁(满条满丁)。一顺一丁是一种常见的排砖方式。第一皮全部排丁砖，第二皮全部排顺砖，上、下皮相互错开 1/4 砖长，如图 1.4.4(a)所示。如果每层顺砖上下竖缝对齐则称为“十字缝”式；如果相互错开半砖则称为“骑马缝”式。

这种方式，错缝搭接牢靠，整体性较好，操作方便，不易出错，施工效率高且质量易控制，适用于砌筑一砖、一砖半及二砖墙。

(2)三顺一丁。三顺一丁是一面墙连续三皮全部排顺砖与一皮全部排丁砖间隔砌筑的方式。上、下皮顺砖竖缝相互错开 1/2 砖长，上、下皮顺砖与丁砖间竖缝相互错开 1/4 砖长，如图 1.4.4(b)所示。

该方式由于采用顺砖较多，转角、接头、洞口处“七分头”打砍较少，所以，砌筑速度快，但墙面平整度相对难以控制。同时由于丁砖拉结较少，墙体整体性相对较差，在实际工程中应用较少，适合于砌筑一砖墙和一砖半墙(此时与其垂直交接的另一面墙为一顺三丁)。

(3)梅花丁。梅花丁是一面墙的每一皮砖都由丁砖和顺砖间隔砌成，上皮丁砖坐于下皮顺砖中间，上、下皮竖缝相错 1/4 砖长，如图 1.4.4(c)所示。

该方式灰缝整齐，外形美观，结构的整体性最好，但丁顺砖交替使用，会影响操作速度，故砌筑效率较低，适合于砌筑一砖或一砖半墙，尤其适用于清水砖墙。

(4)两平一侧。两平一侧是指一面墙的连续两皮由平砖和旁边一块侧砌相互间隔砌成。当墙厚为 3/4 砖时，平砌砖均为顺砖，上、下皮平砌顺砖的竖缝错开 1/2 砖长，上、下皮平砌顺砖与侧砌顺砖的竖缝相错 1/2 砖长，如图 1.4.5(a)所示。

该方式操作费工且较为麻烦，但节约用砖，仅适用于砌筑 3/4 砖和 $1\frac{1}{4}$砖墙。

(5)全顺(条砌)。全顺砌法是指一面墙的各皮砖均为顺砖，上、下皮竖缝错开 1/2 砖长，仅适用于砌筑半砖墙，如图 1.4.5(b)所示。

(6)全丁。全丁砌法是指一面墙的各皮砖均为丁砖，上、下皮竖缝错开 1/4 砖长。适于砌筑一砖、一砖半、二砖的圆弧形墙，比如烟筒、水塔和筒仓等，如图 1.4.5(c)所示。

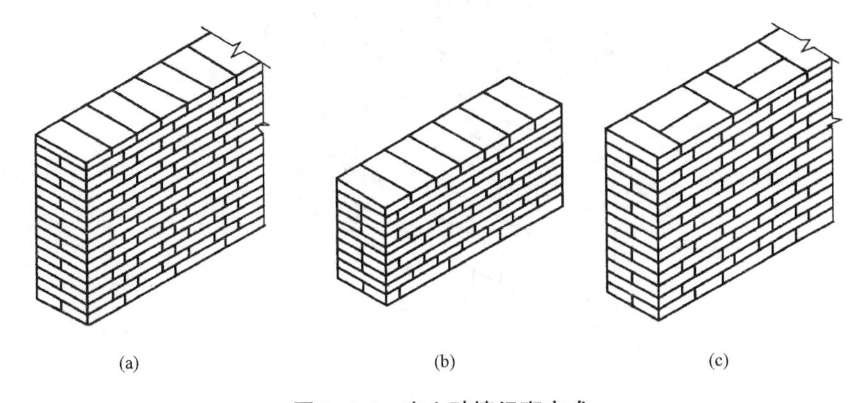

图 1.4.4　实心砖墙组砌方式

(a)一顺一丁；(b)三顺一丁；(c)梅花丁

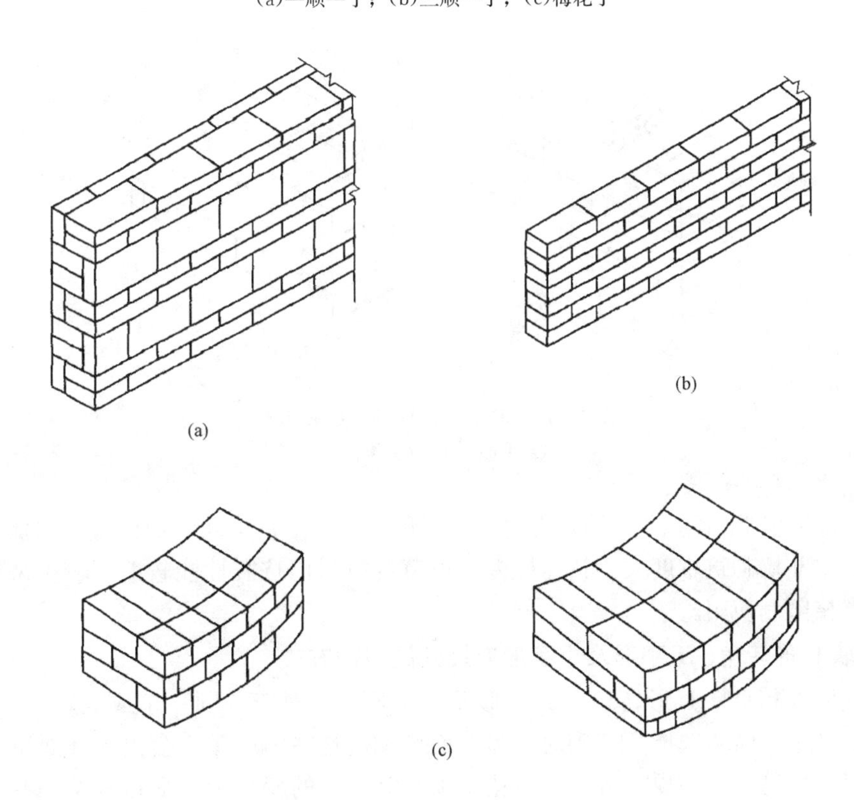

图 1.4.5　实心砖墙组砌方式

(a)两平一侧；(b)全顺；(c)全丁

(7)多孔砖组砌形式。多孔砖根据外形及所含孔排列和数目的不同，有 M 型和 P 型两种，无论是尺寸还是外形都与普通砖差异较大。前者单砖呈正方形，组砌形式是全顺式，如图 1.4.6 所示；而后者单砖呈长方形，组砌方式有一顺一丁和梅花丁，如图 1.4.7 所示。

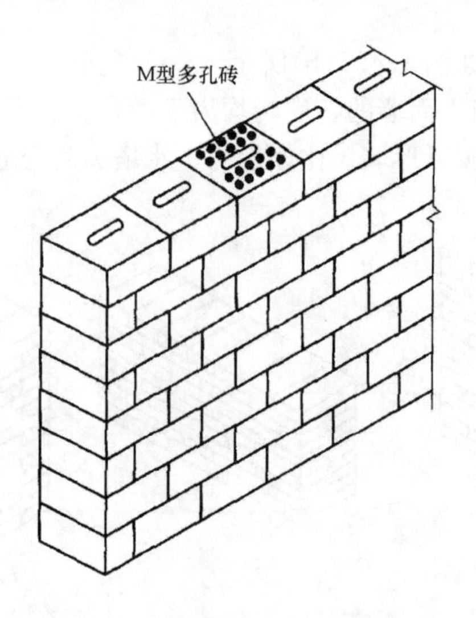

图 1.4.6　M 型多孔砖砖墙组砌方式

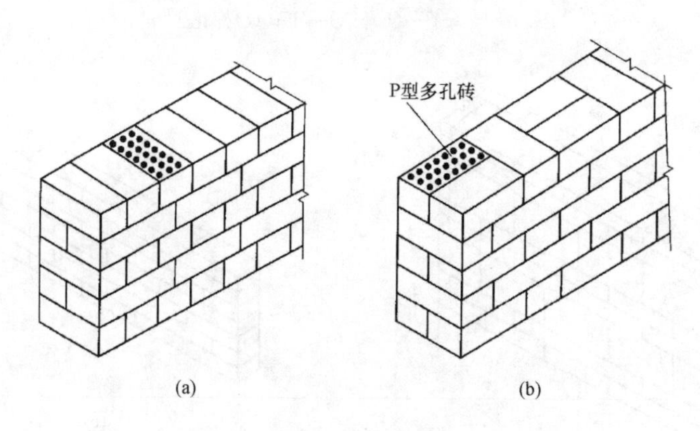

图 1.4.7　P 型多孔砖砖墙组砌方式

(a)一顺一丁；(b)梅花丁

(8)空斗墙组砌形式。空斗墙是由普通砖平砌和侧砌上、下间隔而砌成，墙体内部具有较大空间。空斗墙砌筑难度大，整体性差，虽节约材料但抗震性能较差，较少采用。抗震设防区则严格限制使用。

2. 砖墙 L 形转角、T 字形及十字形交接处的组砌方式

当两面墙体相交呈 L 形转角、T 字形及十字形时，对于一顺一丁或三顺一丁的砌筑，当同一皮砖其中一面墙选择“丁”砌时，另一面则相应选择“顺”砌，会出现一面墙是三顺一丁，相应另一面是三丁一顺的情况。梅花丁砌筑时两面的变化则更显得复杂一些。以下选择了三组图形，说明了一砖(24)墙和一砖半(37)墙，分别按照一顺一丁、三顺一丁及梅花丁砌筑的相邻两皮砖的摆放方式。

(1)L 形转角，如图 1.4.8 所示。

(2)T 形交接处，如图 1.4.9 所示。

(3)十字形交接处，如图 1.4.10 所示。

这里特别提醒关注，交接处每一块非整砖(如七分头)，其摆放位置、走向及块数，对于确保满足基本组砌构造要求，起着画龙点睛的作用。

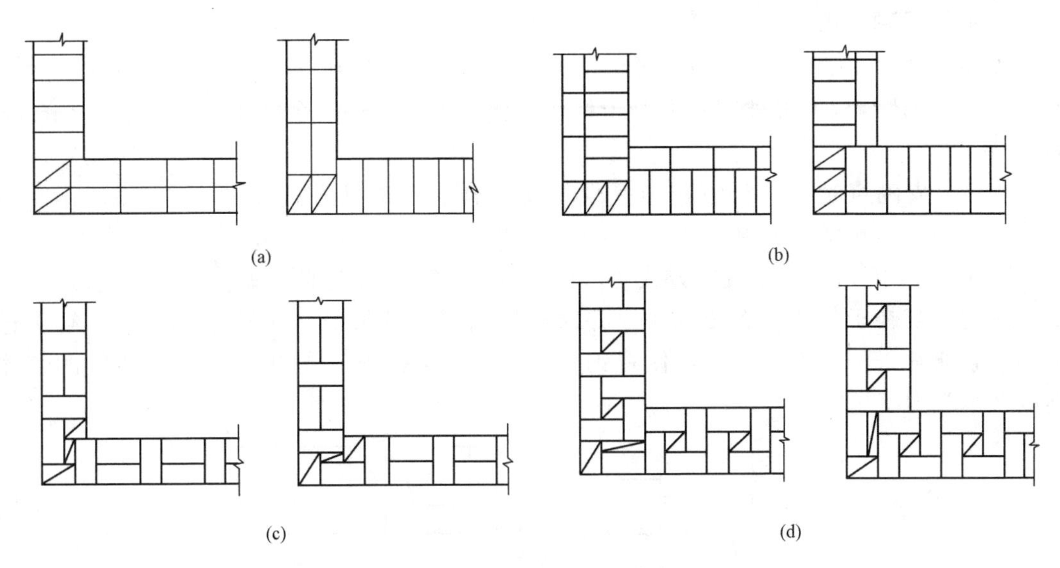

图 1.4.8　砖墙 L 形转角组砌方式

(a)一砖墙(一顺一丁)；(b)一砖半墙(一顺一丁)；

(c)一砖墙(梅花丁)；(d)一砖半墙(梅花丁)

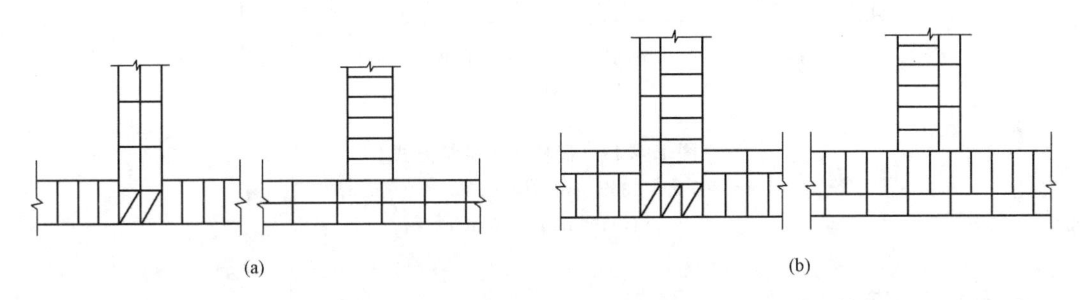

图 1.4.9　砖墙 T 形交接处组砌方式

(a)一砖墙(一顺一丁)；(b)一砖半墙(一顺一丁)

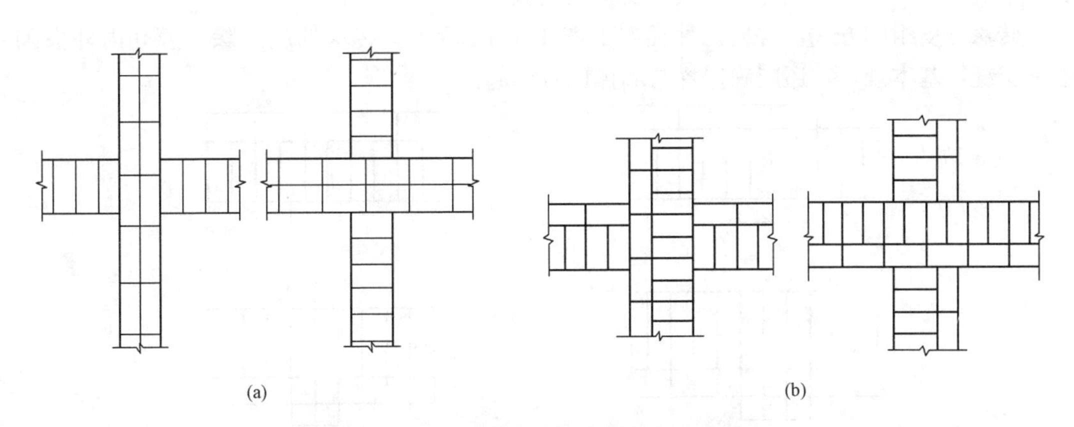

图 1.4.10　砖墙十字形交接处组砌方式

(a)一砖墙(一顺一丁)；(b)一砖半墙(一顺一丁)

3. 砖柱组砌方式

普通砖柱在结构设计中不常用，原因是其构造的整体性较差，承载力较低，因而抗震性能不理想，在砌体结构中多被钢筋混凝土柱所替代。普通砖柱截面尺寸不应小于 240 mm×365 mm。

砖柱分皮砌筑时，整砖与配砖呈现规律组合，其常见方式如图 1.4.11 所示。在 365 mm×365 mm 截面组砌方式中，不可避免地产生两道 130 mm 宽竖向垂直通缝；在 365 mm×490 mm 截面组砌方式中，则有两道 260 mm 宽竖向垂直通缝。类似情况，不同程度地存在于各种截面砖柱中，并对构件的整体性形成一定程度的削弱。解决这个问题，通常采用每隔数皮砖，便将钢筋网片设置入水平灰缝中，以加强砖柱的整体刚度及承载力。

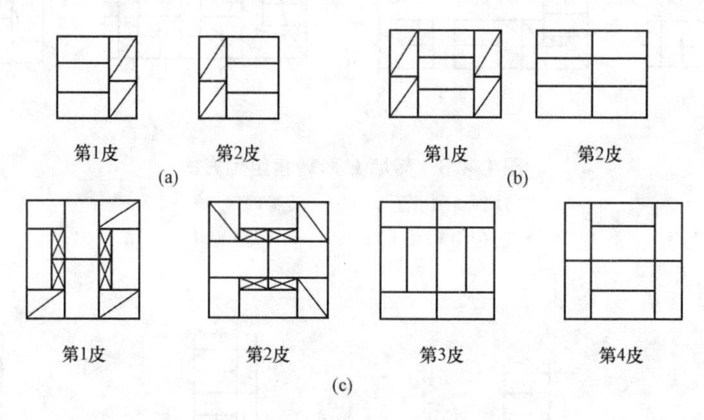

图 1.4.11　砖柱分皮砌筑方式

(a)365 mm×365 mm；(b)365 mm×490 mm；(c)490 mm×490 mm

4. 砖垛组砌方式

墙体平面上凸出的砖垛，又称扶壁柱，一般是出于构造考虑，或是该段墙体经验算承载力不足或稳定性不够，为满足设计要求而设置的。

砖垛分皮组砌方式，常见几种类型如图 1.4.12 所示。砖垛的施工除了遵守内外搭砌、上下错缝等基本规定，还应确保垛与墙体同时砌起。

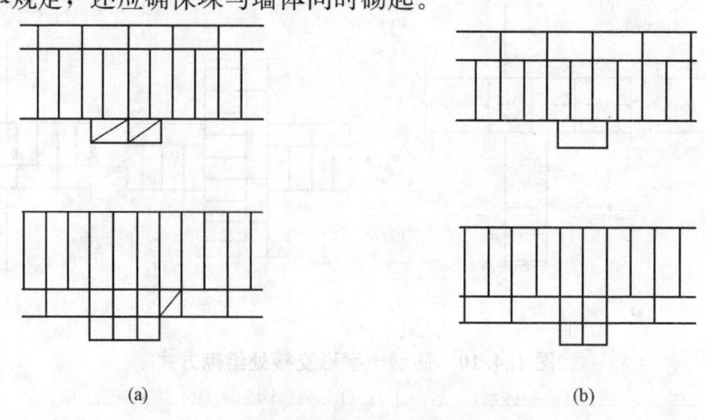

图 1.4.12　砖垛分皮砌筑方式

(a)125 mm×365 mm；(b)125 mm×240 mm

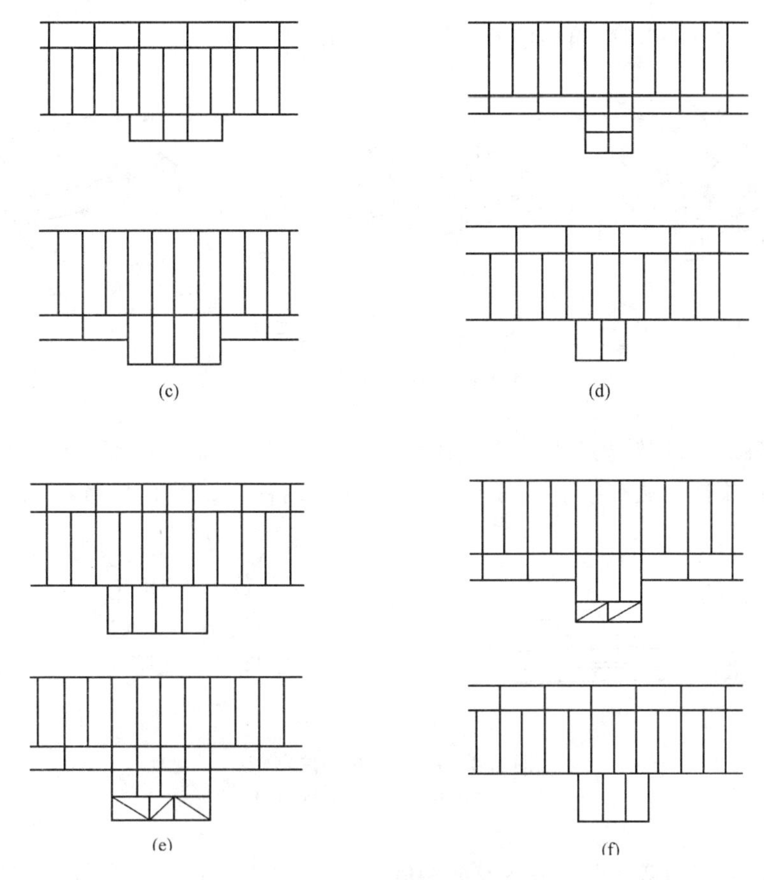

图 1.4.12 砖垛分皮砌筑方式(续)

(c)125 mm×490 mm；(d)240 mm×240 mm；

(e)240 mm×490 mm；(f)240 mm×365 mm

1.4.1.3 砖砌筑操作方法

1. 操作基本功

组成砖砌体的主要材料是砖和砂浆，操作对象是每一块砖和每一铲砂浆(简称灰)。砌砖操作的基本功主要包括铲灰、铺灰、取砖和摆砖四个动作。

2. 操作方法

主要操作方法有“三一”法、铺浆挤砌法及坐浆砌砖法三种。无论采用哪种方法，都需工人身体上、下协调工作，对具体手法和步法有着具体的要求，这里仅做粗略介绍，学生从施工组织管理者的角度有所了解即可。

(1)“三一”法是指用“一铲灰、一块砖、一揉挤”这三个“一”来砌筑砖墙的一种普遍的操作方法。

“三一”法由三个基本动作组成，分别是铲灰、取砖、铺灰和揉挤，其中“铲灰”“取砖”，要求一次转腰弯身便完成；铺灰，有正铲甩灰和反铲扣灰，远甩近扣，分别用手腕和臂力完成；揉挤，则是用非主用手(如左手)拿砖并平放于离已经砌好的砖 30～40 mm 的位置，然后揉挤，顺手用大铲把挤出墙面的灰刷起来刷进灰缝里。三个动作强调一气呵成，而且手法与步法配合一致。

图 1.4.13 是“三一”法砌筑砖墙若干手法之一示意。

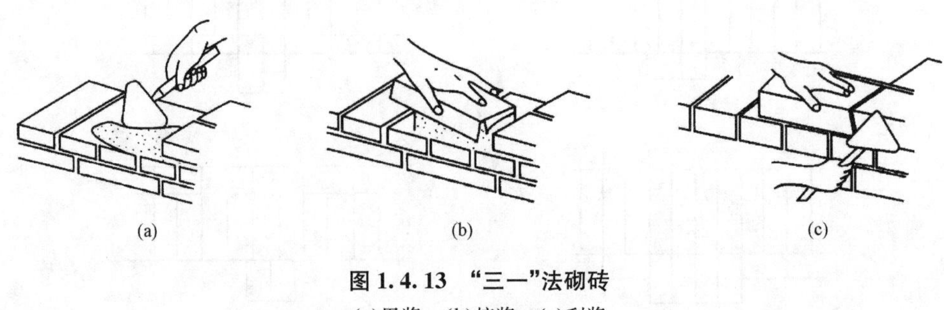

图 1.4.13 “三一”法砌砖

(a)甩浆；(b)挤浆；(c)刮浆

(2)铺浆挤砌法采用铺灰工具先在操作面上平铺砂浆，然后将砖紧压砂浆层，再水平推挤于墙体上。铺浆挤砌法有单手挤浆法和双手挤浆法两种，如图 1.4.14 所示。

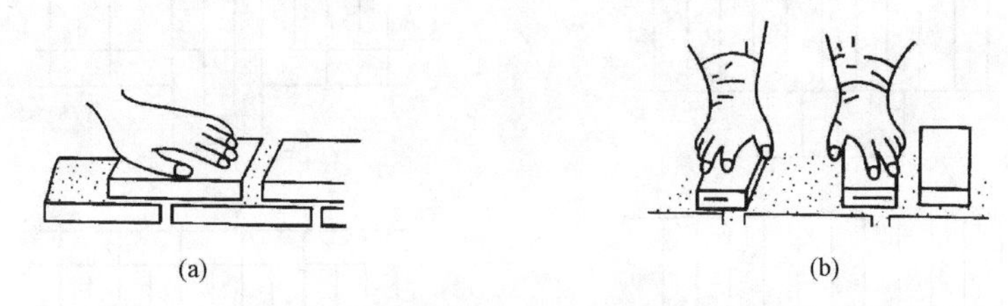

图 1.4.14 铺浆挤砌法砌砖

(a)单手挤浆法；(b)双手挤浆法

单手挤浆法：砌筑顺砖时，一手拿砖距墙上原砖 50～60 mm 放下，稍蹭灰面水平向前推挤，灰浆推起形成 10 mm 竖向缝(挤头缝)，另一手持瓦刀刮清余浆甩进竖缝；砌丁砖时，挤浆砖口略倾斜。

双手挤浆法：砌筑顺砖时，手拿砖与墙上原砖相距 130 mm，砖口略倾斜，平推前进；砌筑丁砖时，手拿砖与墙上原砖相距 50～60 mm，注意手掌不要下压，而是向前平挤。

采取该方法时，要求一次铺浆长度不得超过 750 mm，炎热天气气温高于 30 ℃时，不得超过 500 mm。

(3)坐浆砌砖法又称摊尺砌砖法，采用大铲或瓦刀取砂浆，先在水平墙操作面上均匀平铺，不超过 1 000 mm 长，然后用摊尺找平，再在其上砌砖的一种方法，如图 1.4.15 所示。

图 1.4.15 坐浆法砌砖

采用坐浆砌砖法在铺好的砂浆层上砌砖时，一手拿砖，另一手用瓦刀在砖的头缝处打上砂浆，随即就位压实，完成一段后紧接着进入下一段操作。一砖墙可由一人完成；墙体较厚时，可组成两人小组，一人负责铺灰，另一人从事砌砖，密切协作，可提高工作效率。

砌筑砖墙操作方法，这里限于粗略了解。工人实际操作要复杂得多，要分解成若干动作，强调身体上下协调，手法、步法相互一致，铲、铺、甩、扣、打灰浆与取、摆、压、挤、揉砖一气呵成。砌筑操作只要方法得当且熟练，就能确保质量并提高效率。

1.4.2 砌块砌体

1.4.2.1 混凝土小型空心砌块的组砌形式与施工方法

1. 组砌形式

(1)砌筑形式应满足墙体整体性的要求，并进行砌块排列。根据设计施工图、砌块尺寸及垂直缝宽度、水平缝厚度计算砌块的皮数和排数，重点处理好墙体交接点，绘制砌块组砌排列图；由于砌块不易砍凿，尽量采用主规格。

(2)砌块排列应对孔错缝搭砌，每皮顺砌。竖向灰缝上、下皮错开 195 mm，当无法对孔时，搭砌长度不应小于 90 mm(普通混凝土小型砌块)及 120 mm(轻集料混凝土小型砌块)。无法满足时应压砌 Φ^b4 钢筋网片，如图 1.4.16 所示，或设 2Φ6 拉筋，长度不小于 600 mm。

(3)外墙转角及纵横墙交接处应分皮咬砌，交错搭砌。砌体垂直缝应与门窗洞口的侧边线相互错开大于 150 mm，不得用砖镶砌。砌体水平灰缝厚度和竖向灰缝宽度一般为 10 mm，不应小于 8 mm，也不应大于 12 mm。

2. 施工方法

普通混凝土小砌块不宜浇水，以避免砌筑时灰浆流失，使砌体产生滑移，同时也可避免砌块上墙后干缩，造成墙体开裂。当天气干燥炎热时，可稍微喷水润湿；轻骨料小砌块可适当浇水，但也不宜过量。砌筑时宜采用“一二三四铺灰器砌筑法”，即一件铺灰器、两种步伐(丁字步、并列步)、三种弯腰、四种铺灰手法。

(1)墙体砌筑应从房屋外墙转角定位处开始，内、外墙同时砌起，纵、横墙交错搭接。墙体 L 形转角处应使小砌块隔皮露端面，T 字交接处使横墙小砌块隔皮露端面，如图 1.4.17 所示。纵墙在交接处改砌两辅助规格小砌块，其尺寸为 290 mm×190 mm×190 mm。纵横墙砌筑皮数、灰缝厚度、标高应与皮数杆相一致。皮数杆应竖立在墙体的转角和交接处，间距宜小于 15 m；砌筑厚度大于 240 mm 时，宜在墙体内外侧同时挂线。

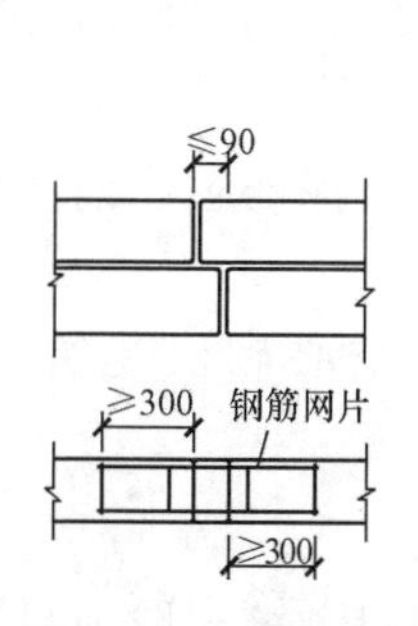

图 1.4.16 灰缝中拉结筋

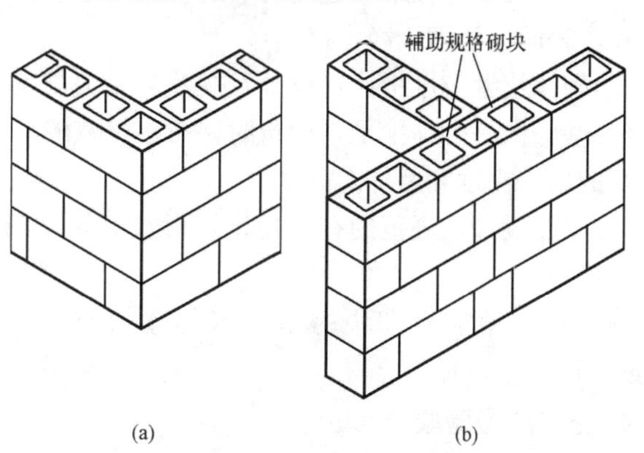

图 1.4.17 小砌块墙转角及 T 字交接处砌筑

(a)转角处；(b)T 字交接处

混凝土小型空心砌块砌筑方法与本书“2.3.2 墙体砌筑工程”中墙体砌筑工程过程形成中的“摆干砖→立皮数杆→盘角及挂线”相似，可提前参阅相关知识。

(2)砌块逐块铺砌，灰缝横平竖直，砂浆饱满，厚薄均匀。水平灰缝和竖直灰缝宜分别采用满铺、满挤法，砂浆饱满度分别不得低于90%和80%；砌筑时严禁用水冲浆灌缝，不得采用石子、木楔等垫塞灰缝。做到“上跟线下跟楞，左右相邻要对平”。

(3)小砌块砌体不应留设施工缝，且尽量同时砌起，以保证砌体的整体性。临时间断处应砌斜槎，其水平投影长度不应小于其高度的2/3；留斜槎有困难时，应砌成阴阳槎，并沿墙高不大于三皮设2Φ6 拉筋压入墙体长度不小于600 mm，如图1.4.18 所示。

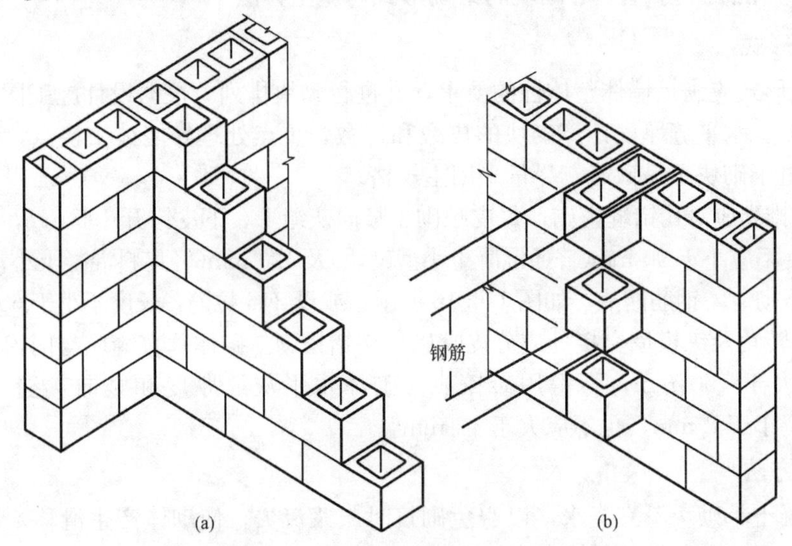

图 1.4.18　小砌块砌体斜槎和阴阳槎

(a)斜槎；(b)阴阳槎

(4)常温条件下，普通混凝土和轻集料混凝土小型空心砌块每天砌筑高度，分别不应超过1.8 m和2.4 m。相邻工作段的高度差不得大于一个楼层高度或4 m。墙体施工段的分段位置宜设置在伸缩缝、沉降缝、防震缝、构造柱或门窗洞口处。

3. 质量检查要点

(1)砂浆铺设过程中，避免时间过长及不饱满，应随铺随砌，且保持竖缝砂浆饱满、密实，砌块表面应清理干净。

(2)砌体错缝应严格执行设计及规范的有关规定，按照事先绘制的排列图开展施工。

(3)基底做好标高抄平，砌筑时保持水平灰缝厚度一致；认真设立皮数杆，准确控制每皮砌块的砌筑高度和墙体总高度。

(4)按照设计及规范的有关规定，设置好拉结筋或钢筋网片，保证芯柱钢筋构造间距、尺寸准确。

混凝土小型空心砌块的施工未尽事宜详见《混凝土小型空心砌块建筑技术规程》(JGJ/T 14—2011)。

4. 施工质量验收

混凝土小型空心砌块施工质量验收按照“一般规定”“主控项目”及“一般项目”展开，执行《砌体结构工程施工质量验收规范》(GB 50203—2011)中的相关规定。施工人员在监理工程师(建设单位项目技术负责人)组织下，完成质量验收工作，填写混凝土小型空心砌块砌体工程检验批质量验收记录表，见表1.4.1，表中条款编号来自规范原文。

小砌块砌体工程施工中，应对下列主控项目及一般项目进行检查，并应形成检查记录：

(1)主控项目包括：①小砌块强度等级；②砂浆强度等级；③芯柱混凝土强度等级；④砂浆水平灰缝和竖向灰缝的饱满度；⑤转角、交接处砌筑；⑥芯柱质量检查；⑦斜搓留置。

(2)一般项目包括：①轴线位移；②每层及全高的墙面垂直度；③水平灰缝厚度；④竖向灰缝宽度；⑤基础、墙、柱顶面标高；⑥表面平整度；⑦后塞口的门窗洞口尺寸；⑧窗口偏移；⑨水平灰缝平直度；⑩清水墙游丁走缝。

表 1.4.1　混凝土小型空心砌块砌体工程检验批质量验收记录表

工程名称		分项工程名称		验收部位	
施工单位				项目经理	
施工执行标准名称及编号				专业工长	
分包单位				施工班组组长	
	质量验收规范的规定		施工单位检查评定记录		监理(建设)单位验收记录
主控项目	1. 小砌块强度等级	设计要求 MU			
	2. 砂浆强度等级	设计要求 M			
	3. 混凝土强度等级	设计要求 C			
	4. 转角、交接处砌筑	6.2.3 条			
	5. 斜槎留置	6.2.3 条			
	6. 施工洞口砌法	6.2.3 条			
	7. 芯柱贯通楼盖	6.2.4 条			
	8. 芯柱混凝土灌实	6.2.4 条			
	9. 水平灰缝饱满度	≥90%			
	10. 竖向灰缝饱满度	≥90%			
一般项目	1. 轴线位移	≤10 mm			
	2. 垂直度(每层)	≤5 mm			
	3. 水平灰缝厚度	8～12 mm			
	4. 竖向灰缝宽度	8～12 mm			
	5. 顶面标高	±15 mm 以内			
	6. 表面平整度	≤5 mm(清水)			
		≤8 mm(混水)			
	7. 门窗洞口尺寸	±10 mm 以内			
	8. 窗口偏移	≤20 mm			
	9. 水平灰缝平直度	≤7 mm(清水)			
		≤10 mm(混水)			

续表

施工单位检查 评定结果	项目专业质量检查员：　　项目专业质量(技术)负责人： 年　月　日
监理(建设)单位 验收结论	监理工程师(建设单位项目工程师)： 年　月　日

1.4.2.2　混凝土中型空心砌块的组砌形式与施工方法

1. 组砌形式

组砌形式应满足墙体整体性的要求，并进行砌块排列。中型砌块体积、重量较大，实施轻型设备吊装砌筑。根据设计施工图、砌块尺寸，绘制比小型砌块墙更为详细的各墙体的砌块排列图，比例为1∶30或1∶50，如图1.4.19所示。由于砌块不易砍凿，尽量采用一种主规格，辅以2～3种其他规格和普通砖镶嵌或采用现浇混凝土对小空隙进行填塞。

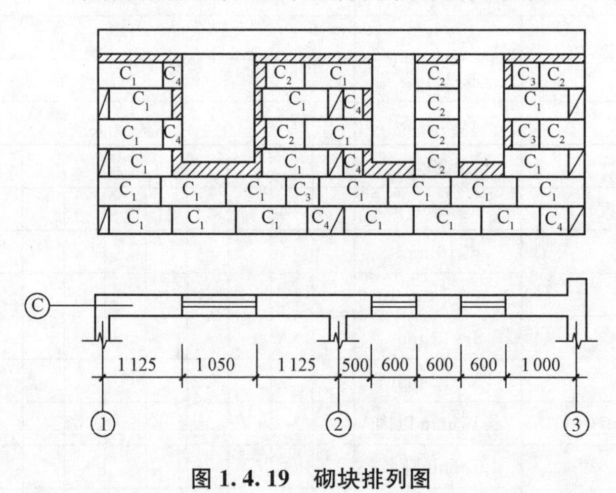

图1.4.19　砌块排列图

2. 施工方法

砌块砌筑前提前1 d浇水，并清理干净砌块。混凝土中型空心砌块施工的主要工序是：铺灰、砌块吊装就位、校正、灌缝和镶砖。

(1)铺灰。应采用和易性较好的砂浆，每次平铺长度不应超过5 m，炎热夏季和严寒冬季应适当缩短。稠度宜控制在 50～70 mm。

(2)砌块吊装就位。用台灵架进行砌块吊装，吊装时以单块式摩擦夹具夹紧砌块，夹持点在砌块重心垂直点上方，对准墙身中心线，将砌块缓缓下落于铺好的砂浆层面上。台灵架示意如图 1.4.20 所示。如果工程量较大，水平运输可使用砌块专用车。

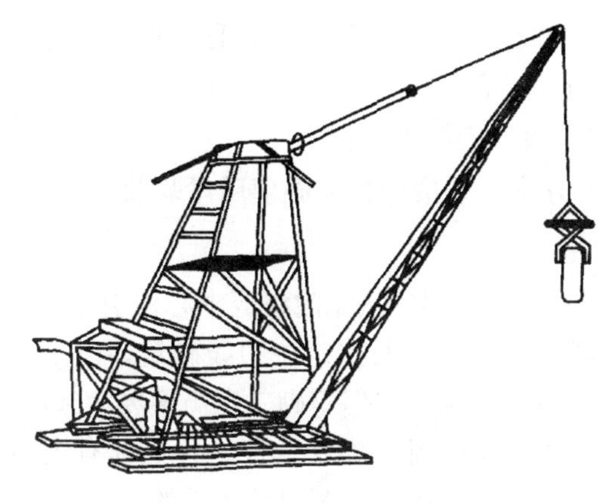

图 1.4.20　台灵架

(3)校正。吊装就位后，用托线板或垂球检查砌块的垂直度，用拉线检查墙面平整度和砌块的水平度。吊装偏差的调整，可用人力轻推或撬棍缓撬等方式进行。

(4)灌缝。沿砌块竖缝在墙体内、外两侧用夹板夹紧，然后进行灌浆，用竹片或铁棍插捣密实。灌缝后一般不能再进行校正操作。

(5)镶砖。当砌块间出现较大的竖缝以及过梁等构件按标高找平时，通过镶嵌普通砖解决。镶砖在砌块就位后随即进行，砖与砌块间水平及竖向灰缝间距控制在 15～30 mm。

3. 质量检查要点

(1)砌体粘结不牢：原因是砌块浇水、清理不符合规定，砌块砌筑时一次铺砂浆的面积过大，校正不及时。砌块在砌筑使用的前一天，应充分浇水湿润，一边吊运一边将砌块表面清理干净；砌块就位后应及时校正，紧跟着用砂浆(或细石混凝土)灌竖缝。

(2)第一皮砌块底铺砂浆厚度不均匀：原因是基底未事先用细石混凝土找平标高，必然造成砌筑时灰缝厚度不一，应注意砌筑基底找平。

(3)拉结钢筋或压砌钢筋网片不符合设计要求：应按设计和规范的规定，设置拉结带和拉结钢筋及压砌钢筋网片。

(4)砌体错缝不符合设计和规范的规定：原因是未按砌块排列组砌图施工，因此应注意砌块的规格并正确地组砌。

(5)砌体偏差超规定：原因是控制每皮砌块高度不准确，因此应严格按标志杆高度控制，掌握铺灰厚度。

混凝土中型空心砌块的施工未尽事宜，参考执行《混凝土中型空心砌块砌筑施工工艺标准》。

4. 施工质量验收

混凝土中型空心砌块施工质量验收，参考执行《混凝土中型砌块砌筑施工工艺标准》。施工人员在监理工程师(建设单位项目技术负责人)组织下，完成质量验收工作。

1.4.3 石砌体

1.4.3.1 石砌体材料

在此重点介绍毛石砌体，毛石分为乱毛石和平毛石两种。乱毛石是指形状不规则的石块；平毛石是指形状不规则，但有两个平面大致平行的石块。毛石应呈块状，其中部厚度不宜小于 200 mm，长度不宜小于 300 mm。

1.4.3.2 石砌体施工方法、质量检查及施工质量验收

1. 施工方法

(1)墙身弹线拉线砌筑。清理基层，从龙门板或中心桩引测并在基层上弹出建筑轴线和墙体边缘线，然后双面拉线。第一皮毛石按定位边线砌筑，以上宜分皮拉线砌筑。当石块形状大小差异较大时，也可不分皮砌筑，但每砌一定高度要大致砌平。

(2)立线杆砌墙角。在墙角及适当部位立线杆，其上标有窗台、门窗上口、圈梁、过梁、楼板等标高位置。先将墙角、交接处及洞口用较大的平毛石砌好，再往中间砌筑。

(3)铺浆法砌筑确保整体性。试摆干石，将其大面朝下、斜面向内、大小搭配、搭接紧密，经简单敲整，使形状大致相吻合，然后采用铺浆法逐块坐浆卧砌，上下错缝，内外搭砌。石缝间较大的孔隙先填砂浆后塞小石块，或先塞小石块后灌浆，严禁干填碎石。

(4)设置拉结石。石砌体必须设置拉结石，一般每 0.7 m^2 墙面至少设置一块，同皮内均匀分布，中心间距不大于 2 m。拉结石的长度，当墙体厚度≤400 mm 时，取与墙体同厚；当墙体厚度＞400 mm 时，用两块拉结石两面搭砌，搭接长度不应小于 150 mm，且其中一块长度不应小于墙厚的 2/3。

(5)毛石墙体每天砌筑高度不应超过 1.2 m。

2. 质量检查要点

(1)使用石料必须保持清洁，受污染或水锈较重的石块应冲洗干净，以保证砌体的粘结强度。

(2)砌筑砂浆应严格按材料计量，保证配合比准确；砂浆应搅拌均匀，稠度符合要求。

(3)砌筑石墙应拉通线达到平直一致，砌料石墙应双面拉准线(全顺砌筑除外)，并经常检查、校核墙体的轴线与边线，以保证墙身平直、轴线正确，不发生位移。

(4)砌石应注意选石，并使大小石块搭配使用，石料尺寸不应过小，以保证石块间的互相压搭和拉结，避免出现鼓肚和里外两层皮现象。

(5)砌筑时应严格防止出现不坐浆砌筑或先填心后填塞砂浆，造成石料直接接触，或采取铺石灌浆法施工，这将使砌体粘结强度和承载力大大降低。

关于石砌体施工，未尽事宜详见《石砌体工程施工工艺标准》。

不同种类砌体，其结构构造有所差异，施工技术要点的比较详见以下特别提示。

特别提示

砖、中小型混凝土空心砌块及石砌体均系由砂浆粘结形成的整体结构，因而在砌筑形式上均具有上下错缝、内外搭砌等共同要求。同时在施工方法上，均需要立皮数杆或线杆以控制竖向标高，从墙角或T形墙体交接处开始砌起并拉线控平以及确保砂浆饱满等操作。

但需关注它们在以下几方面的差别：

（1）关于块体上下错缝和内外搭砌，砖主要是通过摆砖样及墙转角或交接处非整砖的准确应用得以实现的；中、小型砌块主要是在砌筑前通过设计绘制排列图指导施工实现的；而毛石则是通过在转角处和交接处选用较大平毛石以及正确设置拉结石等措施得以实现的。

（2）砖、小型混凝土空心砌块与中型混凝土砌块，除了块体体积和重量上的差异，最大的不同在施工方法上，前者靠人力操作，而后者靠台灵架等轻型设备吊装完成块体就位。

3. 施工质量验收

石砌体施工质量验收按照“一般规定”“主控项目”及“一般项目”展开，执行《砌体结构工程施工质量验收规范》（GB 50203—2011）的相关规定。施工人员在监理工程师（建设单位项目技术负责人）组织下，完成质量验收工作，填写石砌体工程检验批质量验收记录表，见表 1.4.2，表中条款编号来自规范原文。

石砌体工程施工中，应对下列主控项目及一般项目进行检查，并应形成检查记录：

（1）主控项目包括：①石材强度等级；②砂浆强度等级；③灰缝的饱满度。

（2）一般项目包括：①轴线位移；②基础和墙体顶面标高；③砌体厚度；④每层及全高的墙面垂直度；⑤表面平整度；⑥清水墙面水平灰缝平直度；⑦组砌形式。

表 1.4.2　石砌体工程检验批质量验收记录表

<table>
<tr><td colspan="2">工程名称</td><td></td><td colspan="4">分项工程名称</td><td colspan="4"></td><td colspan="2">验收部位</td><td></td></tr>
<tr><td colspan="2">施工单位</td><td colspan="9"></td><td colspan="2">项目经理</td><td></td></tr>
<tr><td colspan="2">施工执行标准
名称及编号</td><td colspan="9"></td><td colspan="2">专业工长</td><td></td></tr>
<tr><td colspan="2">分包单位</td><td colspan="9"></td><td colspan="2">施工班组组长</td><td></td></tr>
<tr><td rowspan="4">主控项目</td><td colspan="2">质量验收规范的规定</td><td colspan="10">施工单位
检查评定记录</td><td>监理（建设）
单位验收记录</td></tr>
<tr><td>1. 石材强度等级</td><td>设计要求 MU</td><td colspan="10"></td><td rowspan="3"></td></tr>
<tr><td>2. 砂浆强度等级</td><td>设计要求 M</td><td colspan="10"></td></tr>
<tr><td>3. 灰缝的饱满度</td><td>≥80%</td><td></td><td></td><td></td><td></td><td></td><td></td><td></td><td></td><td></td><td></td></tr>
<tr><td rowspan="7">一般项目</td><td>1. 轴线位移</td><td>7.3.1 条</td><td colspan="10"></td><td rowspan="7"></td></tr>
<tr><td>2. 砌体顶面标高</td><td>7.3.1 条</td><td colspan="10"></td></tr>
<tr><td>3. 砌体厚度</td><td>7.3.1 条</td><td colspan="10"></td></tr>
<tr><td>4. 垂直度（每层）</td><td>7.3.1 条</td><td colspan="10"></td></tr>
<tr><td>5. 表面平整度</td><td>7.3.1 条</td><td colspan="10"></td></tr>
<tr><td>6. 水平灰缝平直度</td><td>7.3.1 条</td><td colspan="10"></td></tr>
<tr><td>7. 组砌形式</td><td>7.3.2 条</td><td colspan="10"></td></tr>
<tr><td colspan="3">施工单位检查
评定结果</td><td colspan="11">项目专业质量检查员：　项目专业质量（技术）负责人：
年　月　日</td></tr>
<tr><td colspan="3">监理（建设）单位
验收结论</td><td colspan="11">监理工程师（建设单位项目工程师）：
年　月　日</td></tr>
</table>

1.4.4 刚性基础

砌体房屋各组成部分自重产生的恒荷载，与各种活荷载组合，以内力的方式自上而下传递至基础顶面，经由基础传给地基。基础是重要的结构构件之一，它应具有承受荷载、抵抗变形和环境影响（地下水侵蚀和低温冻胀）的能力，应具备足够的强度、刚度和耐久性。基础从埋置深度看，分为深基础和浅基础。深基础有桩基础和箱形基础等，浅基础从外形看又有条形基础、独立基础、柱下条形或井字梁基础、筏形基础等。浅基础中某些类型的基础，是由砖、毛石、灰土、素混凝土等刚性材料组成的基础，称为刚性基础；由钢筋混凝土组成的基础称作柔性基础或钢筋混凝土扩展基础。以下介绍刚性基础的材料和构造。

1.4.4.1 刚性基础的构造

刚性基础又称无筋扩展基础，材料主要是砖、毛石、灰土、素混凝土等。这些材料的最大特点是抗压强度大大高于抗拉及抗剪强度。

在上部荷载产生的基底反力的作用下，基础两侧挑出的"倒悬臂梁"向上弯曲，使基础下部材料受拉。规范规定，只要将基础宽高比或刚性角（$\tan\alpha$）控制在某一范围内，就可以保证基础全截面材料处于受压应力状态，如图 1.4.21 所示。高宽比必须小于允许值，该值见表 1.4.3，同时基础高度满足：

$$H_0 \geqslant (b-b_0)/(2\tan\alpha)$$

式中 H_0——基础高度（m）；

b——基础底面宽度（m）；

b_0——基础顶面的墙体宽度或柱脚宽度（m）；

$\tan\alpha$——基础台阶宽高比，b_2/H_0。

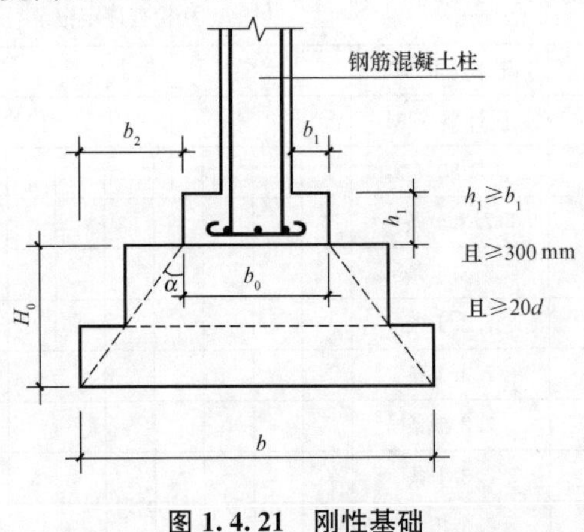

图 1.4.21 刚性基础

表 1.4.3 无筋扩展基础台阶宽高比允许值

基础材料	质量要求	台阶宽高比的允许值		
		$P_k \leqslant 100$	$100 < P_k \leqslant 200$	$200 < P_k \leqslant 300$
混凝土基础	C15 混凝土	1∶1.00	1∶1.00	1∶1.25

续表

基础材料	质量要求	台阶宽高比的允许值		
		$P_k \leqslant 100$	$100 < P_k \leqslant 200$	$200 < P_k \leqslant 300$
毛石混凝土基础	C15 混凝土	1∶1.00	1∶1.25	1∶1.50
砖基础	砖不低于 MU10，砂浆不低于 M5	1∶1.50	1∶1.50	1∶1.50
毛石基础	砂浆不低于 M5	1∶1.25	1∶1.50	—
灰土基础	体积比为 3∶7 或 2∶8 的灰土，其最小干密度：粉1 550 kg/ m^3；粉质黏土 1 500 kg/ m^3；黏土1 450 kg/ m^3	1∶1.25	1∶1.50	—
三合土基础	体积比为 1∶2∶4～1∶3∶6(石灰∶砂∶集料)，每层虚铺 220 mm，夯至 150 mm。	1∶1.50	1∶2.00	—

注：(1)P_k 为作用标准组合时基础底面处的平均压力值(kPa)。

(2)阶梯形毛石基础的每阶伸出宽度，不宜大于 200 mm。

(3)当基础由不同材料叠合组成时，应对接触部分做抗压验算。

(4)混凝土基础单侧扩展范围内基础底面处平均压力值超过 300kPa 时，尚应进行局部受压承载力验算。

采用无筋扩展基础的钢筋混凝土柱，其柱脚高度 h_1 不得小于 b_1，并不应小于300 mm且不应小于 $20d$，如图 1.4.21 所示，当柱纵向钢筋在柱脚内的竖向锚固长度不满足锚固要求时，可沿水平方向折弯，折弯后的水平锚固长度不应小于 $10d$，也不应大于 $20d$。

注：d 为柱中纵向受力钢筋的最大直径。

1.4.4.2 刚性基础的类型

1. 砖基础

砖基础俗称大放脚，局部尺寸构造应符合砖的模数。砌筑方式有两种，一是全部采取“两皮一收”，二是“二一间收”，后者必须保证顶层和底皮是两皮一收，如图 1.4.22 所示。该做法在获得同样基础宽度的条件下，可以减少基础埋深，节省材料。

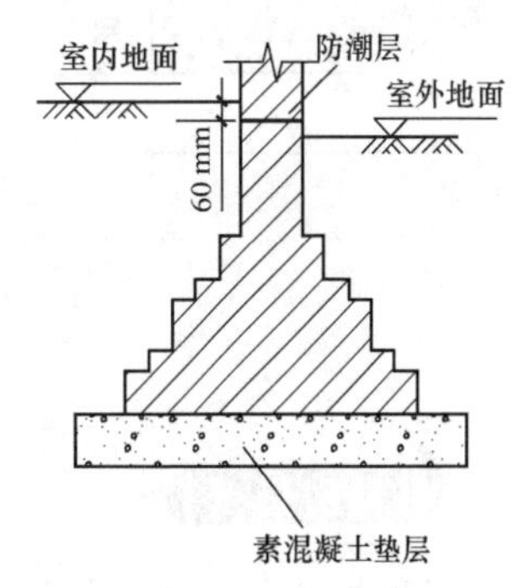

图 1.4.22　砖基础

2. 毛石基础

毛石基础每台阶至少分两皮砌筑，台阶高度不小于 300 mm，每个台阶边缘伸出长度不应大于 150 mm，以保证上一层砌石的边能够压紧下一层的边块石，如图 1.4.23 所示。

3. 灰土基础

灰土基础必须和其他刚性材料配合使用，设在整个基础的最下部，厚度一般为300～450 mm，分两步或三步打成一层，为了夯实边角，实际基础宽度比设计尺寸每边宽出不小于 50 mm，如图 1.4.24 所示。

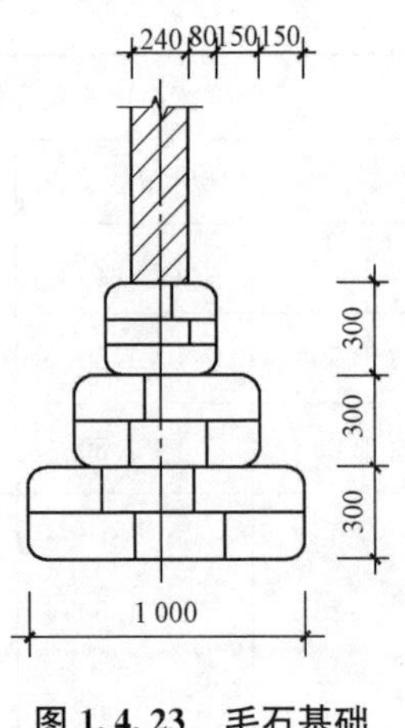

图 1.4.23　毛石基础

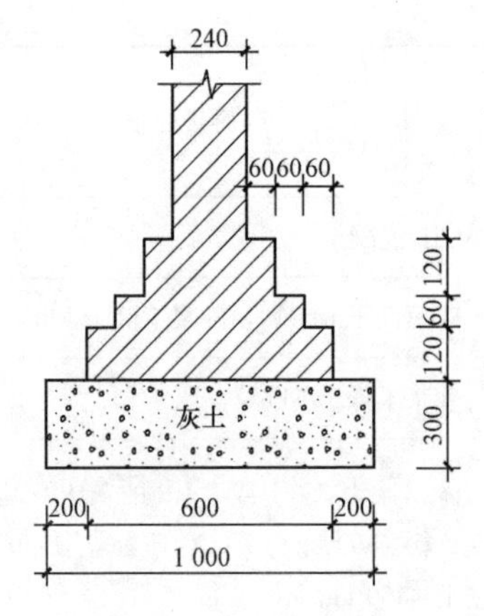

图 1.4.24　灰土基础

4. 素混凝土基础

素混凝土基础经过支模板浇筑混凝土制成，断面有多种形式，如台阶形或锥形等，如图 1.4.25 所示。台阶形基础每台阶高度宜控制在 200～500 mm。基础总高度在 350 mm 以内可做成一层，在 350～900 mm 时可做成两层，超过 900 mm 时做成三层。

关于刚性基础高宽比或刚性角，在结构工程设计中的注意事项详见以下特别提示。

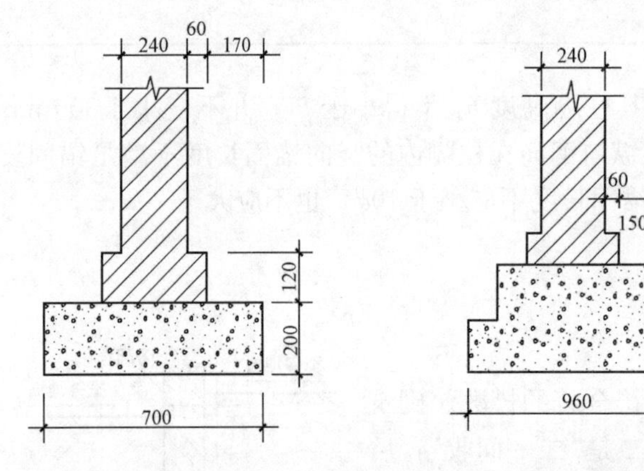

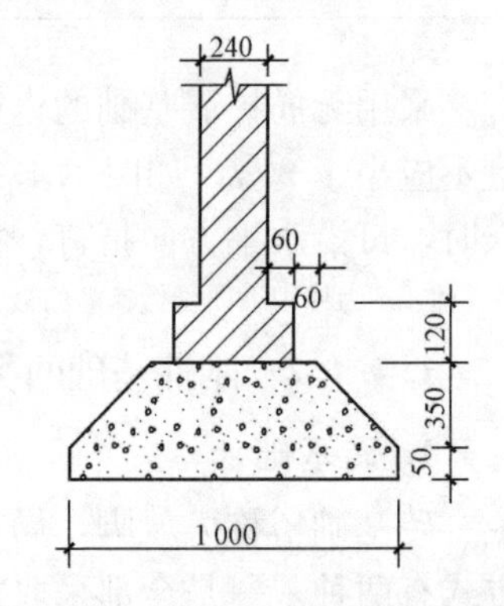

图 1.4.25　素混凝土基础

刚性基础或称无筋扩展基础，必须满足表 1.4.3 中的宽高比要求，该允许值是一个理论最大限值，不是固定值，相应的刚性角也为最大值。设计中各种材料根据施工需要(如砖模数、毛石每层高度等)可以调整为小于或等于该允许值，刚性角 α 也可小于相应极限值。

1.4.4.3　刚性基础的施工和质量验收

1. 施工

根据刚性材料的不同，采取相应的施工工艺，如毛石基础参考《石砌体施工工艺标准》(JI—JS—QB0203—03—2004)，素混凝土基础参考《混凝土结构工程施工规范》(GB 50666—

2011)，灰土基础参考《建筑地基工程施工质量验收标准》(GB 50202—2018)。限于篇幅，这里不做展开叙述。

2. 质量验收

刚性基础工程施工质量验收，详见第 2 单元“2.3.1.8 基础施工及地下设备管道铺设”。

1.4.5 配筋砖砌体

砌体房屋的恒荷载和各种活荷载经一定方式组合后，以内力的形式在楼板、墙体及基础中传递，最终传至地基。某些建筑物的荷载是非常大的，比如，民用建筑图书库、工业建筑材料仓库及大型设备车间平台等，导致墙体承受压力往往也很大。如果单纯通过提高砌块或砂浆强度或采取一般的构造加强措施，则很难解决承载力不足的问题，这种情况下可以采用配筋砖砌体构件。

1.4.5.1 配筋砖砌体的种类

配筋砖砌体有网状配筋砖砌体和组合砖砌体两类，后者又分为钢筋混凝土或砂浆加强面层组合砌体和钢筋混凝土柱组合墙两种。配筋砌体虽能够提高砌体承载力，但是也有其局限性，在矩形截面偏心距(e/h)＞0.17 时，或偏心距虽未超出核心范围，但构件高厚比(详见 1.4.6.2 知识链接)β＞16 时，不宜采用网状配筋砖砌体构件。

1.4.5.2 配筋砖砌体的构造要求

1. 网状配筋砖砌体

将事先加工好的网状钢筋网，在砌筑过程中设置在砖砌体的水平灰缝中，就形成了网状配筋砖砌体。网状配筋的形式有多种，如图 1.4.26 所示。网状砌体构件的构造应符合下列规定：

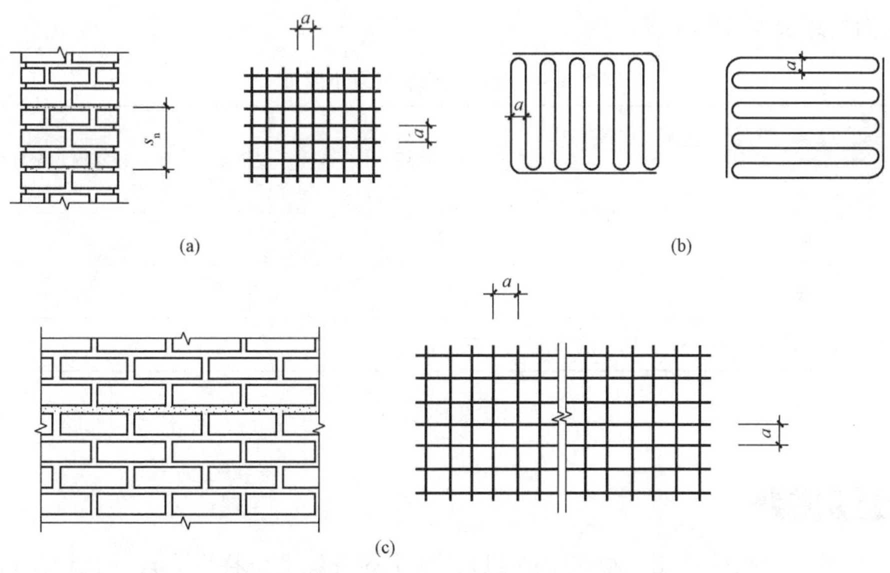

图 1.4.26 网状配筋砖砌体

(a)用方格网配筋的砖柱；(b)连弯钢筋网；(c)用方格网配筋的砖墙

(1)网状配筋砖砌体中的体积配筋率 ρ 不应小于 0.1%，并不大于 1%。

(2)采用钢筋网时，钢筋直径宜采用 3～4 mm；当采用连弯钢筋网时，钢筋直径不应大于 8 mm。

(3)钢筋网中钢筋的间距，不应大于 120 mm，并不应小于 30 mm。

(4)钢筋网的竖向间距，不应大于 5 皮砖，并不应大于 400 mm。

(5)网状配筋砖砌体所用的砂浆强度等级不应低于 M7.5；钢筋网应设置在砌体的水平灰缝中，灰缝厚度应保证钢筋上、下至少各有 2 mm 厚的砂浆层。

注：体积配筋率 $\rho=(V_S/V)\times 100\%$，其中 V_S、V 分别为钢筋和砌体的体积。

2. 组合砖砌体

(1)钢筋混凝土及砂浆加强面层组合砌体。当轴向力的偏心距超过《砌体结构设计规范》(GB 50003—2011)第 5.1.5 条规定时(详见以下知识链接)，宜采用加强面层组合砖砌体构件，如图 1.4.27 所示。组合砖砌体加强面层分别有钢筋混凝土中和砂浆面层中设置竖向钢筋两种，其构造应符合下列规定：

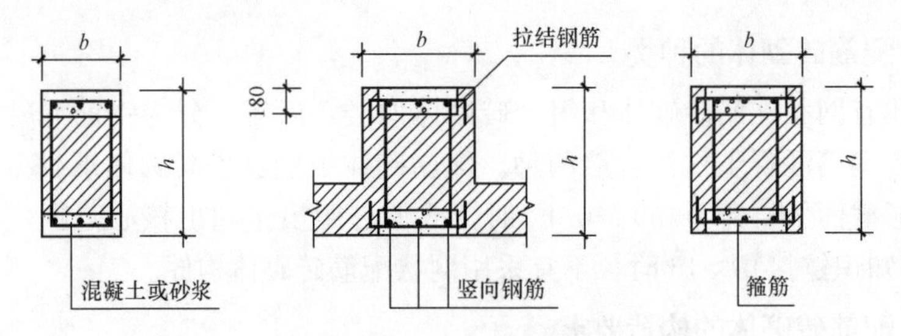

图 1.4.27　加强面层组合砖砌体构件截面

1)面层钢筋混凝土强度等级宜采用 C20。面层水泥砂浆强度等级不宜低于 M10。砌筑砂浆强度等级不宜低于 M7.5。

2)竖向受力钢筋的混凝土保护层厚度，不应小于表 1.4.4 中的规定。竖向受力钢筋距砖砌体表面的距离不应小于 5 mm。

表 1.4.4　混凝土保护层最小厚度　　mm

环境条件 构件类别	室内环境	露天或室内潮湿环境
墙	15	25
柱	25	35
注：当面层为水泥砂浆时，对于柱，保护层厚度可减小 5 mm。		

知识链接

《砌体结构设计规范》(GB 50003—2011)第 5.1.5 条规定：按内力设计值计算的轴向力的偏心距 e 不应超过 $0.6y$。y 为截面重心到轴向力所在偏心方向截面边缘的距离。

3)砂浆面层的厚度，可采用 30～45 mm。当面层厚度大于 45 mm 时，其面层宜采用混凝土。

4)竖向受力钢筋宜采用 HPB300 级钢筋，对于混凝土面层，也可采用 HRB335 级钢筋。受压钢筋一侧的配筋率，对砂浆面层，不宜小于 0.1%；对混凝土面层，不宜小于 0.2%。受拉钢筋的直径，不应小于 8 mm；钢筋的净间距，不宜小于 30 mm。

5)箍筋的直径，不宜小于 4 mm 及 0.2 倍受压钢筋的直径，并不宜大于 6 mm。箍筋的间距，不应大于 20 倍受压钢筋的直径及 500 mm，并不应小于 120 mm。

6)当组合砖砌体构件一侧的竖向受力钢筋多于 4 根时，应设置附加箍筋或拉结钢筋。

7)对于截面边长短边相差较大的构件如墙体等，应采用穿通墙体的拉结钢筋作为箍筋，同时设置水平分布钢筋。水平分布钢筋的竖向间距及拉结钢筋的水平间距，均不应大于500 mm，如图 1.4.28 所示。

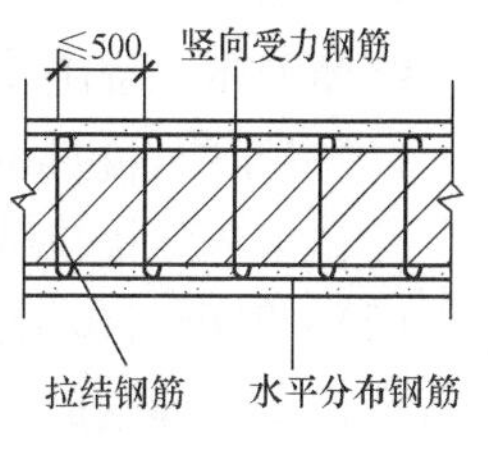

图 1.4.28　混凝土或砂浆面层组合墙

8)组合砖砌体构件的顶部及底部，以及牛腿部位，必须设置钢筋混凝土垫块。竖向受力钢筋伸入垫块的长度，必须满足锚固要求。

(2)钢筋混凝土柱组合墙。组合砖墙的材料和构造应符合下列规定：

1)砂浆的强度等级不应低于 M5，构造柱的混凝土强度等级不宜低于 C20。

2)柱内竖向受力钢筋的混凝土保护层厚度，应符合表 1.4.4 的规定。

3)构造柱的截面尺寸不宜小于 240 mm×240 mm，其厚度不应小于墙厚，边柱、角柱的截面宽度宜适当加大。柱内竖向受力钢筋，对于中柱，不宜小于 4ϕ12；对于边柱、角柱，不宜小于 4ϕ14。构造柱的竖向受力钢筋的直径也不宜大于 16 mm。其箍筋，一般部位宜采用 ϕ6、间距 200 mm，楼层上下 500 mm 范围内宜采用 ϕ6、间距 100 mm。构造柱的竖向受力钢筋应在基础梁和楼层圈梁中锚固，并应符合受拉钢筋的锚固要求，如图 1.4.29 所示。

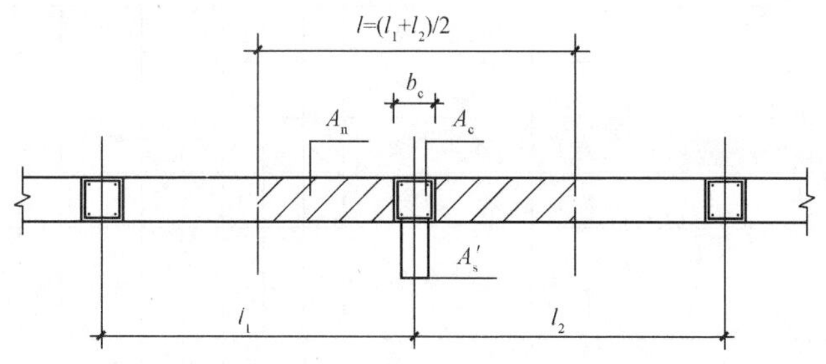

图 1.4.29　砖砌体和构造柱组合墙截面

4)组合砖墙砌体结构房屋，应在纵横墙交接处、墙端部和较大洞口的洞边设置构造柱，其间距不宜大于 4 m。各层洞口宜设置在相应位置，并宜上下对齐。

5)组合砖墙砌体结构房屋应在基础顶面、有组合墙的楼层处设置现浇钢筋混凝土圈梁。圈梁的截面高度不宜小于 240 mm；竖向钢筋不宜小于 4ϕ12，竖向钢筋伸入构造柱内，并应符合受拉钢筋的锚固要求；圈梁的箍筋直径宜采用 6 mm、间距 200 mm。

6)砖砌体与构造柱的连接处应砌成马牙槎并应沿墙高每隔 500 mm 设 2 根 ϕ6 拉结钢

筋，且每边伸入墙内不宜小于 600 mm。

7)组合砖墙的施工程序应为先砌墙后浇混凝土构造柱。

3. 施工质量验收

配筋砌体工程施工质量验收按照“一般规定”“主控项目”及“一般项目”展开，执行《砌体结构工程施工质量验收规范》(GB 50203—2011)的相关规定。施工人员在监理工程师(建设单位项目技术负责人)组织下，完成质量验收工作，并填写配筋砌体工程检验批质量验收记录表，见表 1.4.5，表中条款编号来自规范原文。

配筋砌体工程施工中，应对下列主控项目及一般项目进行检查，并应形成检查记录：

(1)主控项目包括：①钢筋品种、规格、数量和设置部位；②混凝土强度等级；③马牙槎尺寸；④马牙槎拉结筋；⑤钢筋连接；⑥钢筋锚固长度；⑦钢筋搭接长度。

(2)一般项目包括：①构造柱中心线位置；②构造柱层间错位；③每层及全高的构造柱垂直度；④灰缝钢筋防腐；⑤网状配筋规格；⑥网状配筋位置；⑦钢筋保护层厚度；⑧凹槽中水平钢筋间距。

表 1.4.5　配筋砌体工程检验批质量验收记录表

<table>
<tr><td colspan="2">工程名称</td><td></td><td>分项工程名称</td><td></td><td>验收部位</td><td></td></tr>
<tr><td colspan="2">施工单位</td><td colspan="3"></td><td>项目经理</td><td></td></tr>
<tr><td colspan="2">施工执行标准
名称及编号</td><td colspan="3"></td><td>专业工长</td><td></td></tr>
<tr><td colspan="2">分包单位</td><td colspan="3"></td><td>施工班组组长</td><td></td></tr>
<tr><td rowspan="8">主控项目</td><td colspan="2">质量验收规范的规定</td><td colspan="3">施工单位
检查评定记录</td><td>监理(建设)
单位验收记录</td></tr>
<tr><td>1. 钢筋品种、规格、数量和设置部位</td><td>8.2.1 条</td><td colspan="3"></td><td rowspan="7"></td></tr>
<tr><td>2. 混凝土强度等级</td><td>设计要求 C</td><td colspan="3"></td></tr>
<tr><td>3. 马牙槎尺寸</td><td>8.2.3 条</td><td colspan="3"></td></tr>
<tr><td>4. 马牙槎拉结筋</td><td>8.2.3 条</td><td colspan="3"></td></tr>
<tr><td>5. 钢筋连接</td><td>8.2.4 条</td><td colspan="3"></td></tr>
<tr><td>6. 钢筋锚固长度</td><td>8.2.4 条</td><td colspan="3"></td></tr>
<tr><td>7. 钢筋搭接长度</td><td>8.2.4 条</td><td colspan="3"></td></tr>
<tr><td rowspan="8">一般项目</td><td>1. 构造柱中心线位置</td><td>8.3.1 条</td><td colspan="3"></td><td rowspan="8"></td></tr>
<tr><td>2. 构造柱层间错位</td><td>8.3.1 条</td><td colspan="3"></td></tr>
<tr><td>3. 构造柱垂直度(每层)</td><td>8.3.1 条</td><td colspan="3"></td></tr>
<tr><td>4. 灰缝钢筋防腐</td><td>8.3.2 条</td><td colspan="3"></td></tr>
<tr><td>5. 网状配筋规格</td><td>8.3.3 条</td><td colspan="3"></td></tr>
<tr><td>6. 网状配筋位置</td><td>8.3.3 条</td><td colspan="3"></td></tr>
<tr><td>7. 钢筋保护层厚度</td><td>8.3.4 条</td><td colspan="3"></td></tr>
<tr><td>8. 凹槽中水平钢筋间距</td><td>8.3.4 条</td><td colspan="3"></td></tr>
</table>

续表

施工单位检查 评定结果	项目专业质量检查员：　　项目专业质量(技术)负责人： 年　　月　　日
监理(建设)单位 验收结论	监理工程师(建设单位项目工程师)： 年　　月　　日

1.4.6 填充墙

填充墙在民用建筑中多用于框架结构中，在工业建筑中则多见于厂房排架结构中。从建筑功能上看，主要起着围护、分隔作用。由于填充墙在施工中是在浇筑现浇钢筋混凝土框架结构或排架主体结构完成吊装之后砌筑的墙体，从结构受力上看，它和普通砌体屋中的墙体有着根本的不同。楼面恒荷载和活荷载以力的传递路线为：楼板→梁→柱(本层)→柱(下层)→……→基础→地基，由此可以看出，填充墙通常只承担其自身重量，并将其自重传给框架梁，再传给框架柱。上述荷载传递是指在一般情况下填充墙没有承担自重以外的荷载，但在某些特殊情况下，比如外墙，还要考虑承担风荷载；地震中填充墙会产生水平地震力等。与工业建筑排架结构中的情况类似，单层厂房围护墙自重直接传给基础梁，基础梁传给排架柱下独立基础，再传至地基。

填充墙的设计构造要求，主要涉及墙体的自身稳定性和整体性，施工中主要解决好与主体结构框架梁及框架柱的构造拉结的问题。

1.4.6.1 框架填充墙的材料

填充墙常用的砌筑材料与普通砌体房屋中所采用的砂浆和砌块等差别均不大。砌块多采用具有一定的材料强度、施工方便、重量较轻、保温隔热性能较好的砌块。

1. 砌块

(1)多孔砖。呈直角六面体的 240 mm×115 mm×53 mm 实心砖，在框排架填充墙中已不多见。普通烧结砖多采用多孔砖，其规格长度为 290 mm、240 mm、190 mm 不等，宽度为 180 mm、175 mm、140 mm、115 mm，高度为 90 mm，孔洞率不小于 25%，孔洞方向与承压面垂直，其抗压强度等级在“1.3.1.1 砌块”中已有详述，此处不再赘述。

(2)非烧结砌块。非烧结砌块替代烧结砖，是墙体改革的发展路线。这些砌块既有实心和空心的区别，在尺寸上又有小型和中型的不同；从组成材料上看，有普通混凝土、轻集料混凝土、废渣混凝土以及粉煤灰硅酸盐、煤矸石等分类。

关于混凝土小型空心砌块，在“1.3.1.1 砌块”中已有详述，此处不再赘述。

常见的中型砌块规格，其高度一般在 380～980 mm，主要是普通混凝土中型空心砌块、粉煤灰硅酸盐实心中型砌块和废渣混凝土空心中型砌块。普通混凝土中型空心砌块的宽度有 590 mm、780 mm、990 mm、1 170 mm，厚度为 200 mm；粉煤灰硅酸盐实心中型砌块的宽度多为 880 mm，厚度为 240 mm。

(3)加气混凝土砌块。将砂、粉煤灰及含硅尾矿等以石灰、水泥为主要原材料，掺入铝粉发气剂，通过严格配料，然后历经搅拌→浇筑→预养→切割→蒸压→养护等过程，形成了轻质多孔的硅酸盐加气混凝土砌块。

加气混凝土砌块常用规格，长度为 600 mm，宽度为 240 mm、200 mm、120 mm 等，高度为 300 mm、250 mm、200 mm 等。采用加气混凝土砌块砌筑的填充墙，不仅重量轻，砌块易于切割加工，运输、施工方便，而且具备保温隔热性、吸声、防火、防渗水等优点。

2. 砂浆

详见“1.3.1.2 砂浆”。

1.4.6.2 填充墙的构造要求

如前所述，从结构受力上看，填充墙正常情况下只承担其自身重量，施工中主要解决好与主体结构框架梁及柱的构造拉结的问题。

(1)填充墙墙体厚度不小于 90 mm。填充墙墙体除应满足稳定和自承重外，还应考虑水平风荷载及地震作用。

(2)填充墙宜选用轻质砌体材料，砌块强度不宜低于 MU3.5。

(3)根据房屋的高度、建筑体型、结构的层间变形、地震作用、墙体自身抗侧力的利用等因素，选择采用填充墙与框架柱、梁不脱开方法或填充墙与框架柱、梁脱开方法。

(4)填充墙与框架柱、梁脱开的方法宜符合下列要求：

1)填充墙两端与框架柱、填充墙顶面与框架梁之间留出 20 mm 的间隙。

2)填充墙两端与框架柱之间宜用钢筋拉结。

3)当填充墙长度超过 5 m 或墙长大于 2 倍层高时，中间应加设构造柱；墙体高厚比超过了《混凝土小型空心砌块建筑技术规程》(JGJ/T 14—2011)中第 5.7.1 条规定时(详见以下知识链接)，或墙高度超过 4 m 时，宜在墙高中部设置与柱连通的水平系梁。水平系梁截面高度不应小于 60 mm。填充墙墙高不宜大于 6 m。

4)填充墙与框架柱、梁的缝隙可采用聚苯乙烯泡沫塑料板或聚氨酯泡沫充填，并用硅酮胶或其他密封材料封缝。

知识链接

1)《混凝土小型空心砌块建筑技术规程》(JGJ/T 14—2011)中第 5.7.1 条规定，墙、柱高厚比按下式验算：

$$\beta = H_0/h \leqslant \mu_1 \cdot \mu_2 \cdot \mu_c \cdot [\beta];$$

式中 H_0——墙、柱的计算高度(m)；

h——墙厚或矩形柱与 H_0 相对应的边长(m)；

μ_1——自承重墙允许高厚比的修正系数；

μ_2——有门窗洞口墙允许高厚比的修正系数；

μ_c——设构造柱墙体允许高厚比提高系数；

$[\beta]$——墙、柱的允许高厚比，应按表 1.4.6 采用。

2)未尽事宜请查阅原规范相关条文。

表 1.4.6　墙、柱的允许高厚比[β]值

砂浆强度等级	墙	柱
Mb5	24	16
≥Mb7.5	26	17

(5)填充墙与框架柱、梁不脱开的方法宜符合下列要求：

1)墙厚不大于 240 mm 时，宜沿柱高每隔 400 mm 配置 2 根直径 6 mm 的拉结筋；墙厚大于 240 mm 时，宜沿柱高每隔 400 mm 配置 3 根直径 6 mm 的拉结筋。钢筋伸入填充墙长度不宜小于 700 mm，且拉结钢筋应错开截断，相距不宜小于 200 mm。填充墙墙顶应与框架梁紧密结合。顶面与上部结构接触处宜用一皮混凝土砖或混凝土配砖斜砌楔紧。

2)当填充墙有洞口时，宜在窗洞口上端或下端、门洞口的上端设置钢筋混凝土带，钢筋混凝土带应与过梁的混凝土同时浇筑，其过梁断面及配筋由设计确定。钢筋混凝土带的混凝土强度等级不宜小于 C20。当有洞口的填充墙尽端至门窗洞口边距离小于 240 mm 时，宜采用钢筋混凝土门窗框。

3)填充墙长度超过 5 m 或墙长大于 2 倍层高时，墙顶与梁宜有拉结措施，中间宜加设构造柱；墙高度超过 4 m 时，宜在墙高中部设置与柱连接的水平系梁；墙高度超过 6 m 时，宜沿墙高每 2 m 设置与柱连接的水平系梁，梁的截面高度不小于 60 mm。

1.4.6.3　框架填充墙的施工

框架填充墙的形成流程：基层清理→弹线定位→墙体拉结钢筋→构造柱钢筋→立皮数杆、排砖→砌筑填充墙→构造柱、圈梁。详见以下特别提示。

特别提示

框架结构填充墙属于钢筋混凝土框架工程的一部分，严格意义上讲，不属于“第 2 单元砌体结构工程施工过程”。本书将“1.4.6.3 框架填充墙的施工”及“1.4.6.4 施工质量验收”与此前“1.4.6.1 框架填充墙的材料”及“1.4.6.2 填充墙的构造要求”等内容一同归并此处。建议将“1.4.6.3”和“1.4.6.4”的教学安排在“2.3.3 钢筋混凝土楼板工程”之后开展。

1. 基层清理

楼地面要清理干净，墙体下的混凝土浮浆、松散混凝土要剔除并清扫干净，并洒水润湿。砌块的浇水及湿润程度，依据不同材料采取不同措施。

2. 弹线定位

放出每个楼层的轴线、墙身控制线以及门窗洞口的位置线，特别是砌筑外墙时，应保证上、下楼层通线，使整个外墙顺直。在框架柱上弹出门窗上坪、窗台高度、过梁等标高控制线。待放线验收合格后，方可进入墙体砌筑。

3. 墙体拉结钢筋

墙体拉结钢筋有多种方法，如预埋钢板再焊接拉结筋、利用膨胀螺栓固定先焊在铁板上的预留拉结筋以及采用植筋方式埋设拉结筋等。采用焊接方式时，单面焊接焊缝长度≥10d，双面焊接焊缝≥5d，如图 1.4.30 所示。焊接质量必须符合验收标准；采用植筋方式埋设拉筋时，应通过抗拔试验，拉筋位置保持较为准确，操作简单、不伤结构。

4. 构造柱钢筋

在砌墙之前完成构造柱钢筋的绑扎，构造柱竖向钢筋与原结构预留插孔的钢筋绑扎长度应满足设计要求，如图 1.4.31 所示。

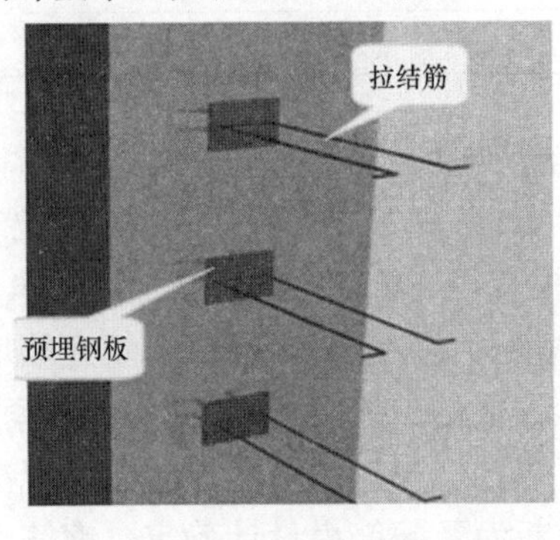

图 1.4.30　焊接墙体拉结筋示意

图 1.4.31　构造柱设置示意

5. 立皮数杆、排砖

(1)在皮数杆上标出砌块厚度、水平灰缝厚度以及门窗洞口、窗台、圈梁等标高。

(2)试排砌块，注意墙体总长度、高度，并排出门、窗、洞口的位置。

(3)外墙及横墙第一皮砖尽量排丁砖，梁及梁垫下面一皮、窗台台阶水平面也应排丁砖。

6. 砌筑填充墙

(1)对于蒸压加气混凝土砌块和轻骨料小型混凝土空心砌块，应在墙底部先砌筑 200 mm 高的烧结普通砖、多孔砖或普通混凝土空心砖，或者浇筑高 200 mm、C20 强度等级的混凝土坎台。

(2)填充墙必须确保整体性，做到内外搭砌、上下错缝、灰缝平直、砂浆饱满。边砌边自检，及时纠正可能出现的偏差，严禁事后撞砖纠偏。

(3)除构造柱部位外，墙体转角和交接处应同时砌起，严禁在无可靠措施的情况下，对内、外墙进行分砌施工。

(4)控制水平灰缝的厚度和竖缝宽度。空心砖、轻骨料混凝土小型砌块应取 8～12 mm，蒸压加气混凝土砌块的水平灰缝厚度和竖向灰缝宽度分别为 15 mm 和 20 mm。

(5)墙体一般不留槎，砌筑如有临时间断则应砌斜槎，斜槎长度不应小于高度的 2/3；如无法砌斜槎，也可留直凸槎，应在灰缝中沿墙体高度每≤500 mm 设置 Φ6 钢筋，钢筋数量按墙厚每 120 mm 一根，埋入墙体从槎算起每边>500 mm，末端应设 90°弯钩；砌体接槎时，必须清理接触面，浇水湿润，填实砂浆，保持灰缝横平竖直。

(6)防腐木砖预埋沿洞口高度均布或按设计要求，洞口高度≤2 m 时每边设 2 块，2～3 m 时每边设 3～4 块，上、下起始位置选在离开洞边 4 皮处；其他预埋、预留物应随砌随留随复核，确保位置准确，砌筑中不得搁置脚手架。

(7)水管穿过墙体时，应严格防止渗水、漏水。暗管只能垂直埋设，不得水平开槽，敷设应在墙体砂浆强度达到要求后开始；混凝土空心砌块的预埋管应使用专用带槽砌块。

(8)加气混凝土砌块应用专用工具实现切割，洞口两侧的砌块砌筑保持规则、整齐。

7. 构造柱、圈梁

构造柱及圈梁应根据抗震设计要求设置，构造柱一般设置在填充墙的转角、T形交接处或端部，当墙体长度超过5 m时，应间隔设置；圈梁宜设置在墙体的中部。

(1)构造柱截面的宽度由设计确定，高度一般同墙体厚度；圈梁高度一般不应小于120 mm，宽度同墙体厚度。圈梁及构造柱的插筋采用混凝土结构预埋筋或后植筋，预留长度要符合要求。构造柱施工采取先砌墙后浇筑，砌墙留设马牙槎时宜先退后进，水平尺寸为60 mm，高度不应超过300 mm。

(2)构造柱、圈梁模板的支设宜采用对拉栓式夹具，模板与墙体的接缝处宜用双面胶条粘结，以防混凝土渗漏。构造柱根部应留设杂物清理孔。

(3)向圈梁、构造柱周围的砌体和模板浇水湿润，清理落灰和杂物，然后注入适量的水泥砂浆，接下来浇筑圈梁、构造柱的混凝土。振捣时应避免振捣器碰触墙体，严禁通过墙体传振。

1.4.6.4 施工质量验收

框架填充墙的施工质量验收，按“一般规定”“主控项目”及“一般项目”的主要内容顺序，由施工人员在监理工程师(建设单位项目技术负责人)组织下展开。填写填充墙砌体工程检验批质量验收记录表，见表1.4.7，表中条款编号来自《砌体结构工程施工质量验收规范》(GB 50203—2011)原文。

填充墙砌体工程施工中，应对下列主控项目及一般项目进行检查，并应形成检查记录：

(1)主控项目包括：①块体强度等级；②砂浆强度等级；③与主体结构连接；④植筋实体检测。

(2)一般项目包括：①轴线位移；②每层墙面垂直度；③表面平整度；④后塞口的门窗洞口尺寸；⑤窗口偏移；⑥水平灰缝砂浆饱满度；⑦竖缝砂浆饱满度；⑧拉结筋、网片位置；⑨拉结筋、网片埋置长度；⑩砌块搭砌长度；⑪灰缝厚度；⑫灰缝宽度。

表1.4.7 填充墙砌体工程检验批质量验收记录表

<table>
<tr><td colspan="2">工程名称</td><td></td><td>分项工程名称</td><td></td><td>验收部位</td><td></td></tr>
<tr><td colspan="2">施工单位</td><td colspan="3"></td><td>项目经理</td><td></td></tr>
<tr><td colspan="2">施工执行标准
名称及编号</td><td colspan="3"></td><td>专业工长</td><td></td></tr>
<tr><td colspan="2">分包单位</td><td colspan="3"></td><td>施工班组组长</td><td></td></tr>
<tr><td rowspan="5">主
控
项
目</td><td colspan="3">质量验收规范的规定</td><td colspan="2">施工单位
检查评定记录</td><td>监理(建设)
单位验收记录</td></tr>
<tr><td colspan="2">1. 块体强度等级</td><td>设计要求MU</td><td colspan="2"></td><td rowspan="4"></td></tr>
<tr><td colspan="2">2. 砂浆强度等级</td><td>设计要求M</td><td colspan="2"></td></tr>
<tr><td colspan="2">3. 与主体结构连接</td><td>9.2.2条</td><td colspan="2"></td></tr>
<tr><td colspan="2">4. 植筋实体检测</td><td>9.2.3条</td><td colspan="2">见填充墙砌体植筋
锚固力检测记录</td></tr>
</table>

续表

<table>
<tr><td></td><td colspan="3">质量验收规范的规定</td><td>施工单位
检查评定记录</td><td>监理(建设)
单位验收记录</td></tr>
<tr><td rowspan="13">一般项目</td><td colspan="2">1. 轴线位移</td><td>≤10 mm</td><td></td><td></td></tr>
<tr><td rowspan="2">2. 每层墙面垂直度</td><td>≤3 m</td><td>≤5 mm</td><td></td><td></td></tr>
<tr><td>>3 m</td><td>≤10 mm</td><td></td><td></td></tr>
<tr><td colspan="2">3. 表面平整度</td><td>≤8 mm</td><td></td><td></td></tr>
<tr><td colspan="2">4. 门窗洞口尺寸</td><td>±10 mm</td><td></td><td></td></tr>
<tr><td colspan="2">5. 窗口偏移</td><td>≤20 mm</td><td></td><td></td></tr>
<tr><td colspan="2">6. 水平灰缝砂浆饱满度</td><td>9.3.2条</td><td></td><td></td></tr>
<tr><td colspan="2">7. 竖缝砂浆饱满度</td><td>9.3.2条</td><td></td><td></td></tr>
<tr><td colspan="2">8. 拉结筋、网片位置</td><td>9.3.3条</td><td></td><td></td></tr>
<tr><td colspan="2">9. 拉结筋、网片埋置长度</td><td>9.3.3条</td><td></td><td></td></tr>
<tr><td colspan="2">10. 搭砌长度</td><td>9.3.4条</td><td></td><td></td></tr>
<tr><td colspan="2">11. 灰缝厚度</td><td>9.3.5条</td><td></td><td></td></tr>
<tr><td colspan="2">12. 灰缝宽度</td><td>9.3.5条</td><td></td><td></td></tr>
<tr><td colspan="3">施工单位检查
评定结果</td><td colspan="3">项目专业质量检查员：　项目专业质量(技术)负责人：

年　月　日</td></tr>
<tr><td colspan="3">监理(建设)单位
验收结论</td><td colspan="3">监理工程师(建设单位项目工程师)：

年　月　日</td></tr>
</table>

1. 一般规定

(1)适用于烧结空心砖、蒸压加气混凝土砌块、轻骨料混凝土小型空心砌块等填充墙砌体工程。

(2)砌筑填充墙时，轻骨料混凝土小型空心砌块和蒸压加气混凝土砌块的产品龄期不应小于28 d，蒸压加气混凝土砌块的含水率宜小于30%。

(3)烧结空心砖、蒸压加气混凝土砌块、轻骨料混凝土小型空心砌块等在运输、装卸过程中，严禁抛掷和倾倒；进场后应按品种、规格堆放整齐，堆置高度不宜超过2 m。蒸压加气混凝土砌块在运输与堆放中应防止雨淋。

(4)吸水率较小的轻骨料混凝土小型空心砌块及采用薄灰砌筑法施工的蒸压加气混凝土砌块，砌筑前不应对其浇(喷)水浸润；在气候干燥炎热的情况下，对吸水率较小的轻骨料混凝土小型空心砌块，宜在砌筑前喷水湿润。

(5)采用普通砌筑砂浆砌筑填充墙时，烧结空心砖、吸水率较大的轻骨料混凝土小型空心砌块应提前1～2 d浇(喷)水湿润。蒸压加气混凝土砌块采用蒸压加气混凝土砌块砌筑砂浆或普通砌筑砂浆砌筑时，应在砌筑当天对砌块砌筑面喷水湿润。块体湿润程度宜符合下列规定：

1)烧结空心砖的相对含水率为60%～70%；

2)吸水率较大的轻骨料混凝土小型砌块、蒸压加气混凝土砌块的相对含水率为40%～50%。

(6)在厨房、卫生间、浴室等处采用轻骨料混凝土小型空心砌块、蒸压加气混凝土砌块砌筑墙体时，墙底部宜现浇混凝土坎台等，其高度宜为150 mm。

(7)填充墙拉结筋处的下皮小砌块宜采用半盲孔小砌块或用混凝土灌实孔洞的小砌块；薄灰砌筑法施工的蒸压加气混凝土砌块砌体，拉结筋应放置在砌块上表面设置的沟槽内。

(8)蒸压加气混凝土砌块、轻骨料混凝土小型空心砌块不应与其他块体混砌，不同强度等级的同类砌块也不得混砌。

注：窗台处和因安装门窗需要，在门窗洞口处两侧填充墙上、中、下部可采用其他块体局部嵌砌；对与框架柱、梁不脱开方法的填充墙，填塞填充墙顶部与梁之间的缝隙可采用其他块体。

(9)填充墙砌体砌筑，应待承重主体结构检验批验收合格后进行。填充墙与承重主体结构间的空(缝)隙部位施工，应在填充墙砌筑14 d后进行。

2. 主控项目

(1)烧结空心砖、小砌块和砌筑砂浆的强度等级应符合设计要求。

抽检数量：烧结空心砖每10万块为一验收批，小砌块每1万块为一验收批，不足上述数量时按一批计，抽检数量为1组。砂浆试块的抽检数量执行《砌体结构工程施工质量验收规范》(GB 50203—2011)第4.0.12条有关规定。

检验方法：检查砖、小砌块进场复验报告和砂浆试块试验报告。

(2)填充墙砌体应与主体结构可靠连接，其连接构造应符合设计要求，未经设计同意，不得随意改变连接构造方法。每一填充墙与柱的拉结筋的位置超过1皮块体高度的数量，不得多于1处。

抽检数量：每检验批抽查不应少于5处。

检验方法：观察检查。

(3)填充墙与承重墙、柱、梁的连接钢筋，当采用化学植筋的连接方式时，应进行实体检测。锚固钢筋拉拔试验的轴向受拉非破坏承载力检验值应为6.0 kN。抽检钢筋在检验值作用下应是基材无裂缝、钢筋无滑移宏观裂损现象；持荷2 min期间荷载值降低不大于5%。检验批验收可按表1.4.8、表1.4.9通过正常检验一次、二次抽样判定。

抽检数量：按表1.4.10确定。

检验方法：原位试验检查。

表1.4.8　正常一次抽样的判定

样本容量	合格判定数	不合格判定数	样本容量	合格判定数	不合格判定数
5	0	1	20	2	3
8	1	2	32	3	4
13	1	2	50	5	6

表 1.4.9 正常二次抽样的判定

样本次数与样本容量	合格判定数	不合格判定数	样本次数与样本容量	合格判定数	不合格判定数
(1)—5 (2)—10	0 1	2 2	(1)—20 (2)—40	1 3	3 4
(1)—8 (2)—16	0 1	2 2	(1)—32 (2)—64	2 6	5 7
(1)—13 (2)—26	0 3	3 4	(1)—50 (2)—100	3 9	6 10
注：本表应用参照现行国家标准《建筑结构检测技术标准》(GB/T 50344—2004)第 3.3.14 条说明。					

表 1.4.10 检验批抽检锚固钢筋样本最小容量

检验批的容量	样本最小容量	检验批的容量	样本最小容量
≤90	5	281～500	20
91～150	8	501～1 200	32
151～280	13	1 201～3 200	50

3. 一般项目

(1)填充墙砌体尺寸、位置的允许偏差及检验方法应符合表 1.4.11 的规定。

抽检数量：每检验批抽查不应少于 5 处。

(2)填充墙砌体的砂浆饱满度及检验方法应符合表 1.4.12 的规定。

抽检数量：每检验批抽查不应少于 5 处。

表 1.4.11 填充墙砌体尺寸、位置的允许偏差及检验方法

序号	项目		允许偏差/mm	检验方法
1	轴线位移		10	用尺检查
2	垂直度(每层)	≤3 m	5	用 2 m 托线板或吊线、尺检查
		＞3 m	10	
3	表面平整度		8	用 2 m 靠尺和楔形尺检查
4	门窗洞口高、宽(后塞口)		±10	用尺检查
5	外墙上、下窗口偏移		20	用经纬仪或吊线检查

表 1.4.12 填充墙砌体的砂浆饱满度及检验方法

<table>
<tr><th>砌体分类</th><th>灰缝</th><th>饱满度及要求</th><th>检验方法</th></tr>
<tr><td rowspan="2">空心砖砌体</td><td>水平</td><td>≥80%</td><td rowspan="4">采用百格网检查块体底面或侧面砂浆的粘结痕迹面积</td></tr>
<tr><td>垂直</td><td>填满砂浆，不得有透明缝、瞎缝、假缝</td></tr>
<tr><td rowspan="2">蒸压加气混凝土砌块、轻骨料混凝土小型空心砌块砌体</td><td>水平</td><td>≥80%</td></tr>
<tr><td>垂直</td><td>≥80%</td></tr>
</table>

(3)填充墙留置的拉结钢筋或网片的位置应与块体皮数相符合。拉结钢筋或网片应置于灰缝中，埋置长度应符合设计要求，竖向位置偏差不应超过一皮高度。

抽检数量：每检验批抽查不应少于 5 处。

检验方法：观察和用尺量检查。

(4)砌筑填充墙时应错缝搭砌，蒸压加气混凝土砌块搭砌长度不应小于砌块长度的 1/3；轻骨料混凝土小型空心砌块搭砌长度不应小于 90 mm；竖向通缝不应大于 2 皮。

抽检数量：每检验批抽检不应少于 5 处。

检验方法：观察和用尺量检查。

(5)填充墙的水平灰缝厚度和竖向灰缝宽度应正确。烧结空心砖、轻骨料混凝土小型空心砌块砌体的灰缝应为 8～12 mm。蒸压加气混凝土砌块砌体当采用水泥砂浆、水泥混合砂浆或蒸压加气混凝土砌块砌筑砂浆时，水平灰缝厚度及竖向灰缝宽度不应超过 15 mm；当蒸压加气混凝土砌块砌体采用蒸压加气混凝土砌块粘结砂浆时，水平灰缝厚度和竖向灰缝宽度宜为 3～4 mm。

抽检数量：每检验批抽查不应少于 5 处。

检验方法：水平灰缝厚度用尺量 5 皮小砌块的高度折算；竖向灰缝宽度用尺量 2 m 砌体长度折算。

1.4.7 砌体的构造要求

在设计要求的三个层次中，满足构造要求是最基本也是最重要的。它涉及砌体材料最低强度要求，墙厚、砖柱、墙垛基本尺寸，圈梁、构造柱的基本尺寸，圈梁、构造柱的最小配筋率以及设置位置、数量相关规定，还有防止墙体开裂措施等。

抗震构造是砌体房屋构造的核心内容，是在上述构造基本要求的基础上，对砌体结构材料最低强度、高厚比及最多层数的限制等，提出了更进一步的要求，提高了砌体房屋结构抗震性能和安全可靠性，具体体现在圈梁和构造柱的合理设置、墙体的平面布局的合理性等方面。

以下从砌体房屋一般构造要求和多层砌体房屋抗震构造措施两方面展开论述。

1.4.7.1 砌体房屋一般构造要求

1. 一般规定

(1)五层及五层以上房屋的墙，以及受震动或层高大于 6 m 的墙、柱等所用材料的最低强度等级应符合以下要求：

1)砖采用MU10。

2)砌块采用MU7.5。

3)石材采用MU30。

4)砂浆采用M5。

注：对于安全等级为一级或设计使用年限大于50年的房屋，材料强度等级应至少提高一级。

(2)地面或防潮层以下的砌体及潮湿房间的墙所用材料的最低强度等级应符合表1.4.13的要求。

表1.4.13 地面或防潮层以下的砌体及潮湿房间墙所用材料最低强度等级 MPa

基土的潮湿程度	烧结普通砖、蒸压灰砂砖		混凝土砌块	石材	水泥砂浆
	严寒地区	一般地区			
稍潮湿的	MU10	MU10	MU7.5	MU30	M5
很潮湿的	MU15	MU10	MU7.5	MU30	M7.5
含水饱和的	MU20	MU15	MU10	MU40	M10

注：1. 在冻胀地区，该部位不宜采用多孔砖，如采用则其孔洞用水泥砂浆灌实。当采用混凝土砌块砌体时，其孔洞采用强度不低于Cb20的混凝土灌实。

2. 对于安全等级为一级或设计使用年限大于50年的房屋，表中材料强度等级应至少提高一级。

(3)承重的独立砖柱，截面尺寸不应小于240 mm×370 mm。毛石墙厚度不宜小于350 mm，毛料石柱较小边长不宜小于400 mm。

注：当有振动荷载时，墙、柱不宜采用毛石砌体。

(4)跨度大于6 m的屋架及大于4.8 m(对于砖墙)、4.2 m(对于砌块或料石墙)或3.9 m(对于毛石砌体)的梁，应在其支撑面下的砌体设置钢筋混凝土垫块；当墙中设有圈梁时，垫块与圈梁宜浇筑成整体。

(5)当梁跨度大于或等于6 m(对于24砖墙)、4.8 m(对于18砖墙、砌块及料石墙体)时，其支撑处宜加设壁柱，或采用其他加强措施。

(6)预制钢筋混凝土板的支撑长度，在墙上不宜小于100 mm；在钢筋混凝土圈梁上不宜小于80 mm；当利用板端伸出钢筋拉结和混凝土灌缝时，可缩减为40 mm，但板端缝宽不小于80 mm，灌缝混凝土不宜低于C20。

(7)支撑在墙、柱上的吊车梁、屋架及跨度大于或等于9 m(对于砖墙)及7.2 m(对于砌块及料石墙体)的预制梁的端部，应采用锚固件与墙、柱上的垫块锚固。

(8)填充墙、隔墙应分别采取措施与周边构件可靠连接。

(9)山墙处的壁柱宜伸至山墙顶部，屋面构件应与山墙可靠拉结。

(10)砌块砌体应分皮错缝搭砌，上、下皮搭砌长度不得小于90 mm。当搭砌长度不满足上述要求时，应在水平灰缝内设置不小于2Φ4的焊接钢筋网片(横向钢筋的间距不宜大于200 mm)，网片每端均应超过该垂直缝，其长度不得小于300 mm。

(11)砌块墙与后砌隔墙交接处，应沿墙高每400 mm在水平灰缝内设置不少于2Φ4横筋、间距不大于200 mm的焊接钢筋网片，如图1.4.32所示。

(12)混凝土砌块房屋，宜将纵横墙交接处、距墙中心线每边不小于300 mm范围内的孔洞，采用不低于Cb20灌孔混凝土灌实，灌实高度应为墙身全高。

(13)混凝土砌块墙体的下列部位，如未设置圈梁或混凝土垫块，应采用不低于 Cb20 灌孔混凝土将孔洞灌实：

1)格栅、檩条和钢筋混凝土楼板的支撑面下，高度不应小于 200 mm 的砌体。

2)屋架、梁等构件的支撑面下，高度与长度均不应小于 600 mm 的砌体。

3)挑梁支撑面下，距墙中心线每边不应小于 300 mm，高度不应小于 600 mm 的砌体。

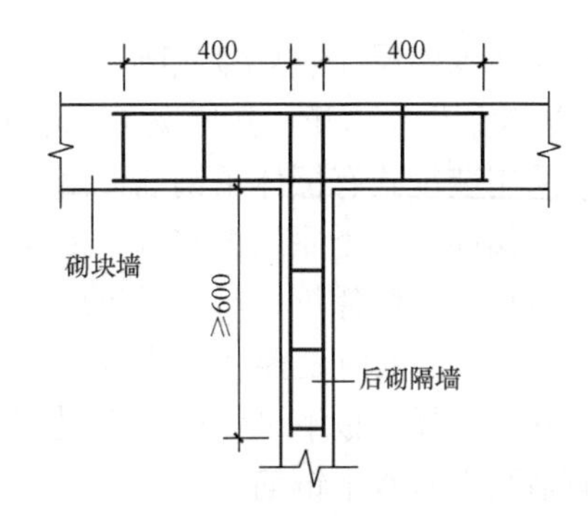

图 1.4.32　砌块墙与后砌隔墙交接处钢筋网片

(14)在砌体中留槽洞及埋设管道时，应遵守下列规定：

1)不应在墙面长边小于 500 mm 的承重墙体、独立柱内埋设管线。

2)不宜在墙体中穿行暗线或预留、开凿沟槽，无法避免时应采取必要的措施或按削弱后的截面验算墙体的承载力。

注：对受力较小或未灌孔的砌块砌体，允许在墙体的竖向孔洞中设置管线。

2. 防止或减轻墙体开裂的主要措施

(1)为了防止或减轻房屋在正常使用下，由温差和砌体干缩引起的墙体的竖向裂缝，应在墙体中设置伸缩缝。伸缩缝应设置在因温度和变形可能引起应力集中、砌体产生裂缝可能性最大的地方。伸缩缝间距按表 1.4.14 采用。

表 1.4.14　砌体房屋伸缩缝的最大间距　　m

屋盖或楼盖类别		间距
整体式或装配整体式钢筋混凝土结构	有保温层或隔热层的屋盖、楼盖	50
	无保温层或隔热层的屋盖	40
装配式无檩体系钢筋混凝土结构	有保温层或隔热层的屋盖、楼盖	60
	无保温层或隔热层的屋盖	50
装配式有檩体系钢筋混凝土结构	有保温层或隔热层的屋盖	75
	无保温层或隔热层的屋盖	60
瓦材屋盖、木屋盖或楼盖、轻钢屋盖		100

注：1. 对于烧结普通砖、烧结多孔砖、配筋砌块砌体房屋，取表中数值；对于石砌体、蒸压灰砂普通砖、蒸压粉煤灰普通砖、混凝土砌块、混凝土普通砖和混凝土多孔砖房屋，取表中数值乘以 0.8 的系数，当墙体有可靠外保温措施时，其间距可取表中数值。

2. 在钢筋混凝土屋面上挂瓦的屋盖，应按钢筋混凝土屋盖采用。

3. 层高大于 5 m 的烧结普通砖、烧结多孔砖、配筋砌块体单层房屋，其伸缩缝间距可按表中数值乘以 1.3 的系数。

4. 温差较大且变化频繁地区和严寒地区不采暖的房屋及构筑物墙体的伸缩缝的最大间距，按表中数值予以适当减小。

5. 墙体的伸缩缝应与结构的其他变形缝相重合，缝的宽度应满足各种变形缝的变形要求，在进行立面处理时，必须保证缝隙的变形作用。

(2)为了防止或减轻房屋顶层墙体的裂缝，可根据情况采取下列措施：

1)屋面设保温层、隔热层。

2)屋面保温层(隔热层)或刚性面层及砂浆找平层应设置分格缝，分格缝间距不宜大于6 m，并与女儿墙隔开，其缝宽不应小于30 mm。

3)采用装配式有檩体系钢筋混凝土屋盖和瓦材屋盖。

4)在钢筋混凝土屋面板与墙体圈梁的接触面处设置水平滑动层，滑动层可采用两层油毡加滑石粉或橡胶片等；对于长纵墙，可在其两端的2～3个开间内设置，对于横墙可只在其两端各$l/4$范围内设置(l为横墙长度)。

5)在顶层屋面板下设置现浇钢筋混凝土圈梁，并沿内外墙拉通，房屋两端圈梁下的墙体内宜适当设置水平钢筋。

6)在顶层挑梁末端下墙体灰缝内设置3道焊接钢筋网片(竖向钢筋不宜小于2ϕ4，横筋间距不宜大于200 mm)或2ϕ6钢筋，钢筋网片或钢筋应自挑梁末端伸入两边墙体不应小于1 m。

7)顶层墙体有门窗等洞口时，在过梁上的水平灰缝内设置2～3道焊接钢筋网片或2ϕ6钢筋，并应伸入过梁两端墙内不应小于600 mm。

8)顶层及女儿墙砂浆强度等级不应小于M5。

9)女儿墙应设置构造柱，构造柱间距不宜大于4 m，构造柱应伸至女儿墙顶，并与现浇钢筋混凝土压顶整浇在一起。

10)房屋顶层端部墙体内应适当增设构造柱。

(3)为了防止或减轻房屋底层墙体的裂缝，可根据情况采取下列措施：

1)增大基础圈梁的刚度。

2)在底层的窗台下墙体灰缝内设置3道焊接钢筋网片或2ϕ6钢筋，并应伸入两边窗间墙内不应小于600 mm。

3)采用钢筋混凝土窗台板，窗台板每边嵌入窗间墙内不应小于600 mm。

(4)墙体转角处和纵、横墙交接处宜沿竖向每隔400～500 mm设置拉结钢筋，其数量为每120 mm墙不应少于1ϕ6或焊接钢筋网片，埋入长度从墙的转角或交接处算起，每边不应小于600 mm。

(5)对灰砂砖、粉煤灰砖、混凝土砌块或其他非烧结砖，宜在各层门、窗过梁上方的水平灰缝内及窗台下第一道和第二道水平灰缝内设置焊接钢筋网片或2ϕ6钢筋，伸入两边窗间墙内不应小于600 mm。

当灰砂砖、粉煤灰砖、混凝土砌块或其他非烧结砖实体墙长度大于5 m时，宜在每层墙高度中部设置2～3道焊接钢筋网片或3ϕ6通长水平钢筋，竖向间距为500 mm。

(6)为了防止或减轻混凝土砌块房屋顶层两端和底层第一和第二开间门窗洞口处的裂缝，可采取下列措施：

1)在门窗洞口两侧不少于一个孔洞中设置不小于1ϕ12的钢筋，钢筋应在楼层圈梁或基础处锚固，并采用不低于Cb20灌孔混凝土灌实。

2)在门窗洞口两侧的墙体水平灰缝中，设置长度不应小于900 mm、竖向间距为400 mm的2ϕ4焊接钢筋网片。

3)在顶层和底层设置钢筋混凝土窗台梁，通常窗台梁的高度为块高的模数，纵筋不应少于4ϕ10、箍筋ϕ6@200，Cb20混凝土。

(7)当房屋刚度较大时，可在窗台下或窗台角处墙体内设置竖向控制缝。在墙体高度或厚度突然变化处，也宜设置竖向控制缝，或采取其他可靠的防裂措施。竖向控制缝的构造和嵌缝材料应能满足墙体平面外传力和防护的要求。

(8)灰砂砖、粉煤灰砖砌体宜采用粘结性较好的砂浆砌筑，混凝土砌块砌体应采用砌块专用砂浆砌筑。

(9)对防裂要求较高的墙体，可根据情况采用专门措施。

1.4.7.2 多层砌体房屋抗震构造措施

抗震构造措施是砌体结构设计的核心内容，除了限制砌体结构材料最低强度、高厚比及最多层数和高度等要求之外，还采取了一系列旨在提高砌体房屋结构延性和抗震性能的重要构造措施。这些措施体现在圈梁和构造柱的构造及合理设置，墙体的合理布局，加强房屋的整体性和整体刚度等方面。详见以下特别提示。

特别提示

《建筑工程抗震设防分类标准》(GB 50223—2008)规定，建筑抗震设防类别的划分，应根据下列因素综合分析确定：

(1)建筑破坏造成的人员伤亡、直接和间接经济损失及社会影响的大小。

(2)城镇的大小、行业的特点、工矿企业的规模。

(3)建筑使用功能失效后，对全局的影响范围大小、抗震救灾影响及恢复的难易程度。

(4)建筑各区段的重要性有显著不同时，可按区段划分抗震设防类别。下部区段的类别不应低于上部区段。

(5)不同行业的相同建筑，当所处的地位及地震破坏所产生的后果和影响不同时，其抗震设防类别可不相同。

在此前提下，建筑工程根据建筑物具体情况又进一步划分为四个设防类别，分别是标准设防类、重点设防类、特殊设防类及适度设防类。

房屋依据抗震设防标准的不同，抗震要求和构造措施的严格程度及标准，在设计、施工和监理工作中都有着不同的体现。

1. 一般规定

(1)多层房屋的层数和高度应符合下列要求：

1)一般情况下，房屋的层数和总高度不应超过表 1.4.15 的规定。

表 1.4.15 房屋的层数和总高度限值 m

房屋类别		最小抗震墙厚度/mm	烈度和设计基本地震加速度											
			6		7				8				9	
			0.05g		0.10g		0.15g		0.20g		0.30g		0.40g	
			高度	层数	高度	层数	高度	层数	高度	层数	高度	层数	高度	层数
多层砌体房屋	普通砖	240	21	7	21	7	21	7	18	6	15	5	12	4
	多孔砖	240	21	7	21	7	18	6	18	6	15	5	9	3
	多孔砖	190	21	7	18	6	15	5	15	5	12	4	—	—
	混凝土砌块	190	21	7	21	7	18	6	18	6	15	5	9	3

注：1. 房屋的总高度是指室外地面到主要屋面板板顶或檐口的高度，半地下室从地下室室内地面算起，全地下室和嵌固条件好的半地下室应允许从室外地面算起；对带阁楼的坡屋面应算到山尖墙的 1/2 高度处。

2. 室内外高差大于 0.6 m时，房屋总高度应允许比表中的数据适当增加，但增加量应少于 1.0 m。

3. 乙类的多层砌体房屋仍按本地区设防烈度查表，其层数应减少一层且总高度应降低 3 m；不应采取底部框架-抗震墙砌体房屋。

2)横墙较少的多层砌体房屋，总高度应比表 1.4.15 的规定降低 3 m，层数相应减少一层；各层横墙很少的多层砌体房屋，还应再减少一层。

注：横墙较少是指同一楼层内开间大于 4.2 m 的房间占该层总面积的 40%以上；其中，开间不大于 4.2 m 的房间占该层总面积不到 20%且开间大于 4.8 m 的房间占该层总面积的 50%以上为横墙很少。

3)抗震设防烈度为 6、7 度时，横墙较少的丙类多层砌体房屋，当按《建筑抗震设计规范》(GB 50011—2010)规定采用加强措施并满足抗震承载力要求时，其高度和层数应允许仍按表 1.4.15 的规定采用。

4)采用蒸压灰砂砖和蒸压粉煤灰砖的砌体的房屋，当砌体的抗剪强度仅达到普通黏土砖砌体的 70%时，房屋的层数应比普通砖房减少一层，总高度应减少 3 m；当砌体的抗剪强度达到普通黏土砖砌体的取值时，房屋层数和总高度的要求同普通砖房屋。

(2)多层砌体承重房屋的层高，不应超过 3.6 m。

注：当使用功能确有需要时，采用约束砌体等加强措施的普通砖房屋，层高不应超过 3.9 m。

(3)多层砌体房屋总高度与总宽度的最大比值，宜符合表 1.4.16 的要求。

表 1.4.16　房屋最大高宽比

烈度	6	7	8	9
最大高宽比	2.5	2.5	2.0	1.5
注：1. 单面走廊房屋的总宽度不包括走廊宽度。 2. 建筑平面接近正方形时，其高宽比适当减小。				

(4)房屋抗震横墙的间距，不应超过表 1.4.17 的要求。

表 1.4.17　房屋抗震横墙的间距　m

房屋类别		烈度			
		6	7	8	9
多层砌体房屋	现浇或装配整体式钢筋混凝土楼、屋盖装配钢筋混凝土楼、屋盖、木屋盖	15 11 9	15 11 9	11 9 4	7 4 —
底部框架-抗震墙砌体房屋	上部各层	同多层砌体房屋			
	底层或底部两层	18	15	11	—
注：(1)多层砌体房屋的顶层，除木屋盖外的最大横墙间距应允许适当放宽，但应采取相应加强措施。 (2)多孔砖抗震横墙厚度为 190 mm 时，最大横墙间距应比表中数值减少 3 m。					

(5)多层砌体房屋中砌体墙段的局部尺寸限值，宜符合表 1.4.18 的要求。

表 1.4.18　房屋中的局部尺寸限值　m

部　位	烈度			
	6	7	8	9
承重窗间墙最小宽度	1.0	1.0	1.2	1.5

续表

部　位	烈度			
	6	7	8	9
承重外墙尽端至门窗洞边的最小距离	1.0	1.0	1.2	1.5
非承重外墙尽端至门窗洞边的最小距离	1.0	1.0	1.0	1.0
内墙阳角至门窗洞边的最小距离	1.0	1.0	1.5	2.0
无锚固女儿墙(非出入口处)的最大高度	0.5	0.5	0.5	0.0

注：(1)局部尺寸不足时，应采取局部加强措施弥补，且最小宽度不宜小于1/4层高和表列数据的80%。
(2)出入口处的女儿墙应有锚固。

(6)多层砌体房屋的建筑布置和结构体系，应符合下列要求：

1)应优先采用横墙承重或纵、横墙共同承重的结构体系，不应采用砌体墙和混凝土墙混合承重的结构体系。

2)纵、横向砌体抗震墙的布置应符合下列要求：

①宜均匀对称，沿平面内宜对齐，沿竖向应上下连续，且纵、横向墙体的数量不宜相差过大。

②平面轮廓凹凸尺寸，不应超过典型尺寸的50%；当超过典型尺寸的25%时，房屋转角处应采取加强措施。

③楼板局部大洞口的尺寸不宜超过楼板宽度的30%，且不应在墙体两侧同时开洞。

④房屋错层的楼板高差超过500 mm时，应按两层计算；错层部位的墙体应采取加强措施。

⑤同一轴线上的窗间墙宽度宜均匀；墙面洞口的面积，6、7度时不宜大于墙面总面积的55%，8、9度时不宜大于50%。

⑥在房屋宽度方向的中部应设置内纵墙，其累计长度不宜小于房屋总长度的60%(高宽比大于4的墙段不计入)。

3)房屋有下列情况之一时宜设置防震缝，缝两侧均应设置墙体，缝宽应根据烈度和房屋高度确定，可采用70～100 mm：

①房屋立面高差在6 m以上。

②房屋有错层，且楼板高差大于层高的1/4。

③各部分结构刚度、质量截然不同。

4)楼梯间不宜设置在房屋的尽头端或转角处。

5)不应在房屋转角处设置转角窗。

6)横墙较少、跨度较大的房屋，宜采用现浇钢筋混凝土楼、屋盖。

关于“底部框架砌体房屋抗震构造”，详见《建筑抗震设计规范(2016年版)》(GB 50011—2010)第7条的相关规定，其中底层框架-抗震墙砌体房屋的结构布置，见7.1.8条规定。

2. 多层砖砌体房屋抗震构造措施

(1)各类多层砖砌体房屋，应按下列要求设置现浇钢筋混凝土构造柱(以下简称构造柱，如图1.4.33所示)：

1)构造柱设置部位，一般情况下应符合表1.4.19的要求。

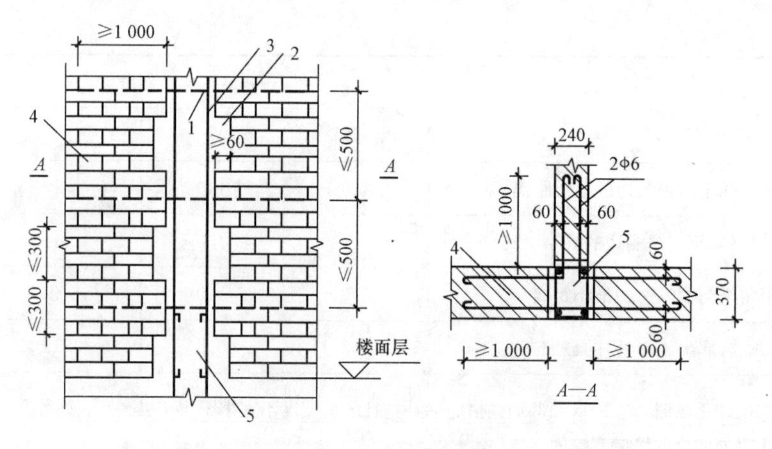

图 1.4.33　构造柱案例图

1—水平钢筋或钢筋网片；2—马牙槎；3—竖向钢筋；4—砖墙；5—构造柱

表 1.4.19　多层砖砌体房屋构造柱设置要求

<table>
<tr><td colspan="4">房屋层数</td><td colspan="2" rowspan="2">设置部位</td></tr>
<tr><td>6 度</td><td>7 度</td><td>8 度</td><td>9 度</td></tr>
<tr><td>四、五</td><td>三、四</td><td>二、三</td><td></td><td rowspan="3">楼、电梯间四角处，楼梯斜梯段上、下端对应的墙体处；
外墙四角及其对应转角处；
错层部位横墙与外纵墙交接处；
大房间内外墙交接处；
较大洞口两侧</td><td>隔 12 m 或单元横墙与外纵墙交接处；
楼梯间对应的另一侧内横墙与外纵墙交接处</td></tr>
<tr><td>六</td><td>五</td><td>四</td><td>二</td><td>隔开间横墙(轴线)与外墙交接处；
山墙与内纵墙交接处</td></tr>
<tr><td>七</td><td>≥六</td><td>≥五</td><td>≥三</td><td>内墙(轴线)与外墙交接处；
内墙的局部较小墙垛处；
内纵墙与横墙(轴线)交接处</td></tr>
</table>

2)外廊式和单面走廊式的多层房屋，应根据房屋增加一层的层数，按表 1.4.19 的要求设置构造柱，且单面走廊两侧的纵墙均应按外墙处理。

3)横墙较少的房屋，应根据房屋增加一层的层数，按表 1.4.19 的要求设置构造柱。当横墙较少的房屋为外廊式或单面走廊式时，应按相关要求设置构造柱；但 6 度不超过四层、7 度不超过三层和 8 度不超过二层时，应按增加二层的层数处理。

4)各层横墙很少的房屋，应按增加二层的层数设置构造柱。

5)采用蒸压灰砂砖和蒸压粉煤灰砖的砌体房屋，当砌体的抗剪强度仅达到烧结普通砖砌体的 70%时，应根据增加一层的层数按本条 1)～4)款要求设置构造柱；但 6 度不超过四层、7 度不超过三层、8 度不超过二层时，应按增加二层的层数处理。

(2)多层砖砌体房屋的构造柱应符合下列构造要求：

1)构造柱最小截面可采用 180 mm×240 mm(墙厚 190 mm 时为 180 mm×190 mm)，竖向钢筋应采用 4Φ12，箍筋间距不宜大于 250 mm，且在柱上、下端应适当加密；6、7 度时超过六层、8 度时超过五层和 9 度时，构造柱纵向钢筋应采用 4Φ14，箍筋间距不应大于 200 mm；房屋四角的构造柱应适当加大截面及配筋。

2)构造柱与墙体连接处应砌成马牙槎，沿墙高每隔 500 mm 应设 2Φ6 水平钢筋和 Φ4 分布短筋平面内点焊组成的拉结钢筋网或 Φ4 点焊钢筋网片，每边伸入墙内不宜小于 1 m。6、7 度时底部 1/3 楼层，8 度时底部 1/2 楼层，9 度时全部楼层，上述拉结钢筋网片应沿墙体水平通长设置，如图 1.4.33 所示。

3)构造柱与圈梁连接处，构造柱的纵筋应在圈梁纵筋内侧穿过，保证构造柱钢筋上、下贯通。

4)构造柱可不单独设置基础，但应深入室外地面下 500 mm，或与埋深小于 500 mm 的基础圈梁相连。

5)房屋高度和层数接近或达到表 1.4.15 限制时，纵、横墙内构造柱间距尚应符合下列要求：

①横墙内的构造柱间距不宜大于层高的两倍，下部 1/3 楼层的构造柱间距适当减小；

②当外纵墙开间大于 3.9 m 时，应另设加强措施，内纵墙的构造柱间距不宜大于 4.2 m。

(3)多层砖砌体房屋的现浇钢筋混凝土圈梁设置应符合下列要求：

1)装配式钢筋混凝土楼、屋盖或木屋盖的砖房，应按表 1.4.20 的要求设置圈梁；纵墙承重时，抗震横墙上的圈梁间距应比表内要求适当加密。

2)现浇或装配整体式钢筋混凝土楼、屋盖与墙体有可靠连接的房屋，应允许不另设圈梁，但楼板沿抗震墙体周边均应加强配筋，并应与相应的构造柱钢筋可靠连接。

表 1.4.20 多层砖砌体房屋现浇钢筋混凝土圈梁设置要求

墙类	烈度		
	6、7	8	9
外墙和内纵墙	屋盖处及每层楼盖处		
内横墙	同上； 屋盖处间距不应大于 4.5 m； 楼盖处间距不应大于 7.2 m； 构造柱对应部位	同上； 各层所有横墙，间距不应大于 4.5 m； 构造柱对应部位	同上； 各层所有横墙

(4)多层砖砌体房屋现浇混凝土圈梁的构造应符合下列要求：

1)圈梁应闭合，遇有洞口圈梁应上、下搭接。圈梁宜与预制板设在同一标高处或紧靠板底。

2)圈梁在《建筑抗震设计规范(2016 年版)》(GB 50011—2010)要求的间距内无横墙时，应利用梁或板缝中配筋替代圈梁。

3)圈梁的截面高度不应小于 120 mm，配筋应符合表 1.4.21 的要求；当按《建筑抗震设计规范(2016 年版)》(GB 50011—2010)第 3.3.4 条 3 款要求增设基础圈梁时，截面高度不应小于 180 mm，配筋不应小于 4Φ12，详见以下知识链接。

表 1.4.21 多层砖砌体房屋现浇钢筋混凝土圈梁配筋设置要求

配筋	烈度		
	6、7	8	9
最小纵筋	4Φ10	4Φ12	4Φ14
箍筋最大间距/mm	250	200	150

知识链接

《建筑抗震设计规范》(GB 50011—2010)第3.3.4条3款原文如下：

地基为软弱黏性土、液化土、新近填土或严重不均匀土时，应根据地震时地基不均匀沉降和其他不利影响，采取相应的措施。

(5)多层砖砌体房屋的楼、屋盖应符合下列要求：

1)现浇钢筋混凝土楼板或屋面板伸进纵、横墙内的长度，均不应小于120 mm。

2)装配式钢筋混凝土楼板或屋面板，当圈梁未设在板的同一标高时，板端伸进外墙的长度不应小于120 mm，伸进内墙的长度不应小于100 mm或采用硬架支模连接，在梁上不应小于80 mm或采用硬架支模连接。

3)当板的跨度大于4.8 m并与外墙平行时，靠外墙的预制板侧边应与墙或圈梁拉结。

4)房屋端部大房间的楼盖，6度时房屋的屋盖和7～9度时房屋的楼、屋盖，当圈梁设在板底时，钢筋混凝土预制板应相互拉结，并应与梁、墙或圈梁拉结。

(6)楼、屋盖的钢筋混凝土梁或屋架应与墙、柱(包括构造柱)或圈梁可靠连接；不得采用独立砖柱。跨度不小于6 m大梁的支撑构件应采用组合砌体等加强措施，并满足承载力要求。

(7)6、7度时长度大于7.2 m的大房间，以及8、9度时外墙转角及内外墙交接处，应沿墙高每隔500 mm配置2Φ6的通长钢筋和Φ4分布短筋平面内点焊组成的拉结网片或Φ4点焊网片。

(8)楼梯间应符合下列要求：

1)顶层楼梯间墙体应沿墙高每隔500 mm设2Φ6通长钢筋和Φ4分布短钢筋平面内点焊组成的拉结网片或Φ4点焊网片；7～9度时其他各层楼梯间墙体应在休息平台或楼层半高处设置60 mm厚、纵向钢筋不应小于2Φ10的钢筋混凝土带或配筋砖带，配筋砖带不少于3皮，每皮的配筋不少于2Φ6，砂浆强度等级不应低于M7.5且不低于同层墙体的砂浆强度等级。

2)楼梯间及门厅内墙阳角处的大梁支撑长度不应小于500 mm，并应与圈梁连接。

3)装配式楼梯段应与平台板的梁可靠连接，8、9度时不应采用装配式楼梯段；不应采用墙中悬挑式踏步或踏步竖肋插入墙体的楼梯，不应采用无筋砖砌栏板。

4)凸出屋顶的楼、电梯间，构造柱应伸到顶部，并与顶部圈梁连接，所有墙体应沿墙高每隔500 mm设2Φ6通长钢筋和Φ4分布短筋平面内点焊组成的拉结网片或Φ4点焊网片。

(9)坡屋顶房屋的屋架应与顶层圈梁可靠连接，檩条或屋面板应与墙、屋架可靠连接，房屋出入口处的檐口瓦应与屋面构件锚固。采用硬山搁檩时，顶层内纵墙顶宜增砌支撑山墙的踏步式墙垛，并设置构造柱。

(10)门窗洞处不应采用砖过梁；过梁支撑长度，6～8度时不应小于240 mm，9度时不应小于360 mm。

(11)预制阳台，6、7度时应与圈梁和楼板的现浇板带可靠连接，8、9度时不应采用预制阳台。

(12)后砌的非承重砌体隔墙，烟道、风道、垃圾道等应符合《建筑抗震设计规范(2016年版)》(GB 50011—2010)13.3节的有关规定。

(13)同一结构单元的基础(或桩承台)，宜采用同一类型的基础，底面宜埋置在同一标高上，否则应增设基础圈梁并应按1∶2的台阶逐步放坡。

(14)丙类的多层砖砌体房屋，当横墙较少且总高度和层数接近或达到表 1.4.15 的规定限值时，应采取下列加强措施：

1)房屋的最大开间尺寸不宜大于 6.6 m。

2)同一结构单元内横墙错位数量不宜超过横墙总数的 1/3，且连续错位不宜多余两道；错位的墙体交接处均应增设构造柱，且楼、屋面板应采用现浇钢筋混凝土板。

3)横墙和内纵墙上洞口的宽度不宜大于 1.5 m；外纵墙上洞口的宽度不宜大于 2.1 m 或开间尺寸的一半；且内、外墙上洞口位置不应影响外纵墙与横墙的整体连接。

4)所有纵横墙均应在楼、屋盖标高处设置加强的现浇钢筋混凝土圈梁：圈梁的截面高度不应小于 150 mm，上、下纵筋各不应小于 3Φ10，箍筋不应小于 Φ6，间距不大于 300 mm。

5)所有纵横墙交接处及横墙的中部，均应增设满足下列要求的构造柱：在纵横墙内的柱距不宜大于 3.0 m，最小截面尺寸不宜小于 240 mm×240 mm(墙厚 190 mm 时为 240 mm×190 mm)，配筋宜符合表 1.4.22 的要求。

表 1.4.22　增设构造柱的纵向钢筋和箍筋设置要求

<table>
<tr><th rowspan="2">位置</th><th colspan="3">纵向钢筋</th><th colspan="3">箍　筋</th></tr>
<tr><th>最大配筋率
/%</th><th>最小配筋率
/%</th><th>最小直径
/mm</th><th>加密区范围
/mm</th><th>加密区间距
/mm</th><th>最小直径
/mm</th></tr>
<tr><td>角柱</td><td rowspan="2">1.8</td><td rowspan="2">0.8</td><td>14</td><td>全高</td><td rowspan="3">100</td><td rowspan="3">6</td></tr>
<tr><td>边柱</td><td>14</td><td rowspan="2">上端 700
下端 500</td></tr>
<tr><td>中柱</td><td>1.4</td><td>0.6</td><td>12</td></tr>
</table>

6)同一结构单元的楼、屋面板应设置在同一标高处。

7)房屋底层和顶层的窗台标高处，宜设置沿纵横墙通长的水平现浇钢筋混凝土带；其截面高度不小于 60 mm，宽度不小于墙厚，纵向钢筋不少于 2Φ10，横向分布筋的直径不小于 Φ6 且其间距不大于 200 mm。

3. 多层砌块房屋抗震构造措施

(1)多层小砌块房屋应按表 1.4.23 的要求设置钢筋混凝土芯柱。对外廊式和单面走廊式的多层房屋、横墙较少的房屋、各层横墙很少的房屋，尚应按"1. 一般规定"中第(1)条的 2)、3)、4)款关于增加层数的对应要求，按表 1.4.23 的要求设置芯柱。

表 1.4.23　多层小砌块房屋芯柱设置要求

<table>
<tr><th colspan="4">房屋层数</th><th rowspan="2">设置部位</th><th rowspan="2">设置数量</th></tr>
<tr><th>6 度</th><th>7 度</th><th>8 度</th><th>9 度</th></tr>
<tr><td>四、五</td><td>三、四</td><td>二、三</td><td></td><td>外墙转角，楼、电梯间四角，楼梯斜梯段上、下端对应的墙体处；
大房间内外墙交接处；
错层部位横墙与外纵墙交接处；
隔 12 m 或单元横墙与外纵墙交接处</td><td rowspan="2">外墙转角，灌实 3 个孔；
内外墙交接处，灌实 4 个孔；
楼梯斜段上下端对应的墙体处，灌实 2 个孔</td></tr>
<tr><td>六</td><td>五</td><td>四</td><td></td><td>同上；
隔开间横墙(轴线)与外纵墙交接处</td></tr>
</table>

续表

<table>
<tr><th colspan="4">房屋层数</th><th rowspan="2">设置部位</th><th rowspan="2">设置数量</th></tr>
<tr><th>6度</th><th>7度</th><th>8度</th><th>9度</th></tr>
<tr><td>七</td><td>六</td><td>五</td><td>二</td><td>同上；
各内墙(轴线)与外纵墙交接处；
内纵墙与横墙(轴线)交接处和洞口两侧</td><td>外墙转角，灌实5个孔；
内外墙交接处，灌实4个孔；
内墙交接处，灌实4～5个孔；
洞口两侧各灌实1个孔</td></tr>
<tr><td></td><td>七</td><td>≥六</td><td>≥三</td><td>同上；
横墙内芯柱间距不大于2 m</td><td>外墙转角，灌实7个孔；
内外墙交接处，灌实5个孔；
内墙交接处，灌实4～5个孔；
洞口两侧各灌实1个孔</td></tr>
<tr><td colspan="6">注：外墙转角、内外墙交接处、楼电梯间四角等部位，应允许采用钢筋混凝土构造柱替代部分芯柱。</td></tr>
</table>

(2)多层小砌块房屋的芯柱，应符合下列构造要求：

1)小砌块房屋芯柱截面不宜小于120 mm×120 mm。

2)芯柱混凝土强度等级，不应低于Cb20。

3)芯柱的竖向插筋应贯通墙身且与圈梁连接；插筋不应小于1Φ12，6、7度时超过五层、8度时超过四层和9度时，插筋不应小于1Φ14。

4)芯柱应深入室外地面下500 mm或与埋深小于500 mm的基础圈梁相连。

5)为提高墙体抗震受剪承载力而设置的芯柱，宜在墙体内均匀布置，最大净距不宜大于2.0 m。

6)多层小砌块房屋墙体交接处或芯柱与墙体连接处，应设置拉结钢筋网片，网片可采用直径为4 mm的钢筋点焊而成，沿墙高间距不大于600 mm，并应沿墙体水平通长设置。6、7度时底部1/3楼层，8度时底部1/2楼层，9度时全部楼层，上述拉结钢筋网片沿墙高间距不大于400 mm。

(3)小砌块房屋中替代芯柱的钢筋混凝土构造柱，应符合下列构造要求：

1)构造柱截面不宜小于190 mm×190 mm，纵向钢筋宜采用4Φ12，箍筋间距不宜大于250 mm，且在柱上、下端应适当加密；6、7度时超过五层、8度时超过四层和9度时，构造柱纵向钢筋宜采用4Φ14，箍筋间距不应大于200 mm；外墙转角的构造柱可适当加大截面及配筋。

2)构造柱与砌体墙连接处应砌成马牙槎，与构造柱相邻的砌块孔洞，6度时宜填实，7度时应填实，8、9度时应填实并插筋。构造柱与砌块墙之间沿墙高每隔600 mm设置Φ4点焊拉结钢筋网片，并应沿墙体水平通长设置。6、7度时底部1/3楼层，8度时底部1/2楼层，9度时全部楼层，上述钢筋拉结网片沿墙高间距不大于400 mm。

3)构造柱与圈梁连接处，构造柱的纵筋应在圈梁纵筋内侧穿过，保证构造柱纵筋上下贯通。

4)构造柱可不单独设置基础，但应伸入室外地面下500 mm，或与埋深小于500 mm的基础圈梁相连。

(4)多层小砌块房屋的现浇钢筋混凝土圈梁的设置位置，应按“2. 多层砖砌体房屋抗震构造措施”的第(3)条多层砖砌体房屋圈梁的要求执行，圈梁宽度不应小于190 mm，配筋不应小于4Φ12，箍筋间距不应大于200 mm。

(5)多层小砌块房屋的层数，6度时超过五层、7度时超过四层、8度时超过三层和9度时，在底层和顶层的窗台标高处，沿纵横墙应设置通长的水平现浇钢筋混凝土带；其截面高度不小于 60 mm，纵筋不小于 2Φ10，并应有分布拉结钢筋；其混凝土强度等级不应小于 C20。

水平现浇混凝土带亦可采用槽形砌块替代模板，其纵筋和拉结钢筋不变。

(6)丙类的多层小砌块房屋，当横墙较少且总高度和层数接近或达到表 1.4.15 规定限值时，应符合“2. 多层砖砌体房屋抗震构造措施”中第(14)条的相关要求；其中，墙体中部的构造柱可采用芯柱代替，芯柱的灌孔数量不应小于两孔，每孔插筋的直径不应小于 18 mm。

(7)小砌块房屋的其他抗震构造措施，尚应符合“2. 多层砖砌体房屋抗震构造措施”中第(5)条至第(13)条有关要求。其中，墙体的拉结钢筋网片间距应符合本节的相关规定，分别取 600 mm 和 400 mm。

任务 1.5　脚手架与垂直运输设施

脚手架与垂直运输设施，在建筑施工中占有十分重要的地位。其选择与使用合适与否，不但直接影响施工作业的顺利和安全运行，也关系到工程的质量、进度等方面。

1.5.1　砌筑用脚手架

脚手架是施工现场为了安全防护、工人操作和楼层水平运输或支模板等而搭设的支架，是一种为施工服务的临时性设施。砌筑施工不利用脚手架所能砌筑的高度，一般为 1.2～1.4 m，称为可砌高度，超出该高度继续砌筑时，就必须搭设相应高度的脚手架。20 世纪 60 年代有传统的竹木脚手架，70 年代则发展使用钢管扣件式脚手架，80 年代末开始引进国外的门式和碗扣式钢管脚手架，一直沿用至今。近年来高层建筑施工中还有附着升降式脚手架。

1.5.1.1　脚手架的作用及要求

1. 脚手架的作用

作业人员可以在脚手架上进行施工操作，适量的材料也可按规定要求在脚手架上堆放，有时还可以在脚手架上进行短距离的水平运输。此外，脚手架还可以起到安全防护作用。

2. 脚手架的基本要求

脚手架应有适当的宽度，以满足作业人员操作、材料堆放及运输的要求；要有足够的强度、刚度及稳定性，施工期间，在各种荷载作用下，脚手架不变形、不摇晃、不倾斜。脚手架属于周转性重复使用的临时设施，必须搭拆简单、搬运方便，并能多次周转使用。

1.5.1.2　常见脚手架的种类

脚手架按用途分为砌筑脚手架、支撑型脚手架和装修用脚手架；按搭设位置，分为外脚手架和里脚手架；按使用材料，分为竹脚手架、木脚手架、金属脚手架；按构造形式，分为扣件式脚手架、门式脚手架、碗扣式脚手架以及台架等。其中，扣件式脚手架使用最为广泛。

1. 外脚手架

外脚手架是指搭设在建筑物外墙外面的脚手架，其主要结构形式有多立杆式钢管脚手架(扣件式、碗扣式)、门式钢管脚手架、附着式升降脚手架和悬吊脚手架等。

(1)扣件式钢管脚手架。扣件式钢管脚手架是由扣件和钢管等构成的，特点是杆配件数量少，装卸方便，搭设灵活，搭设高度大，坚固耐用，施工操作使用方便。

1)基本构造。扣件式钢管脚手架由钢管、扣件、底座和脚手板等部件组成，加上防护构件及连墙件等构件，形成了一个整体。图 1.5.1 所示的是脚手架中最常用的一种。

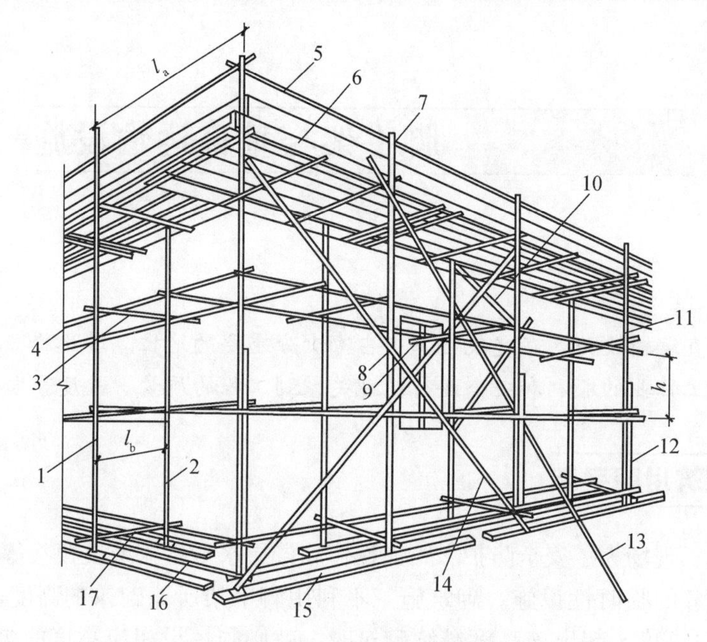

图 1.5.1　双排扣件式钢管脚手架各杆件位置

1—外立杆；2—内立杆；3—横向水平杆；4—纵向水平杆；5—栏杆；6—挡脚板；7—直角扣件；8—旋转扣件；9—连墙杆；10—横向斜撑；11—主立杆；12—副立杆；13—抛撑；14—剪刀撑；15—垫板；16—纵向扫地杆；17—横向扫地杆

2)材料技术要求。

①钢管杆件与扣件。钢管杆件包括立杆、大横杆、小横杆、剪刀撑和斜撑等。脚手架钢管宜采用 ϕ48.3×3.6 mm 钢管，每根钢管的最大质量不应大于 25.8 kg，并应符合现行国家标准《碳素结构钢》(GB/T 700—2006)中 Q235 级钢的规定。钢管使用前必须涂刷防锈漆；扣件应采用可锻铸铁或铸钢制作，其质量和性能应符合现行国家标准《钢管脚手架扣件》(GB 15831—2006)的规定。采用其他材料制作的扣件，应经试验证明其质量符合该标准规定后方可使用。扣件在螺栓拧紧扭力矩达到 65 N· m时，不得发生破坏。扣件有三种基本形式，对应相应形式的钢管连接，如图 1.5.2 所示。

②底座及脚手板。脚手架底座设在立杆下端，是用于传递立杆荷载的配件，由钢管与钢板焊接而成，如图 1.5.3 所示。有的底座可以旋转调节高度，以顶紧上部立杆。

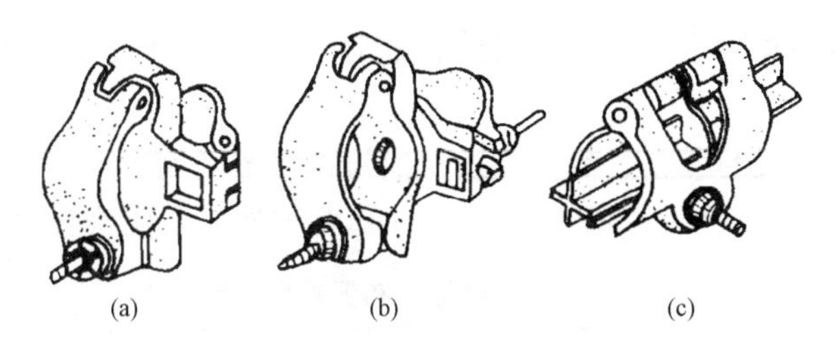

图 1.5.2　扣件

(a)直角扣件(用于两根杆件垂直相交)；(b)回转扣件(用于两根杆件任意相交)；
(c)对接扣件(用于两根钢管接长)

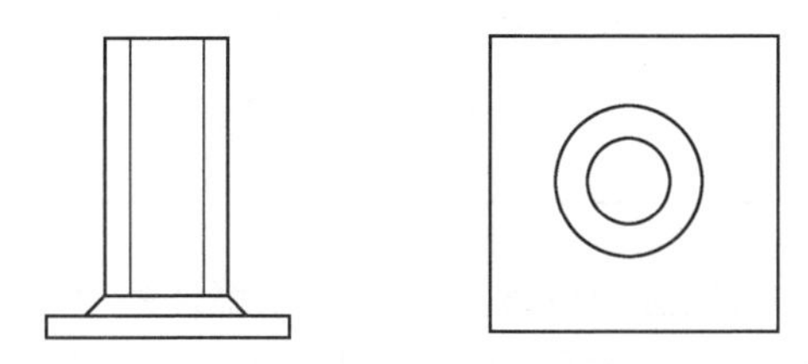

图 1.5.3　底座

脚手板是供施工人员操作、堆放材料的水平部件，可采用钢、木、竹材料制作，单块脚手板的质量不宜大于 30 kg。木脚手板材质应符合现行国家标准《木结构设计规范》(GB 50005—2017)中Ⅱ$_a$级材质的规定。脚手板厚度不应小于 50 mm，两端宜各设置直径不小于 4 mm 的镀锌钢丝箍两道。竹脚手板宜采用由毛竹或楠竹制作的竹串片板、竹笆板；竹串片脚手板应符合现行行业标准《建筑施工木脚手架安全技术规范》(JGJ 164—2008)的相关规定。

3)构造要求。

①单排脚手架搭设高度不应超过 24 m；双排脚手架搭设高度不宜超过 50 m，若高度超过 50 m，应采取分段搭设等措施。

②纵向水平杆应设置在立杆内侧，单根杆长度不应小于 3 跨；主节点处必须设置一根横向水平杆，用直角扣件扣接且严禁拆除；每根立杆底部应设置底座或垫板。

③脚手架必须设置纵、横向扫地杆。纵向扫地杆应采用直角扣件固定在距钢管底端不大于 200 mm 处的立杆上。横向扫地杆应采用直角扣件固定在紧靠纵向扫地杆下方的立杆上；脚手架立杆基础不在同一高度上时，必须将高处的纵向扫地杆向低处延长两跨与立杆固定，高低差不应大于 1 m。靠边坡上方的立杆轴线到边坡的距离不应小于 500 mm，如图 1.5.4 所示。

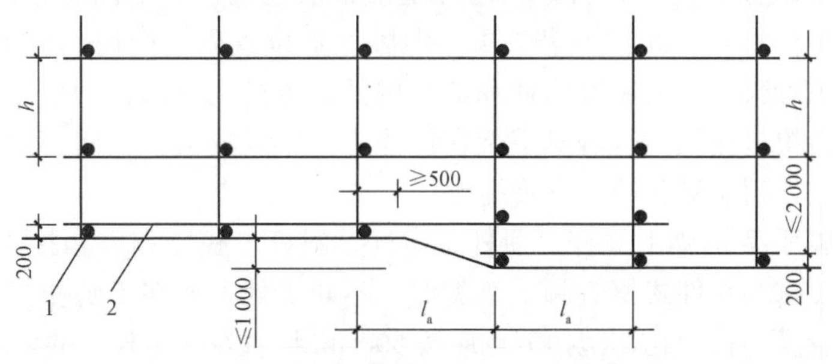

图 1.5.4　纵、横向扫地杆构造

1—横向扫地杆；2—纵向扫地杆

④单排、双排与满堂脚手架立杆接长除顶层顶步外，其余各层各步接头必须采用对接扣件连接。

⑤脚手架连墙件设置的位置、数量应按专项施工方案确定。除应满足《建筑施工扣件式钢管脚手架安全技术规范》(JGJ 130—2011)的计算要求外，还应符合表 1.5.1 的规定。

表 1.5.1　连墙件布置最大间距

搭设方法	高度/m	竖向间距	水平间距	每根连墙杆覆盖面积/m^2
双排落地	≤50	$3h$	$3l_a$	≤40
双排悬挑	>50	$2h$	$3l_a$	≤27
单排	≤24	$3h$	$3l_a$	≤40
注：h—步距，l_a—纵距。				

⑥开口型单排脚手架的两端必须设置连墙件，连墙件的垂直间距不应大于建筑物的层高，并且不应大于 4 m；开口型双排脚手架的两端均必须设置横向斜撑。

⑦对高度在 24 m 及以上的双排脚手架应在外侧立面连续设置剪刀撑；高度在 24 m 以下的单、双排脚手架，均必须在外侧立面两端、转角及中间间隔不超过 15 m 的立面上，各设置一道剪刀撑，并应由底至顶连续设置，如图 1.5.5 所示。

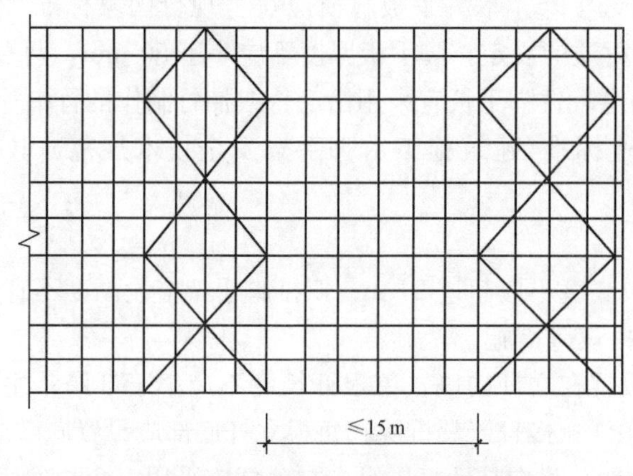

图 1.5.5　高度 24 m 以下剪刀撑布置

(2)碗扣式钢管脚手架。碗扣式脚手架是一种新型承插式钢管脚手架，其杆件节点处采用碗扣连接。由于碗扣固定在钢管上，构件全部轴向连接，力学性能好，接头构造合理，工作安全可靠，整体性好，扣件不易丢失。但因设置位置固定而使其使用的灵活性降低，杆件较重。利用该种脚手架的主要构件和辅助构件，可搭设成结构用架、装饰用架、模板的支撑用架和物料提升用架。这种脚手架在房建、桥梁、隧道、烟囱、大坝等工程施工中也有广泛应用，并取得了显著的经济效益。

碗扣式钢管脚手架主要由立杆、顶杆、横杆、斜杆、底座和碗扣接头构配件等组成。基本构造和搭设要求与扣件式钢管脚手架类似，不同之处主要在于碗扣接头构造。立杆上应设有接长用套管及连接销孔，碗扣节点应按 60 mm 设置在一定长度的 $\phi 48 \times 3.5$ mm 钢管立杆和顶杆上，每隔 600 mm 焊住下碗扣及限位销，上碗扣对应套在立杆上并可沿立杆上下滑动。安装时，将上碗扣的缺口对准限位销，并将上碗扣沿立杆滑起，再把横杆接头插入下碗扣圆槽内。随后，将上碗扣沿限位销滑下并沿顺时针方向旋转以扣紧横杆接头，与立杆牢固地连接在一起，形成框架结构。每个下碗扣内可同时装 4 个横杆接头，位置任意，构造如图 1.5.6 所示。

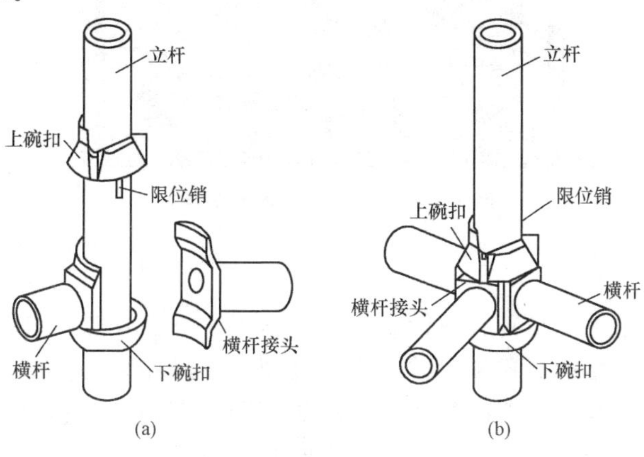

图 1.5.6 碗扣式节点构成图

(a)连接前；(b)连接后

落地碗扣式脚手架，当搭设高度 $H \leqslant 20$ m 时，可按普通架子常规搭设；当搭设高度 $H > 20$ m 及超高、超重、大跨度的模板支撑体系时，必须制订专项施工设计方案，并进行结构分析和计算。

(3)门式钢管脚手架。门式钢管脚手架是目前国内外应用非常普遍的脚手架之一，由门形或梯形钢管框架与连接杆、附件和各种多功能配件组合而成。由于其结构合理，尺寸标准，安全可靠，不仅能搭设外脚手架、里脚手架、满堂脚手架，还便于搭设井架等支撑架，并且形成脚手架、支撑系列产品，所以又称为多功能门形脚手架。

钢管门式框架、剪刀撑、水平梁架(平行架)及脚手板构成门式脚手架的基本单元，基本单元连接起来并增加梯子、栏杆等部件构成整片脚手架，如图 1.5.7～图 1.5.9 所示。门架标准宽度为 1.20 m，高度为 1.7 m。门架之间、顶部水平面用水平梁架或脚手板连接；垂直方向采用连接棒和锁臂连接，在脚手架纵向使用剪刀撑加强整体性。

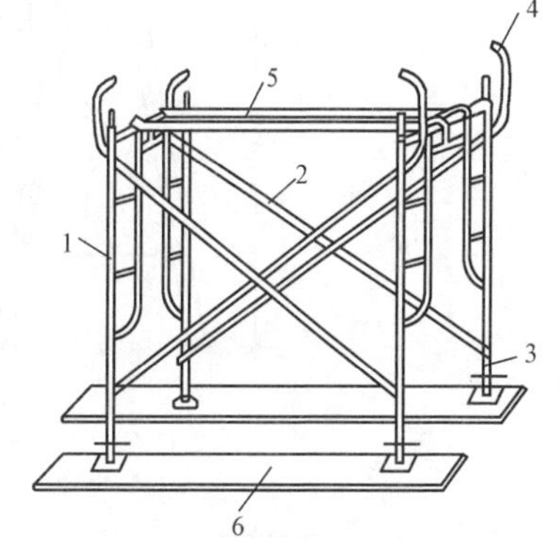

图 1.5.7 门式脚手架基本单元

1—门架；2—剪刀撑；3—螺旋基脚；4—锁臂；5—水平梁架；6—木板

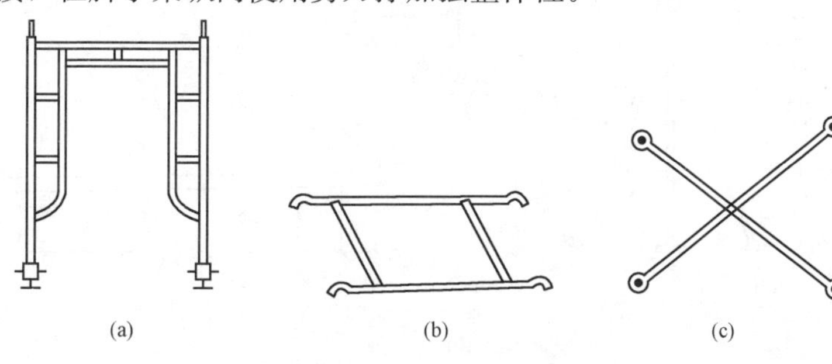

图 1.5.8 门式脚手架主要部件

(a)门架；(b)水平梁架；(c)剪刀撑

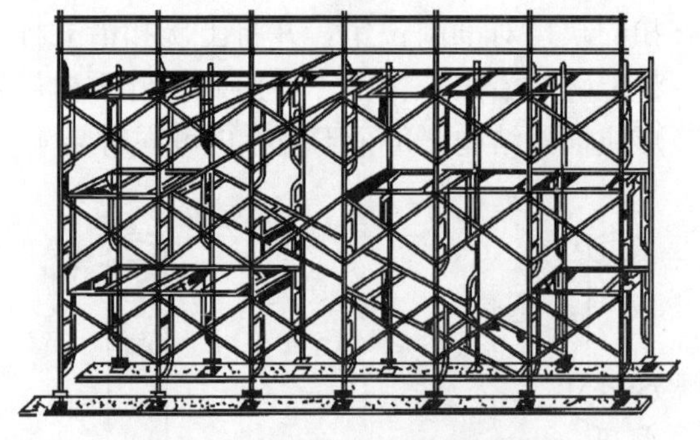

图 1.5.9　整片门式钢管脚手架

2. 里脚手架

里脚手架用于楼层上的砌砖、内粉刷等工程施工。由于其使用过程中不断转移施工地点，装拆较频繁，故其结构形式和尺寸应力求轻便、灵活和装拆方便。里脚手架的形式很多，其上铺设脚手板，高度根据砌筑或装修粉刷不同而不同，但必须符合相关要求。按其构造，分为折叠式里脚手架、支柱式里脚手架和马凳式里脚手架等多种，如图 1.5.10 所示。

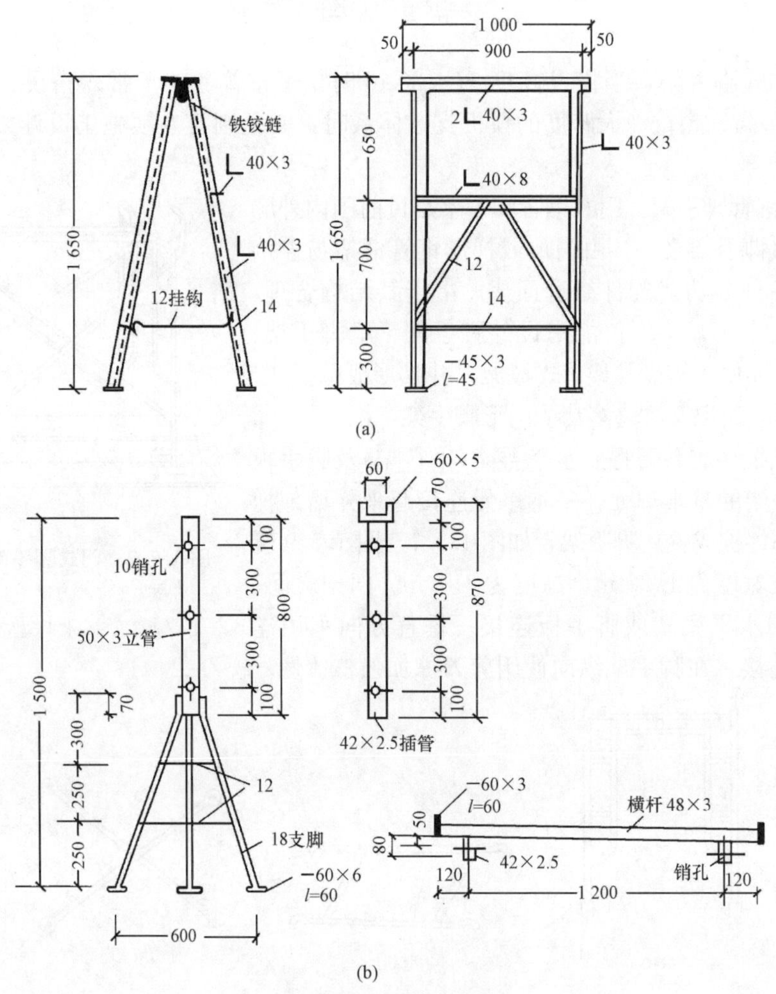

图 1.5.10　里脚手架种类

(a)角钢折叠式；(b)支柱式

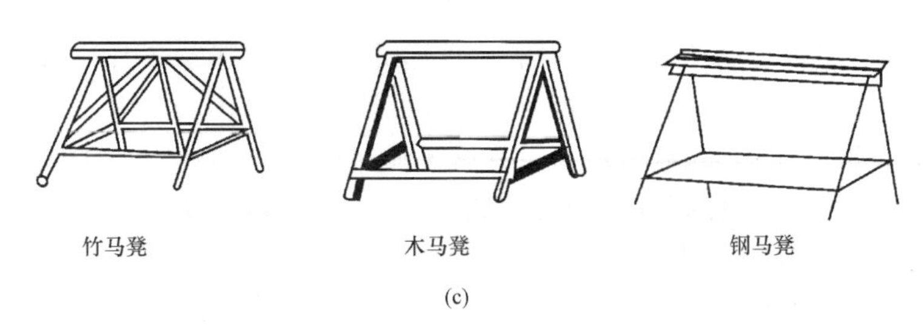

图 1.5.10 里脚手架种类(续)

(c)马凳式

1.5.1.3 扣件式脚手架的施工要求

1. 准备工作

(1)脚手架搭设前，应按专项施工方案向施工人员进行交底。

(2)应按规范规定和脚手架专项施工方案要求对钢管、扣件、脚手板、可调托撑等进行检查验收，不合格产品不得使用。经检验合格的构配件应按品种、规格分类，堆放整齐、平稳，堆放场地不得有积水。应清除搭设场地杂物，平整搭设场地，并使排水畅通。详见以下知识链接。

知识链接

1)新钢管的检查应符合下列规定：

①应有产品质量合格证。

②应有质量检验报告，钢管材质检验方法应符合现行国家标准《金属材料 拉伸试验 第1部分：室温试验方法》(GB/T 228.1—2010)的有关规定，质量应符合《建筑施工扣件式钢管脚手架安全技术规范》(JGJ 130—2011)的规定。

③钢管表面应平直、光滑，不应有裂缝、结疤、分层、错位、硬弯、毛刺、压痕和深的划道。

④钢管外径、壁厚、端面等的偏差，应符合上述规范规定。

⑤钢管应涂有防锈漆。

2)旧钢管的检查应符合下列规定：

①表面锈蚀深度检查应每年一次。检查时应在锈管中抽取3根，在每根锈蚀严重的部位横向截断取样检查，当锈蚀深度超过相关规定值时不得使用。

②钢管弯曲变形应符合规范的规定。

3)扣件的验收应符合下列规定：

①扣件应有生产许可证、法定检测单位的测试报告和产品质量合格证。当对扣件质量有怀疑时，应按现行国家标准《钢管脚手架扣件》(GB 15831—2006)的规定抽样检测。

②扣件的技术要求应符合上述规范的相关规定。

③新、旧扣件均应进行防锈处理。

扣件进入施工现场时应检查产品合格证，并应进行抽样复试，技术性能应符合上述规范的规定。扣件在使用前应逐个挑选，有裂缝、变形、螺栓出现滑丝的严禁使用。

(3)脚手架地基与基础的施工，必须根据脚手架所受荷载、搭设高度、搭设场地土质情况与现行国家标准《建筑地基工程施工质量验收标准》(GB 50202—2018)的有关规定进行；压实填土地基应符合现行国家标准《建筑地基基础设计规范》(GB 50007—2011)的相关规定；灰土地基应符合现行国家标准《建筑地基工程施工质量验收标准》(GB 50202—2018)的相关规定。立杆垫板或底座底面标高宜高于自然地坪 50～100 mm。脚手架基础经验收合格后，应按施工组织设计或专项施工方案的要求放线定位。

2. 搭设施工工艺及施工要点

(1)单、双排脚手架必须配合施工进度搭设，一次搭设高度不应超过相邻连墙件以上两步。如果超过，无法设置连墙件时，应采取撑拉固定等措施与建筑结构拉结。

(2)每搭完一步脚手架后，都应根据《建筑施工扣件式钢管脚手架安全技术规范》(JGJ 130—2011)的规定校正步距、纵距、横距及立杆的垂直度。

(3)底座安放应符合下列规定：

1)底座、垫板均应准确地放在定位线上。

2)垫板应采用长度不少于 2 跨、厚度不小于 50 mm、宽度不小于 200 mm 的木垫板。

(4)立杆搭设应符合下列规定：

脚手架开始搭设立杆时，应每隔 6 跨设置一根抛撑，直至连墙件安装稳定后，方可根据情况拆除；当架体搭设至有连墙件的主节点时，在搭设完该处的立杆、纵向水平杆、横向水平杆后，应立即设置连墙件。脚手架立杆对接、搭接应符合下列规定：

1)当立杆采用对接接长时，立杆的对接扣件应交错布置，两根相邻立杆的接头不应设置在同步内，同步内隔一根立杆的两个相隔接头在高度方向错开的距离不宜小于 500 mm；各接头中心至主节点的距离不宜大于步距的 1/3。

2)当立杆采用搭接接长时，搭接长度不应小于 1 m，并应采用不少于 2 个旋转扣件固定。端部扣件盖板的边缘至杆端距离不应小于 100 mm。

3)脚手架立杆顶端栏杆宜高出女儿墙上端 1 m，且宜高出檐口上端 1.5 m。

(5)脚手架纵向水平杆的搭设应符合下列规定：脚手架纵向水平杆应随立杆按步搭设，并应采用直角扣件与立杆固定；在封闭型脚手架的同一步中，纵向水平杆应四周交圈设置，并应用直角扣件与内外角部立杆固定。脚手架纵向水平杆接长应采用对接扣件连接或搭接，并应符合下列规定：

1)两根相邻纵向水平杆的接头不应设置在同步或同跨内；不同步或不同跨两个相邻接头在水平方向错开的距离不应小于 500 mm；各接头中心至最近主节点的距离不应大于纵距的 1/3(图 1.5.11)。

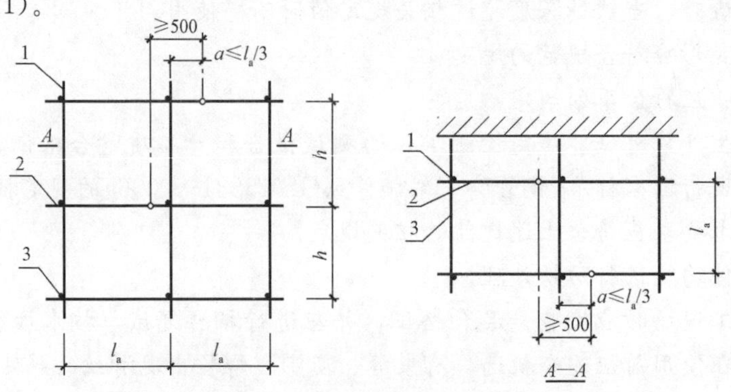

图 1.5.11　纵向水平杆对接接头布置

1—立杆；2—横向水平杆；3—纵向水平杆

2)搭接长度不应小于 1 m，应等间距设置 3 个旋转扣件固定，端部扣件盖板边缘至搭接纵向水平杆杆端的距离不应小于 100 mm。

3)当使用冲压钢脚手板、木脚手板、竹串片脚手板时，纵向水平杆应作为横向水平杆的支座，用直角扣件固定在立杆上；当使用竹笆脚手板时，纵向水平杆应采用直角扣件固定在横向水平杆上，并应等间距设置，间距不应大于 400 mm。

(6)脚手架横向水平杆搭设应符合下列规定：

1)主节点处必须设置一根横向水平杆，用直角扣件扣接且严禁拆除。

2)作业层上非主节点处的横向水平杆，宜根据支撑脚手板的需要等间距设置，最大间距不应大于纵距的 1/2。

3)当使用冲压钢脚手板、木脚手板、竹串片脚手板时，双排脚手架的横向水平杆两端均应采用直角扣件固定在纵向水平杆上；单排脚手架的横向水平杆的一端，应用直角扣件固定在纵向水平杆上；另一端插入墙内的长度不应小于 180 mm。

4)当使用竹笆脚手板时，双排脚手架的横向水平杆两端，应用直角扣件固定在立杆上；单排脚手架的横向水平杆的一端，应用直角扣件固定在立杆上；另一端应插入墙内，插入长度也不应小于 180 mm。

5)双排脚手架横向水平杆的靠墙一端至墙装饰面的距离不宜大于 100 mm。

6)单排脚手架的横向水平杆不应设置在下列部位：

①设计上不允许留脚手眼的部位。

②过梁上与过梁两端成 60°的三角形范围内及过梁净跨度的 1/2 高度范围内。

③宽度小于 1 m 的窗间墙。

④梁或梁垫下及其两侧各 500 mm 的范围内。

⑤砖砌体的门窗洞口两侧 200 mm 和转角处 450 mm 的范围内；其他砌体的门窗洞口两侧 300 mm 和转角处 600 mm 的范围内。

⑥独立或附墙砖柱、空斗墙、加气混凝土等轻质墙体。

⑦厚度小于或等于 180 mm 的墙体。

⑧砌筑砂浆强度等级小于或等于 M2.5 的砖墙。

(7)纵、横向扫地杆搭设应符合图 1.5.4 的构造规定。

(8)连墙件的搭设应符合下列规定：

1)连墙件的布置应符合下列规定：

①应靠近主节点设置，偏离主节点的距离不应大于 300 mm。

②应从底层第一步纵向水平杆处开始设置。当该处设置有困难时，应采用其他可靠措施固定。

③应优先采用菱形布置，或采用方形、矩形布置。

2)连墙件的安装应随脚手架搭设同步进行，不得滞后安装。

3)当单、双排脚手架施工操作层高出相邻连墙件以上两步时，应采取确保脚手架稳定的临时拉结措施，直到上一层连墙件安装完毕后，再根据情况拆除。

4)开口型脚手架的两端必须设置连墙件，连墙件的垂直间距不应大于建筑物的层高，并且不应大于 4 m。

5)连墙件中的连墙杆应呈水平设置，当不能水平设置时，应向脚手架一端下斜连接。

6)连墙件必须采用可承受拉力和压力的构造。对高度 24 m 以上的双排脚手架，应采用刚性连墙件与建筑物连接。

7)当脚手架下部暂不能设连墙件时，应采取防倾覆措施。当搭设抛撑时，抛撑应采用通长杆件，并用旋转扣件固定在脚手架上，与地面的倾角应在 45°～60°；连接点中心至主节点的距离不应大于 300 mm。抛撑在连墙件搭设后再拆除。

8)架高超过 40 m 且有风涡流作用时，应采取抗上升翻流作用的连墙措施。

(9)剪刀撑、横向斜撑搭设应符合的规定：单排脚手架应设置剪刀撑，双排脚手架应设置剪刀撑和横向斜撑。剪刀撑和斜撑应随立杆、纵向和横向水平杆等同步搭设，不得滞后安装。每道剪刀撑宽度不应小于 4 跨，且不应小于 6 m，斜杆与地面的倾角宜为 45°～60°。

(10)扣件安装应符合下列规定：

1)扣件规格必须与钢管外径相同。

2)螺栓拧紧扭力矩不应小于 40 N· m，且不应大于 65 N· m。

3)在主节点处固定横向水平杆、纵向水平杆、剪刀撑、横向斜撑等用的直角扣件、旋转扣件的中心点的相互距离，不应大于 150 mm。

4)对接扣件开口应朝上或朝内。

5)各杆件端头伸出扣件盖板边缘的长度不应小于 100 mm。

(11)作业层、斜道的栏杆和挡脚板的搭设应符合下列规定，如图 1.5.12 所示：

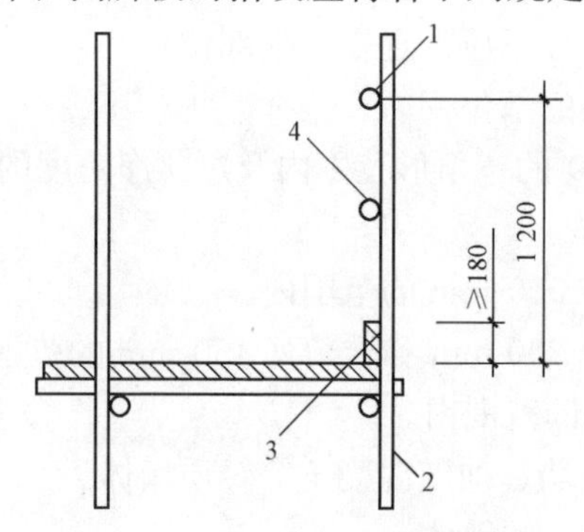

图 1.5.12 栏杆与挡脚板构造

1—上栏杆；2—外立杆；3—挡脚板；4—中栏杆

1)栏杆和挡脚板均应搭设在外立杆的内侧。

2)上栏杆上皮高度应为 1.2 m。

3)挡脚板高度不应小于 180 mm。

4)中栏杆应居中设置。

(12)脚手板的铺设应符合下列规定：

1)脚手板应铺满、铺稳，离墙面的距离不应大于 150 mm。

2)采用对接或搭接时均应符合《建筑施工扣件式钢管脚手架安全技术规范》(JGJ 130—2011)中 6.2.4 条的规定；脚手板探头应固定在支撑杆件上。

3)在拐角、斜道平台口处的脚手板，应用镀锌钢丝固定在横向水平杆上，防止滑动。

3. 脚手架的拆除

(1)脚手架拆除应按专项方案施工，拆除前应做好下列准备工作：

1)应全面检查脚手架的扣件连接、连墙件、支撑体系等，是否符合构造要求。

2)应根据检查结果补充完善脚手架专项方案中的拆除顺序和措施，经审批后方可实施。

3)拆除前应对施工人员进行交底。

4)应清除脚手架上杂物及地面障碍物。

(2)拆除脚手架时应符合下列规定：

1)单排、双排脚手架拆除作业必须由上而下逐层进行，严禁上、下同时作业；连墙件必须随脚手架逐层拆除，严禁先将连墙件整层或数层拆除后，再拆脚手架；分段拆除高差大于两步时，应增设连墙件加固。

2)当脚手架拆至下部最后一根长立杆的高度(约 6.5 m)时，应先在适当位置搭设临时抛撑加固后，再拆除连墙件。当单排、双排脚手架采取分段、分立面拆除时，对不拆除的脚手架两端，应先按规范的有关规定设置连墙件和横向斜撑加固。

3)架体拆除作业应设专人指挥，当有多人同时操作时，应明确分工、统一行动，且应具有足够的操作面。

4)卸料时各构配件严禁抛掷至地面。

5)运至地面的构配件应按规范的规定及时检查、整修与保养，并应按品种、规格分别存放。

1.5.1.4 脚手架搭设检查与验收

脚手架及其地基基础应在下列阶段进行检查与验收：

(1)基础完工后及脚手架搭设前。

(2)作业层上施加荷载前。

(3)每搭设完 6～8 m 高度后。

(4)达到设计高度后。

(5)遇有六级强风及以上风或大雨后，冻结地区解冻后。

(6)停用超过一个月。

验收表中应写明验收的部位，内容应量化，验收人员履行验收签字手续。验收不合格的，应在整改完毕后重新填写验收表。脚手架验收合格并挂合格牌后，方可使用。

1.5.1.5 脚手架的安全技术

1. 脚手架工程的安全管理规定

(1)扣件式钢管脚手架安装与拆除人员必须是经考核合格的专业架子工。架子工应持证上岗。

(2)搭拆脚手架人员必须戴安全帽、系安全带、穿防滑鞋。

(3)脚手架的构配件质量与搭设质量，应按规范规定进行检查验收，并应确认合格后使用。

(4)钢管上严禁打孔。

(5)作业层上的施工荷载应符合设计要求，不得超载。不得将模板支架、缆风绳、泵送混凝土和砂浆的输送管等固定在架体上；严禁悬挂起重设备，严禁拆除或移动架体上的安全防护设施。

(6)满堂支撑架在使用过程中应设有专人监护施工，当出现异常情况时应停止施工，并应迅速撤离作业面上的人员。应在采取确保安全的措施后查明原因，做出判断和处理。

(7)满堂支撑架顶部的实际荷载不得超过设计规定。

(8)当有六级强风及以上风、浓雾、雨或雪天气时，应停止脚手架搭设与拆除作业。雨、雪后上架作业应有防滑措施，并应扫除积雪。

(9)夜间不宜进行脚手架搭设与拆除作业。

(10)脚手架的安全检查与维护，应按《建筑施工扣件式钢管脚手架安全技术规范》(JGJ 130—2011)第8.2节的规定进行。

(11)脚手板应铺设牢靠、严实，并应用安全网双层兜底。施工层以下每隔10 m，应用安全网封闭。

(12)单排、双排脚手架，悬挑式脚手架沿墙体外围应用密目式安全网全封闭，密目式安全网宜设置在脚手架外立杆的内侧，并应与架体扎结牢固。

(13)在脚手架使用期间，严禁拆除下列杆件：

1)主节点处的纵、横向水平杆，纵、横向扫地杆。

2)连墙件。

(14)当在脚手架使用过程中开挖脚手架基础下的设备或管沟时，必须对脚手架采取加固措施。

(15)满堂脚手架与满堂支撑架在安装过程中，应采取防倾覆的临时固定措施。

(16)临街搭设脚手架时，外侧应有防止坠物伤人的防护措施。

(17)在脚手架上进行电焊、气焊作业时，应有防火措施和专人看守。

(18)工地临时用电线路的架设及脚手架接地、避雷措施等，应按现行行业标准《施工现场临时用电安全技术规范》(JGJ 46—2005)的有关规定执行。

(19)搭拆脚手架时，地面应设围栏和警戒标志，并应派专人看守，严禁非操作人员入内。

2. 脚手架工程的安全事故及其防止措施

(1)脚手架工程多发事故的类型：

1)脚手架倾倒或局部垮塌。

2)整架失稳、垂直坍塌。

3)人员从脚手架上高处坠落。

4)落物伤人(物体打击)。

5)不当操作事故(闪失、碰撞等)。

(2)引发事故的直接原因：

1)构架缺少必需的结构杆件，未按规定数量和要求设连墙件。

2)在使用过程中任意拆除必不可少的杆件和连墙件。

3)构架尺寸过大、承载能力不足或严重超载。

4)地基出现不均匀沉降。

5)作业层未按规定设置护栏，或未满铺脚手板，或与墙之间的间隙过大。

(3)防止事故发生的措施：

1)必须确保脚手架的构架和防护设施达到承载可靠和使用安全的要求。

2)必须严格按照规范、设计要求和有关规定进行脚手架的搭设、使用、拆除，坚决制止乱搭、乱改和乱用情况的发生。

3)当在脚手架施工过程中开挖脚手架基础下的设备基础或管沟时，必须对脚手架采取加固措施。

4)必须健全规章制度，加强规范管理，制止和杜绝违章指挥和违章作业。

5)必须完善防护措施和提高施工人员的自我保护意识及素质。

3. 防止脚手架事故的技术与管理措施

加强脚手架工程的技术与管理措施，需做好以下几个方面工作：

(1)对高层、多层建筑物脚手架的构架做法，必须进行严格的设计计算，并使施工人员掌握其技术和施工要求，以确保安全。

(2)对于首次使用且没有先例的高、难、新脚手架，在设计计算的基础上，还需进行必要的荷载试验，检验其承载能力和安全储备，确保可靠后才能正式使用。

(3)对于高层、高耸、大跨建筑以及有其他特殊要求的脚手架，必须对其设置构造和使用要求加以严格限制，并认真监控。

(4)建筑脚手架多功能用途的发展，对其承载和变形性能提出了更高的要求，必须予以考虑。

1.5.2 垂直运输机械

砌筑工程施工中，不仅有大量的砌块、砂浆、脚手架材料、各种预制构件或现浇混凝土等材料需要输送至工作操作面，还有工作人员上上下下。能否合理安排垂直运输设施，直接影响到砌筑工程进度、工程成本及安全等方方面面。

1.5.2.1 垂直运输设施的作用

垂直运输设施在施工中承担着输送建筑材料、设备及施工人员上上下下的作用。建筑工程的规模扩大和技术的发展，对垂直运输设施、设备的功能和设置的要求越来越高。

1.5.2.2 垂直运输设施的种类

砌体工程施工中常见的垂直运输设施、设备有卷扬机、井字架、龙门架及塔式起重机等，现就有关设施及作用介绍如下。

1. 卷扬机

卷扬机是为升降井字架和龙门架上的吊篮而设置的动力装置，按其运转速度，可分为快速和慢速两种。其中，快速卷扬机又分为单筒和双筒两种。快速卷扬机钢丝绳的牵引速度为25～50 m/min；慢速卷扬机为单筒式，钢丝绳的牵引速度为7～13 m/min。

2. 井字架

井字架是多层建筑施工常用的垂直运输设备，一般用钢管、型钢支设，并配置吊篮、天梁，以卷扬机提供动力，形成垂直运输系统。井字架基础一般要埋在一定厚度的混凝土底板内，底板中预埋螺栓，与井字架底盘连接固定。井字架的顶端、中部应按规定设置数道缆风绳，以保证井字架的稳定，如图1.5.13所示。

3. 龙门架

龙门架由两根立杆和横梁构成门式架，是与吊篮、卷扬机共同工作，用于砌筑材料垂直运输的设施。由于龙门架的吊篮突出在立杆以外，所以要求吊篮周围必须设有护身栏，同时在立管上制作悬臂角钢支架，配上滚杠，作为吊篮到达使用层时临时停放的安全装置。龙门架如图1.5.14所示。

4. 台灵架

台灵架由起重拉杆、支架、底盘和卷扬机等部件组成，有矩形和正方形两种形状。其主要作用是起吊和安装砌块，可以自行制作，用于规模较小、操作简单的砌筑工程，如图1.5.15所示。

5. 附壁式升降机

附壁式升降机又称为施工电梯或附墙式外用电梯，是由垂直井架和导轨式外用笼式电梯组成。附壁式升降机用于高层建筑施工，除载运工具和物料外，还可载人上下，架设安装比较方便、操作简单、使用安全，如图 1.5.16 所示。

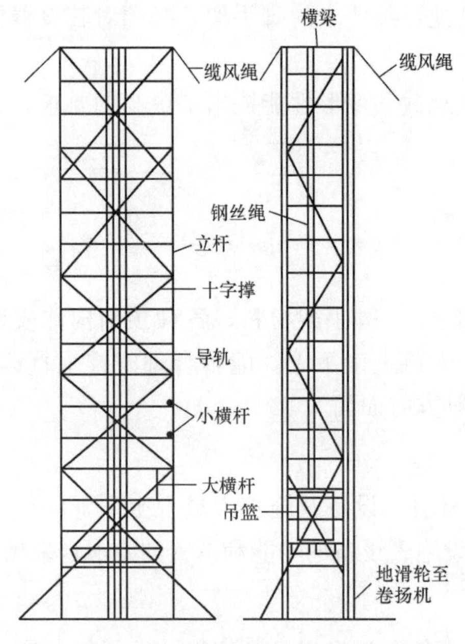

图 1.5.13　井字架

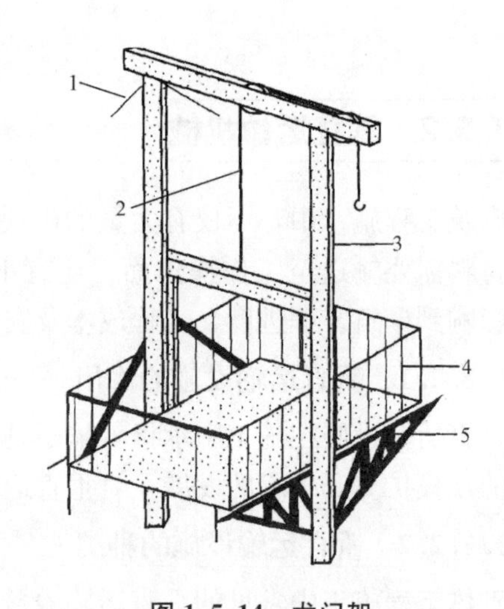

图 1.5.14　龙门架

1—缆风绳；2—起重索；3—立管；
4—吊篮；5—停放吊篮的支撑架

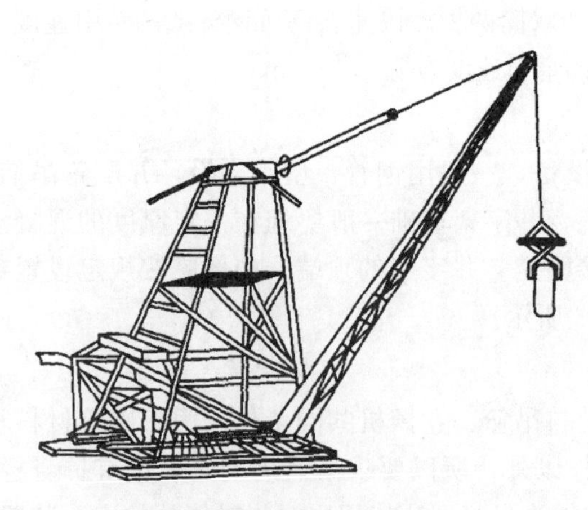

图 1.5.15　台灵架

图 1.5.16　附壁式升降机(施工电梯)

6. 塔式起重机

塔式起重机简称塔吊，由竖直塔身、起重臂、平衡臂、基座、卷扬机及电气设备等组成，有多种类型，如图 1.5.17 所示。它能回转 360°，并且具有较大的起重高度，可形成一个很大的工作空间，既有很强的垂直运输能力，同时也具备较好的水平运输能力，是垂直运输机械中工作效能很高的设备。塔式起重机分为固定和行走两大类，前者应用更为普遍。

塔式起重机必须由经过专职培训合格的专业人员操作，并需派专门人员现场指挥吊装安装，其技术方法与操作步骤严格按照相关规定执行。

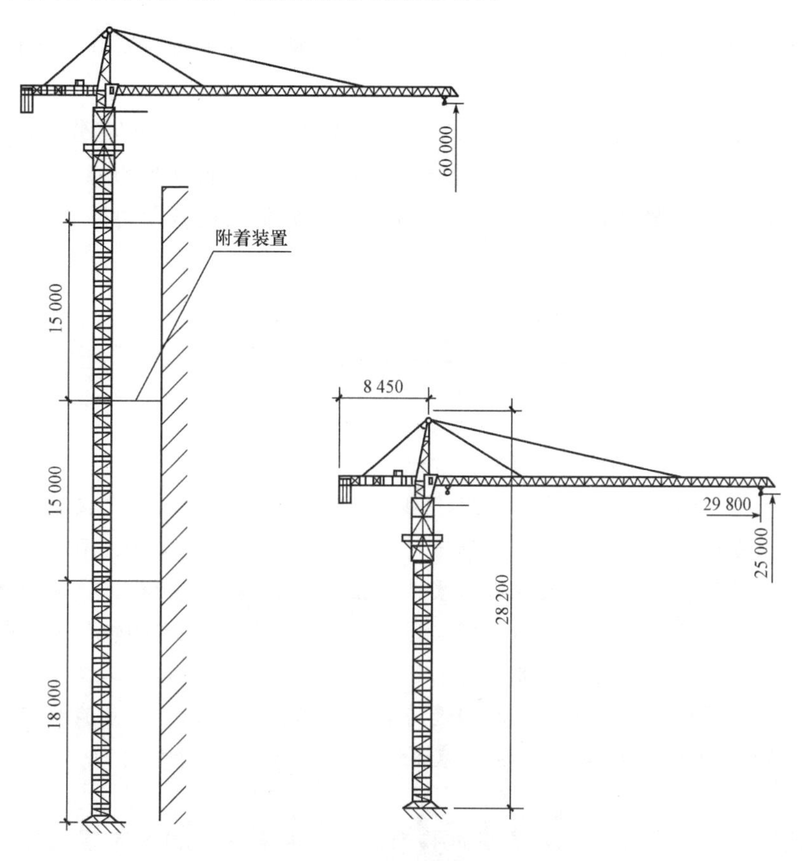

图 1.5.17　塔式起重机示例图

1.5.2.3　垂直运输设施的设置要求

1. 覆盖面和供应面

塔式起重机以其吊臂的最大幅度为半径所得垂直投影面积，称为覆盖面，水平供应面则是指借助于手推车等运输工具可以达到的供应范围。建筑工程工作面必须全部包含在水平供应面之内，而覆盖面则力求减少或不留死角。

2. 供应能力

塔式起重机的吊次乘以吊量等于供应能力。其中，吊量为每次吊运材料的体积、重量或件数；其他垂直运输设施的供应能力等于运次乘以运量，运次应取垂直运输设施和配套水平机具中的低值，还应乘以 0.5～0.75 的折减系数，以考虑某些不可避免因素对供应能力的不利影响。

3. 提升高度

为确保安全，垂直设备运输高度能力应比实际需要高度高出不少于 3 m。

4. 装设条件

垂直运输设施必须具有可靠的强度、刚度和稳定性，体现在设施自身的构造、基础的设置和结构主体或地面的可靠的拉结，以及水平通道安全条件等。

5. 安全保障

安全保障是垂直运输设施高度重视的首要问题，从运输现场、安装到操作运行都必须严格执行有关规定。

选择垂直运输设施的同时，必须设计好水平运输方式，还应考虑充分发挥设备的效能。一方面充分利用现有设施设备，还应兼顾未来发展，扩充购置新型设备；另一方面，在各施工阶段的供应量需求悬殊较大时，垂直运输设施的分阶段设置及拆除、周转使用闲置设备是必要的。

单元小结

本单元系统地论述了砌体结构工程常识。

首先，简要介绍了砌体结构的适用范围并展望了它的发展方向；接下来，介绍的是砌体房屋的组成和砌体结构的材料。砌体材料方面，重点说明了砖、石、小型混凝土空心砌块、砂浆等的种类、形式或规格以及性能指标。随后，对砖砌体、石砌体、砌块砌体的组砌方式和施工操作方法做了介绍，还针对性地讲解了上述砌体以及刚性基础和配筋砌体的构造及施工技术要点，并在其中穿插介绍了相应工程的施工质量验收工作。在较为完整地叙述了框架结构填充墙的构造特点、施工技术及施工质量验收工作之后，又详细阐述了砌体结构的基本构造和抗震构造要求。最后，介绍了脚手架及垂直运输设施。

本单元理论实践相互交融，表现风格新颖，编排紧凑、内容丰富，为下一单元的“砌体结构工程施工过程”打下了坚实的理论基础，也为下一步工地现场施工组织工作，如施工质量检查、工程质量验收等工作的开展，做好了必要的知识准备。

复习思考题

1. 常见的砌体结构房屋主要由哪几个部分组成？
2. 墙体是如何分类的？其各有哪些类型？
3. 砌体材料中块材和砂浆都有哪些种类？
4. 影响砌体抗压强度的主要因素有哪些？为什么砌体的抗压强度远小于块体的抗压强度？
5. 常见砖砌体的组砌方式有哪些？
6. 试述“三一”砌筑法的动作要领和手法。
7. 简述混凝土小型空心砌块的施工工艺。

8. 防止或减轻顶层房屋开裂的措施有哪些?

9. 案例题。

某办公楼工程,地下1层,地上5层,钢筋混凝土框架结构,填充墙采用蒸压加气混凝土砌块。

填充墙施工前,施工单位项目部编制了填充墙施工方案,施工方案内容如下:

(1)使用龄期超过21 d的蒸压加气混凝土砌块。

(2)蒸压加气混凝土砌块进场后,堆置高度不超过1.8 m。

(3)蒸压加气混凝土墙底部砌筑多孔砖,高度不小于200 mm。

(4)填充墙砌至接近梁底时,应留一定空隙,等填充墙砌筑完并应至少间隔4 d后,再将其空隙补砌挤紧。

(5)蒸压加气混凝土砌块水平灰缝厚度和竖向灰缝宽度分别宜为10 mm和15 mm。

问题:判断施工单位编制的填充墙施工方案有无不妥。如有不妥,请指出正确做法。

第 2 单元　砌体结构工程施工过程

推荐阅读资料

中华人民共和国国家标准《建筑抗震设计规范(2016 年版)》(GB 50011—2010)、《砌体结构工程施工质量验收规范》(GB 50203—2011)、《建筑工程抗震设防分类标准》(GB 50223—2008)、《混凝土结构工程施工规范》(GB 50666—2011)、《建筑工程施工质量验收统一标准》(GB 50300—2013)、《建筑工程监理规范》(GB 50319—2013)、《混凝土结构工程施工质量验收规范》(GB 50204—2015)、《建筑地基基础设计规范》(GB 50007—2011)、《建筑地基工程施工质量验收标准》(GB 50202—2018)；中华人民共和国行业标准《建筑工程冬期施工规程》(JGJ/T 104—2011)、《砌筑砂浆配合比设计规程》(JGJ/T 98—2010)、《混凝土小型空心砌块建筑技术规程》(JGJ/T 14—2011)；中国建筑工业出版社出版，危道军主编的《建筑施工组织》；中国建筑工业出版社出版，姚谨英主编的《建筑施工技术》。

任务目标

1. 知识目标

熟悉国家工程建设相关法律法规，掌握砌体结构工程施工工艺和方法，了解工程项目管理的基本知识。

2. 能力目标

(1)在施工组织策划方面，能够参与编制施工组织设计及制定管理制度(与施工组织课程配合)。

(2)在施工技术管理方面，以砌体结构工程施工组织为平台，能够参与图纸会审和施工方案的确定，能够向作业班组实施技术交底、组织测量放线、参与技术复核并完成工程施工质量验收。

(3)在施工质量控制方面，以砌体结构工程施工组织为例，掌握施工质量标准，伴随施工技术过程的推进，理解如何配合监理质量控制工作(与工程监理课程配合)。

任务分解

任务 2.1　施工准备

任务 2.2　工程开工

任务 2.3　施工过程的形成与验收交工

任务 2.4　项目收尾管理与竣工验收

知识导入

砖砌体结构工程属于建筑工程类型之一。在投资经济科学范畴内，建筑工程被称为固定资产投资项目，简称建设项目。建设项目的管理主体是建设单位，项目是建设单位实现建设目标的一种手段。一般来讲，投资主体、业主和建设单位应该是一体的。施工项目是施工企业自项目招标开始，到施工准备、开工、竣工，一直到保修期结束为止全过程中完成的项目。施工项目的管理主体是施工单位(施工企业)。建设工程监理是指具有相应资质的工程监理企业接受建设单位的委托，承担其项目管理工作，并代表建设单位对承建单位的建设行为进行监控的专业化服务活动。

所谓建设监理制，是指在政府有关部门的监督管理下，由建设单位、施工承包单位和监理单位三方直接参加的“三元”管理体制。三单位构成了建筑市场三大主体。通俗地讲，建设项目的开展就是建设单位出资、施工企业施工、监理公司负责监控。

工程建设开发，离不开建设、施工及监理三方的相互协作和密切配合。以砖混结构工程为例，从施工组织工作内容来看，各阶段包括施工准备、工程开工、施工过程的形成与控制、竣工验收及后期服务；从施工技术内容来看，这个过程包括土方开挖、基础施工、土方回填、砖墙砌筑、构造柱施工、圈梁施工及楼盖施工等。工作重点是地基基础和主体结构，特别是砌体砌筑、圈梁、构造柱、拉结筋的做法等内容。无论是组织阶段还是施工过程，均包含着一个施工员“能够”完成，也包含其“能够参与”完成的各项工作。

组织砖混结构工程施工，应始终注重加强劳动力的合理安排，尽量采用机械化施工，降低工人劳动强度。在施工现场平面布置上，特别注意合理规划水平运输道路，并正确安排垂直运输机械和砂浆搅拌站的位置。

任务 2.1　施工准备

任务导入

施工准备工作在整个工程建设开发中具有非常重要的地位。施工准备工作不仅是建筑企业生产经营管理的重要组成部分，而且是建筑施工程序的重要阶段。做好施工准备工作可以降低施工风险，并能提高施工企业的综合经济效益。

施工准备工作，如果按照工程所处施工阶段的不同进行分类，有开工前的施工准备工作和各阶段施工前的准备工作。它的开展应该是有计划、按步骤、分阶段的，体现着很强的连续性和整体性。施工准备工作贯穿于施工全过程，其内容主要包括管理及作业人员机构的组建、调查研究与收集资料、技术资料的准备、物资的准备、施工现场的准备、季节性施工的准备等。

2.1.1　管理及作业人员机构的组建

施工企业若想在竞争中立于不败之地，“人”始终是决定性的因素。工程开工前的准备工作，需要建立或完善一个专业而高效的项目组织机构。这个机构包含两类人员：一类是管理人员；另一类是作业人员。它可以是一个项目经理部，连同下设一个或若干个项目组、作业队；也可以是一个单独的项目组或作业队。至于选择何种方式，主要取决于施工项目的规模和复杂程度。如果施工项目是一个单项(群体)工程，可以选择一个功能相对强大的项目部；如果施工项目是一个或几个简单的单位工程，即一栋或几栋规模不大的建筑物或构筑物，对应机构可以是一个项目组或作业队。

2.1.1.1 项目组织机构的管理层

项目管理层包括项目经理和技术负责人。技术负责人是总工程师，下属是作业队队长或专业组组长，一般管理人员有施工员、质量员、安全员、预算员、资料员、测量员等，负责技术、材料、质量、安全、计划等工作。

根据企业总部业已批准的《项目管理规划大纲》中规定的组织形式和管理任务，设置部门机构和管理岗位；确定人员、职责和权限；由项目经理根据《项目管理目标责任书》进行目标分解，组织人员制定规章制度和目标责任考核、奖惩制度。

项目部的建立原则如下：

(1)用户满意。项目部的建立应尊重建设单位的意见，并充分体现其意愿。

(2)全能配套。重安全，善经营，懂技术，熟于公关。各层次管理岗位人员具有相应的资格资质认证，符合国家相关规定。

(3)精干高效。因事设职，因职选人，一职多能，恪尽职守，人尽其才。

(4)管理跨度合理。各管理职责范围得当，既不会鞭长莫及，又不致人浮于事。

(5)管理系统化。上下、左右合作，形成相互制约、相互联系的完整体系。

无论是项目经理还是一般管理人员，均有着严格的任职条件要求。

项目经理的资格认证不仅取决于政治与技术素养、职业道德、学历、工作阅历等，还必须是取得了相应级别的专业技术职务及国家注册建造师的资格；一般管理人员，如施工员、质量员、安全员、材料员、资料员等，也有相应的任职基本条件要求，取得资格前需具备一定阅历及通过必要的考试、考核认可。他们的主要职责介绍如下：

施工员：从事施工组织策划、施工技术与管理，以及施工进度、成本、质量和安全控制等工作。

质量员：从事施工质量策划、过程控制、检查、监督、验收等工作。

安全员：从事施工安全策划、检查监督等工作。

材料员：从事施工材料计划、采购、检查、统计、核算等工作。

机械员：从事施工机械的计划、安全使用监督检查、成本统计核算等工作。

资料员：从事施工信息资料的收集、整理、保管、归档、移交等工作。

标准员：从事工程建设标准实施组织、监督、效果评价等工作。

劳务员：从事劳务管理计划、劳务人员资格审查与培训、劳动合同与工作管理、劳务纠纷处理等工作。

2.1.1.2 作业队

作业队的选择和组建应根据工程特点、企业现有劳动力状况以及施工组织设计中劳动力需要量计划来完成。砌体结构工程有关工种组织，以采用混合形式为佳，由于主体结构施工阶段主要是砌筑工程，所以，应由砌筑工(即瓦工)占主导，配以适当数量的架子工、木工、钢筋工、混凝土工及小型机械工等；在后期装饰阶段，则以抹灰工和油漆工为主，配以适当数量的木工、管道工、电工等。混合编组的配备特点是高效精干、衔接紧凑、灵活合理。

2.1.1.3 分包

随着建筑市场的开放与发展，用工制度日趋完善，施工单位承揽工程建设项目，已不再局限于一线施工工作完全由直属总包的作业人员完成。对于项目中本单位不能或不便从事的施工内容，可以委托或联合其他施工单位即所谓的分包单位来完成。分包从人员组织结构上，与一般施工企业没有什么不同。

分包从事的施工内容，可以是一个单位工程，也可以是某个分部或分项工程。如土方深基坑开挖与支护、室内装饰装修、空调设施或电气设备安装等跨专业工种的多种内容。

企业根据需要，可安排一定数量的管理人员，对分包工程进行管理。如有必要，也可提供设备、工具、材料的支持和工序技术必要的配合，同时提取一定的管理费用。

项目组管理人员名单(表 2.1.1)应呈报建设单位，经总监理工程师签字认可。

表 2.1.1 工程项目施工管理人员名单

<table>
<tr><td>工程名称</td><td colspan="2"></td><td>施工单位</td><td colspan="2"></td></tr>
<tr><td>技术部门负责人</td><td></td><td>执业证号</td><td></td><td>联系电话</td><td></td></tr>
<tr><td>质量部门负责人</td><td></td><td>执业证号</td><td></td><td>联系电话</td><td></td></tr>
<tr><td>项目经理</td><td></td><td>执业证号</td><td></td><td>联系电话</td><td></td></tr>
<tr><td>项目技术负责人</td><td></td><td>执业证号</td><td></td><td>联系电话</td><td></td></tr>
<tr><td>专职质检员</td><td></td><td>执业证号</td><td></td><td>联系电话</td><td></td></tr>
<tr><td>⋮</td><td></td><td></td><td></td><td></td><td></td></tr>
<tr><td colspan="6">上述人员是我单位为______________工程配备的项目施工管理人员，请建设(监理)单位审核。

企业技术负责人：

(公章)

企业法人代表：　　　　年　　月　　日</td></tr>
<tr><td colspan="6">审核意见：

建设单位项目负责人(总监理工程师)：　　　　(公章)

年　　月　　日</td></tr>
<tr><td colspan="6">注：执业证号是指国家、省、市行业管理部门或企业内部的执业资格编号。</td></tr>
</table>

2.1.2 调查研究与收集资料

项目机构组织建立之后，管理及作业人员进入工作岗位，接下来进行调查研究与资料收集，并对资料进行分析、整理及归档。

2.1.2.1 收集原始文件资料

向建设单位调查并收集设计任务书及有关文件。对于民用建筑项目，了解并掌握项目性质、规模、建设期限、开工时间、交工顺序、交工时间、竣工时间，总概算投资及年度建设计划；对于工业建筑项目，还要进一步了解并掌握生产能力及工艺流程、设备供应顺序与时间、竣工投产时间等信息。

向勘察设计单位调查并收集图纸及相关资料，了解并掌握建设项目总平面规划、工程地质勘察资料、地形测量图；项目设计概况，如建筑、结构、水、电、暖、装饰装修、建筑面积、占地面积、设计进度等信息。对于工业建筑项目，还应了解生产工艺设计基本信息。

2.1.2.2　收集工程现场与自然条件

对气象资料的调查，需了解并掌握全年及每月平均气温、最高气温、最低气温，5 ℃及 5 ℃以下气温持续天数；了解并掌握每年雨期起止时间，雷暴日期、季节主导风向等。

对工程现场自然地形、周围环境的调查，需取得建设区域地形图、地质特征及规划控制桩和水准点的位置等资料信息；掌握现有建筑(构筑)物、现场障碍物、地下水井、古墓、树木、沟渠及各种地上地下的管线、电缆等信息；调查并掌握工程水文地质信息。

2.1.2.3　收集地区建筑生产及相关企业、资源与交通运输条件

调查了解以下信息：

(1)地方建筑材料及构件生产企业情况。涉及各种建筑构件厂、建筑设备厂、砖砌块厂、石厂、砂厂、商品混凝土供应厂等。既要咨询当地主管部门，又要走访地方生产企业。

(2)地区铁路、公路、航运运输条件及供水、供电、供气、通信的情况。

(3)三大材料、特殊材料及主要设备基本信息。

(4)地区社会劳动力和生活设施的基本信息。

2.1.2.4　收集标准、规范资料

调查并了解国家或工程所在地区的现行技术规范、规程、规定或标准等资料。

2.1.3　技术资料的准备

技术资料的准备即通常所说的“内业”工作，是整个准备工作的核心，它与建筑质量、安全生产、工程进度、经济效益密切相关。其主要内容包括熟悉和会审图纸，编制中标后的施工组织设计和编制施工预算。

2.1.3.1　熟悉和会审图纸

1. 图纸自审

项目部总工程师召集工长及各专业技术负责人，认真阅读图纸，确认图纸深度，理解设计意图，把握构造特点和技术关键，对于可能存在的问题做好记录。通过共同核对，协调建筑、结构、水、暖、电等专业，防止出现“错、漏、碰、缺”。如有分包，双方或多方依照图纸，预商施工配合方案。图纸自审按照以下要求开展：

(1)先粗后细，观大看小。粗略阅读建筑总平面图，在了解拟建建筑(群)大致范围或方位之后，从一个个单位工程建筑平、立、剖面图入手，首先，形成每个建筑物宏观空间整体概念，其次，进入开间、进深、标高、层高形成中观空间概念，接下来再进入细部构造观察阶段，如关注索引是否正确、详图是否齐全、标准图选用是否准确。

(2)先建筑后结构，先土建后安装。对照建筑施工图，阅读结构平面图，查看结构图示

轴线、构件平面位置及标高与建筑定位是否吻合，尺寸标注是否齐全，有无冲突；阅读建筑、结构等土建图纸的同时，关注安装图中预埋件、预留洞的位置、尺寸是否一致，各种设备标注位置是否准确、管线路线是否与建筑图示走向相符，是否影响建筑功能正常发挥及与结构构件有无碰撞。

(3)图形与说明相结合，设计与现场相结合。查看图形表达与设计文字总说明及图中文字说明是否相符合，图纸设计与现场位置、标高、地形状况是否相一致。

(4)审阅图纸是否符合国家现行规范及有关规定要求，图纸深度是否满足施工要求。

从图纸自审入手，还要明确建设单位、设计单位和施工单位彼此协作配合的关键问题，明确建设单位可提供或落实的施工条件。

2. 图纸会审

(1)图纸会审工作过程。图纸会审是由建设单位主持，设计、施工、监理单位共同参加的一次重要的工作会议。图纸会审过程中，设计单位与施工单位面对面，前者首先做图纸交底，接下来以图纸为依据，后者将图纸上业已记录可能存在的缺陷问题逐一提出，设计单位则逐一当场解答(或限期回复)。这些问题既可能是设计缺陷，也可能是由于施工技术人员识图不准，理解偏差造成的。如果是设计缺陷，则应进行必要的设计变更。如果工程庞大、细节繁多，图纸会审中总会发现一些这样或那样的问题，此阶段应该予以及时解决，尽量不遗留问题给日后施工带来麻烦。与会各单位最终形成会审纪要，完成会签。图纸会审、设计变更、洽商记录汇总表见表 2.1.2，图纸会审记录见表 2.1.3，工程洽商记录见表 2.1.4，设计变更通知单见表 2.1.5，设计交底记录见表 2.1.6。

图纸会审记录等相关资料与施工图纸具有同等法律效力。

知识链接

在“第 3 单元，任务 3.2 情境教学，3.2.1 图纸会审观察与情境模拟”中，从学生综合实践要求出发，对施工现场图纸会审的工作内容及开展有较为完整的阐述。

对于规模大、结构与装修复杂或者重点工程，应邀请主管部门，消防、防疫等协作单位参加图纸会审。对于涉及技术或经济造价重大变更的，各方应协商达成共识。

表 2.1.2 图纸会审、设计变更、洽商记录汇总表

工程名称		日期	年 月 日
序号	内容	会审、变更、洽商日期	备注
1			
2			
3			
4			
5			
⋮			
注：图纸会审、审计变更、洽商记录附后。 项目(专业)技术负责人：			

表 2.1.3　图纸会审记录

<table>
<tr><td colspan="2">工程名称</td><td></td><td>时间</td><td colspan="2">年　月　日</td></tr>
<tr><td colspan="2">地点</td><td></td><td>专业名称</td><td colspan="2"></td></tr>
<tr><td>序号</td><td>图号</td><td>图纸问题</td><td colspan="3">会审（设计交底）意见</td></tr>
<tr><td></td><td></td><td></td><td colspan="3"></td></tr>
<tr><td>施工单位</td><td>项目（专业）
专职质检员：
技术负责人：
项目负责人：
（公章）</td><td>建设（监理）单位</td><td>专业技术人员：
（监理工程师）
项目负责人：
（总监理工程师）
（公章）</td><td>设计单位</td><td>专业设计人员：
项目负责人：
（公章）</td></tr>
</table>

表 2.1.4　工程洽商记录

<table>
<tr><td colspan="2">工程名称</td><td></td><td>专业名称</td><td colspan="2"></td></tr>
<tr><td colspan="2">提出单位名称</td><td></td><td>日　期</td><td colspan="2"></td></tr>
<tr><td colspan="2">内容摘要</td><td colspan="4"></td></tr>
<tr><td>序号</td><td>图号</td><td colspan="4">洽商内容</td></tr>
<tr><td></td><td></td><td colspan="4"></td></tr>
<tr><td>施工单位</td><td>项目（专业）
技术负责人：
项目负责人：
（公章）</td><td>建设（监理）单位</td><td>专业技术人员：
（专业监理工程师）
项目负责人：
（总监理工程师）
（公章）</td><td>设计单位</td><td>专业设计人员：
项目负责人：
（公章）</td></tr>
</table>

表 2.1.5　设计变更通知单

<table>
<tr><td colspan="2">工程名称</td><td></td><td>专业名称</td><td></td></tr>
<tr><td colspan="2">设计单位名称</td><td></td><td>日　期</td><td></td></tr>
<tr><td>序号</td><td>图号</td><td colspan="3">变　更　内　容</td></tr>
<tr><td></td><td></td><td colspan="3"></td></tr>
<tr><td>设计
变更
提出
单位</td><td colspan="4">项目负责人：（公章）</td></tr>
<tr><td>设计单位</td><td colspan="4">专业设计人员：
设计项目负责人：（公章）</td></tr>
</table>

表 2.1.6　设计交底记录

<table>
<tr><td colspan="2">工程名称</td><td colspan="2"></td><td colspan="2">日期</td><td>年　　月　　日</td></tr>
<tr><td colspan="2">时间</td><td colspan="2"></td><td colspan="2">地点</td><td></td></tr>
<tr><td colspan="2">序号</td><td colspan="3">提出的图纸问题</td><td colspan="2">图纸修订意见</td></tr>
<tr><td colspan="2"></td><td colspan="3"></td><td colspan="2"></td></tr>
<tr><td>施工单位</td><td>项目经理：
技术负责人：
（公章）</td><td>建设（监理）单位</td><td colspan="2">专业技术人员：
（专业监理工程师）
项目负责人：
（总监理工程师）
（公章）</td><td>设计单位</td><td>专业设计人员：
项目负责人：
（公章）</td></tr>
</table>

(2)图纸会审的理论依据。图纸会审的理论依据有以下两个：一是国家有关技术规范、规程、标准等。二是国家的方针政策，特别要关注那些技术规范中强制性的标准，如设计规模和建筑设计是否符合环境保护和消防安全的要求；建筑平面布置是否符合核准的按建筑红线划定的范围和现场实际状况，是否提供符合要求的永久或临时的平面坐标定位点及水准点位置；抗震设防加强措施是否达到相关要求等。另外，工程所在地区或地方性的有关材料使用或施工方法选择方面的一些限制性的规定，也是图纸会审不容忽视的，必要时应做出相应的调整。

监理工作人员从监理工作角度出发，认真组织参与图纸会审的准备工作，详见以下监理提示。

监理提示

在图纸会审前，总监理工程师组织监理人员熟悉设计文件，并对图纸中存在的问题通过建设单位向设计院提出书面意见和建议。项目监理人员应参加图纸会审，总监理工程师对图纸会审会议纪要进行签认。

图纸会审设计最后阶段，建设(监理)、设计、施工等单位应形成统一意见，完成签认，见表2.1.3。

2.1.3.2　编制中标后施工组织设计

施工组织设计是以施工项目为对象编制的，用以指导施工的技术、经济和管理的综合性文件。施工组织设计的编制对象不同，则其层次也是不同的。具体地说，就是根据施工单位所从事的工程项目的规模来划分，针对单项(群体)工程、单位工程和分部工程的施工组织设计，分别为施工组织总设计、单位工程施工组织总设计和施工方案。施工组织总设计是施工单位从事工程开发的工作大纲或行为指南，在施工准备工作阶段，它是由施工单位组织编制的、用以指导拟建工程从施工准备到竣工验收乃至保修回访的技术、经济、组织的综合性文件。它的层次不同，内容层次也不同，大致包括工程概况、施工部署、施工进度计划、施工准备与资源配置计划、施工方案或主要施工方法及施工平面图等基本内容。

施工单位完成施工组织设计编制后，将其报送项目监理单位，由总监理工程师组织监理人员审查。如有必要，总监理工程师签发书面修改意见，返回施工单位完成调整修改，再次报审。规模大、结构或装修复杂的工程，总监理工程师可提请建设单位组织有关专家会审。施工组织设计获得监理单位审核后，由监理人员呈送建设单位备案。

2.1.3.3　编制施工预算

建筑工程预算是确定建筑工程预算造价的国家法定形式，是反映工程经济预算实施效果的主要的技术文件。其是根据工程图纸、预算定额、费用定额、建材预算价格以及配套使用的相关规定，预先计算出项目所需费用的经济技术文件。根据阶段划分的不同，建筑工程预算可分为设计概算、施工图预算和施工预算。

施工图预算是一个直接关乎施工单位和建设单位双方经济利益、具有法律效力的技术文件，它是双方签订有关工程承包合同和办理工程结算的依据。

施工预算不同于设计概算和施工图预算，它是施工单位根据施工合同价款、施工图纸、施工组织设计或施工方案、施工定额等文件编制的企业内部经济文件。编制好施工预算是施工前的一项重要准备工作。在施工单位内部，执行各项成本支出控制、考核用工、签发施工任务书、限额领料，以及推进基层经济核算等一系列经济活动，均在施工预算的指导及约束下展开。施工企业要按施工预算严格控制各项指标，以利于降低工程成本和提高施工管理水平。施工预算直接受施工图预算的控制。

2.1.4 物资的准备

施工物资的准备是指施工工作手段和工作对象的准备。施工工作手段涉及施工机械、施工设备、各种工机具，而施工工作对象主要是指大量的建筑材料、构件和配件。建筑物体形庞大，建筑施工组织严密、工艺复杂、材料繁多，所以，施工物资必须保证按计划供应而且及时进场。这对施工工期、质量和成本的管理与控制有着直接的影响。

物资的准备工作，一是建筑材料的准备，涉及材料订购、运输、堆放、仓储等工作；二是建筑构、配件及水、暖、电设施设备的准备，涉及构、配件成品，半成品加工，订货，运输手段的准备；三是施工机具的准备、生产工艺设备的准备，以及运输设备和施工物资价格管理等诸多方面。如果是工业建筑，还应做好提前接洽、配合有关单位的生产设施设备安装的工作。

砌体工程施工的主要内容是地基基础和主体结构，包括土方及基础、砌体砌筑及圈梁、构造柱等内容，所涉及的建筑材料除“三材”——钢材、木材、水泥外，还有“地材”——砖、砂、灰、石；至于成品、半成品，包括木材加工品、金属结构、钢木门窗、商品混凝土、钢筋等；周转材料有脚手架、定型模板及大型施工机具。其他还有装饰材料，安装工程主要是水、暖、电设备，管道及配件等。

2.1.4.1 建筑材料及构、配件的准备

(1)根据已获总监理工程师批准的施工进度计划和编制好的施工预算中工料分析量单，细化并落实“主要材料需要量计划”。

(2)根据造价工程师前期投标阶段材料咨询过程中已掌握的信息，进一步做好材料申请、订货和采购计划，作为组织运输及供料、备料和仓储或堆场策划的依据。

(3)组织材料分期分批进场，先期到场的建筑材料按施工平面图相应位置堆放，并做好保管和必要的仓储工作。期间按照材料质量保证要求，组织严格认真的验收、检查，编制材料数量、规格、产品合格证及必要的试验报告，对有材料检验、检测要求的，做好复检工作。

(4)根据施工预算书中所提供的各种构、配件及设备数量，细化并落实“成品、半成品的需用量计划”，向有关厂家提出加工订货计划要求，并及时签订供货合同。

(5)按计划分期分批组织构、配件和设备进场，按施工平面布置图做好存放及保管工作。

2.1.4.2 施工机具的准备

(1)根据施工进度计划、施工部署及施工方案，细化并落实“施工机具需用量计划”。施工机具有土方施工机械，混凝土、砂浆搅拌设备，钢筋加工设备，木工加工机械，焊接设备等。

(2)落实施工机具需用量计划，确保施工机械按期进场。对于大型施工机械，如塔式起重机、挖土机、桩基设备等，施工单位应立足充分利用企业原有施工机械设备结合企业长期发展的规划，如果必要，也可采购新设备或向其他单位或专业分包单位租赁，并做好相应的新设备考察订购或租赁合同的签订等工作。

(3)施工设备机具的安装、调试。按照施工进度计划组织大型施工设备机具进场，按照

施工总平面图就位，然后做好搭棚、接电、保养和调试工作。对所有施工机具，都必须在使用前进行检查和试运转。

(4)对于工业建筑，应按照施工进度计划要求，与工艺设计单位及生产厂家保持密切合作，为在工程建设过程中相互配合，做好生产工艺设施、设备及生产线安装、调试工作的提前沟通。

在施工物资的准备过程中，管理人员以施工组织设计、施工预算和施工图为依据，尽早做出并落实材料、构配件、施工设备等需要量计划，同时做好运输、堆放或仓储工作。整个准备工作要与有关各方保持接触，建立并及时更新物资准备资料信息库，提高准备工作效率，为下一步工程开工打下坚实基础。

2.1.5 施工现场的准备

施工现场准备通常称为室外准备，主要包括明确现场准备工作范围、拆除障碍物、建立测量控制网、七通一平及搭设临时设施。

2.1.5.1 明确现场准备工作范围

施工现场准备工作范围涵盖建设单位准备工作和施工单位准备工作两部分。

建设单位主要按合同规定，负责办理土地征用、拆迁补偿、平整土地等工作；实现施工所需水、电、通信接通至现场及施工运输道路畅通；向承包人提供工程地质、地下管线准确资料；确定水准点、坐标控制点并完成现场交验工作；拆除现场一切障碍物；办理施工所需证件、批文及临时用电、停水、停电、中断道路、爆破作业等审批手续；协调处理现场周边建筑、地下管线、文物、古树等保护工作。

施工单位主要提供和维修现场围栏及非夜间施工使用的照明设施，做好现场安全保卫；按合同专用条款向发包人提供工地现场办公生活临时设施房屋(费用由对方承担)；遵守当地政府对现场交通、施工噪声、环保、卫生、安全生产等管理规定，以书面形式通知发包人，由此产生的费用由发包人承担(违章罚款除外)；建立测量控制网；协助建设单位完成现场七通一平。详见以下的特别提示。

2.1.5.2 拆除障碍物

施工现场内的一切障碍物均应该在工程开工前拆除。如果工程用地属于旧城(村)改造，拆除工作则相当复杂，尤其涉及电力、煤气及通信线路和设施，必须高度重视，事先认真了解其地上、地下管线管道现场分布情况，以免发生意外和事故。

这些障碍物主要是：原有建筑、构筑物；电力与通信的架空电线或地下电缆；自来水、污水、燃气、热力等各种管道；树木园林绿化。其中，绝大部分工作必须向相关主管部门申请批准、办理有关手续，如果必要，由专业公司来实施拆除工作。

对障碍物拆除后的垃圾应及时清理运出，并严格遵从交通规定时间指定道路并组织运输，遵守环保有关规定，采取运输车辆封闭措施。

特别提示

建设单位与施工单位双方可以以专用合同条款约定的方式，改变部分准备工作职责范围。例如，建设单位负责“拆除现场一切障碍物”“周边建筑、地下管线、文物、古树等保护工作”等，其中部分工作可交由施工单位负责；再如现场七通一平中的平整场地工作，一般由专业土方公司承担，经协商也可由施工单位承担，费用单独计算，由建设单位承担。

2.1.5.3 建立测量控制网

工程开工之前，根据规划部门提供的现场附近的坐标和高程控制点，按照建筑总平面图的要求，建立稳定、正确的控制网点。控制网格单元取 100～200 m 的正方形或矩形，并在若干控制网点上设置永久性的标桩，以此作为施工全过程投测的依据和条件。测量工作主要是完成场地红线定位和后续施工中的土方调配，建筑物轴线定位放线以及场地、道路高程与建筑物每层标高的控制等工作。其中，在设计土方调配方案阶段，控制网单元应加密至 10～20 m。

测量放线与定位既是砌体工程各个施工阶段的先导，又贯穿于整个施工过程之中。在测量放线时，应校验和校正经纬仪、水准仪、钢尺等测量仪器和工具，校核控制桩与水准点，制订切实可行的测量方案，包括平面控制、标高控制、沉降观测和竣工测量等工作。建筑物定位放线，一般通过测定并经自检合格后提交有关部门和建设单位或监理人员验线，以保证定位的准确性。沿红线的建筑物放线后，必须及时提请规划部门核验认可。

2.1.5.4 七通一平

在现场清除障碍后展开七通一平，具体地说，就是在工程用地范围内完成场地平整，接通施工道路，通电、通水、通电信、通燃气，做好施工现场排水及排污畅通的工作。

1. 场地平整

依据施工总平面图和业已完成的测量控制网格图，设计土方调配方案，绘制土方调配图、表，完成方案的优化。然后组织土方施工机械或人力进场，开始平整场地。土方调配的原则是挖填平衡，总运输量最小，并易于施工开展机械化操作。如果土方工程规模庞大，可分阶段进行，首先完成一期工程范围场地平整，并达到一期工程基础开工条件；然后进行二期工作，确保工程按进度计划顺利进展。

土方平衡调配应尽可能与城市规划和农田水利相结合，将余土一次性运到指定弃土场，做到文明施工。平整场地的表面坡度应符合设计要求，如设计无要求，排水沟方向的坡度不应小于 2‰。平整后的场地表面应逐点检查。检查点为每 100～400 m^2 取 1 点，但不应少于 10 点；长度、宽度和边坡均为每 20 m 取 1 点，每边不应少于 1 点。

合理选择土方施工机械，对于确定场地平整施工方案至关重要。

场地平整最常采用的土方施工方法，是使用反铲挖掘机挖土配合自卸汽车运土，弃土区推土机整平压实；如果现场坡度起伏不大(≤20°)，土方整平范围在 1 km 之内，宜选用铲运机。如果土质坚硬，则辅助其他机械先翻松再运铲。如果现场土含水量较高，可先疏干水，避免陷车；当现场是起伏大的丘陵地带(局部地势高差>3 m)，土方整平范围超出 1 km的时候，有多种机械方案可供采用：

(1)正铲挖掘机铲装土，配合自卸汽车运土，同时在弃土区配推土机推平、碾压。

(2)如果挖土土层厚度>5 m，也可用推土机将土推入漏斗，并使用自卸汽车装土运出。

当现场存在硬石层时，可采用破石机械或爆破等方法将整片或大块石头破解，然后配以反铲挖掘机装载，自卸汽车运输。

2. 通路

一切施工资源经由道路进场，同时施工建筑垃圾及土方工程外运余土等均经由道路运出。所以，道路建设应按照施工总平面图布置尽早、尽快修建。修建过程中，一是充分利用原有道路，二是结合提前建成并使用拟建永久性道路作为当下施工用道。道路标准与等级均需满足施工阶段及投入使用后运输与消防用车等的行驶畅通。

3. 通水

施工用水要确保施工期间生产的顺利开展和满足生活使用及消防的要求。按照施工总平面图建设供水管路、设施，考虑降低工程的成本，可以铺设临时管线，也可以尽量把施工阶段的给水系统与工程竣工后的永久性的给水系统结合起来统一规划使用。

4. 通电

施工用电包括施工生产用电和生活用电。应按照施工组织设计要求布设电力管线、设备。对于电源，首先考虑开通来自国家电网或建设单位给定的来源。如果供给不足或不便，则应考虑施工单位自备发电系统，确保为施工现场动力及人员生活的正常使用供电。

5. 排水、排污畅通

施工现场排水非常重要，应特别关注雨期排水，做到现场排水畅通，确保施工及运输顺利进行。如果基础开挖阶段被迫在雨天施工，首先应做到防水、排水结合，还要做好基坑汇水及排放，突出一个“快”字，严格避免出现地基浸水的安全隐患。施工现场的污水排放按照国家环保相关标准执行，不得污染环境。对不能达标的污水，需进行处理后方可排放。

对于施工生产生活中所需的通信、燃气、蒸汽等其他问题，应按照施工组织设计的相关要求进行设计、安排修建，以确保施工生产的顺利开展和生活的正常进行。

2.1.5.5　搭设临时设施

临时设施分为施工生产和生活两部分，主要包括仓库、搅拌站、加工作业场(棚)、宿舍、办公室、会议室、食堂、文体娱乐、厕所及浴室等各类功能简易房屋。它是按照施工组织设计中的施工总平面图要求搭设修建的。修建前，主要临时设施应报请城市规划、市政、消防、交通、环境保护等有关部门审查批准。

施工现场的主要出入口旁应设标牌挂图，标明工程项目、施工单位、项目负责人名称及安全、环保管理制度、标准等内容。

为节约场地、降低成本，临时设施要充分利用施工用地或附近原有设施，如现场待拆原有房屋，或在征得建设单位同意后，阶段性使用已建成的部分新建房屋。

2.1.6　季节性施工的准备

我国地域辽阔，地处北温带地区的华北、西北、东北地区，每年都有较长的低温季节，施工中应考虑冬期施工的特点；华东和南方地区，雨期降雨频繁，应首先考虑雨期施工的特点；而沿海一带受海洋暖湿气流的影响，常出现台风、暴雨和潮汐，甚至海啸，则应多考虑台风、暴雨对建筑施工的影响。气候的变化无常会给建筑施工带来一定的困难和不便，在特殊季节里，常规方法已不能适应要求。为了保证作业的连续性，应从具体条件出发，选择合理方法，制定具体技术措施，确保施工过程连续进行，从而提高工程质量和降低工程建设费用。

2.1.6.1 砌筑工程冬期施工

1. 砌筑工程冬期施工的基本知识

(1)砌筑工程冬期施工的规范认定条件。国家相关规范规定，根据当地多年气象资料统计，当室外日平均气温连续 5 d稳定低于 5 ℃时即进入冬期施工，当室外日平均气温连续 5 d高于 5 ℃时即为解除冬期施工。除上述冬期施工期限以外，还应根据施工当日具体温度来确定。如当日最低气温低于 0 ℃，也应按冬期施工有关规定进行。

(2)砌筑工程冬期施工的关键问题。冬期施工的核心是处理好水的状态，防止水由液态变成固态，从而对建筑结构产生不利影响，关键是要做好防冻处理。

1)防冻的范围：砌筑工程所有含水的材料和用水的作业，其本身以及材料的准备、运输、施工、养护环境等。

2)防冻工作的内容：涉及设施、材料、技术、能源及费用等方面。

3)防冻工作的准备：

①制定和完善施工组织措施和技术措施。

②加强临时应急补救措施，确保防冻工作的可靠度。

③落实冬期施工方案。

④向具体操作人员进行技术交底，实行专人负责、明确责任、落实到位的制度。

(3)砌筑工程冬期施工的特点。砌体工程冬期施工的特点表现为：

1)事故多发性。在冬期施工中，长时间持续低温、大温差、强风、降雪和反复冻融，对砌筑工程施工质量有很大影响，极易造成事故。因此，冬期施工是事故的多发期。

2)质量事故的滞后性。冬期施工发生的事故往往不易被察觉，当冬期结束及解冻后，工程中隐含的一系列质量问题才逐步暴露，因而冬期施工的质量事故具有滞后性，质量事故的后期处理往往有很大的困难。

3)施工的计划性和准备工作的时间性强。由于冬期气候的变化没有规律，因此，施工中要充分考虑施工期天气可能的变化，做好冬期施工的计划安排。避免仓促施工可能带来的质量事故。

(4)砌筑工程冬期施工的原则。为了保证砌筑工程冬期施工的质量，选定的施工方法、采取的技术措施，必须符合相关规程和规范的要求，做到技术可靠、经济合理，措施增加费用较少。所需的热源及材料应有可靠的来源，能达到节能、环保的效果。同时，合理编制施工方案与具体措施，确保工期、质量满足规定的要求。

2. 砌筑工程冬期施工的准备工作

砌筑工程冬期施工要根据具体情况采取切实可行的防冻保温措施，确保拟建或在建工程安全越冬，避免由于冻害造成损失。冬期施工也要为开春解冻后继续施工创造条件，避免出现停工、窝工状况。为了保证冬期施工的顺利进行，应提前做好以下几方面的准备工作：

(1)做好冬期施工的施工组织设计编制工作和施工方案选取工作。有针对性地做好施工组织设计的编制工作，合理地选取并制订冬期施工方案，组织项目部相关人员学习冬期施工相关措施，是搞好冬期施工的前提与保证。在施工程序上，要掌握“先阴后晴、先上后下、先外后内”的原则，按照施工项目进行技术交底，做到人人心中有数。对那些不适宜在冬期进行施工的分部分项工程，应尽可能地安排在冬期前或冬期后完成施工，以保证冬期施工方案的科学性、实用性和可行性。

(2)做好当地相关气象资料的搜集整理工作。入冬前，在本单元“2.1.2.2”中相关资料已收集的前提下，安排专人进一步分析工程所在地整个冬期施工阶段及冻融、解冻阶段的气象资料，实测室外最低温度，掌握当地冬期气候变化情况，以利于施工项目冬期施工技术方案的选择、编制和采取相应的防护措施。

(3)做好施工图的复核工作。凡需进行冬期施工的工程项目，都必须根据《建筑工程冬期施工规程》(JGJ/T 104—2011)总则第1.0.4条要求，编制冬期施工专项方案；如果发现有不能适应冬期施工要求的问题，应及时与设计单位研究解决。

(4)做好冬期施工所需材料及工具的准备工作。冬期施工所需的设备、工具、材料及劳动防护用品等，应根据施工的具体进度，提前做好准备工作。如果砌筑工程量较大，北方寒冻地区则尽可能采用锅炉供汽或烧热水来拌制砂浆或用蒸汽来加热砂子；也可提前砌好临时炉灶、火坑，备好火炉、烟囱等，供加热砂料、烧热水或进行室内加温用。南方地区可采取外加剂、添加剂等方式进行施工。做到工作有计划、实施有准备，确保冬期施工有序进行。

(5)做好岗位培训工作。冬期施工前，应对配制外掺剂、测温保温等专业性较强的所有岗位人员进行专项培训，使他们掌握相关技能和基本要求，经考核合格后方准上岗，严格执行持证上岗制度。

3. 砌筑工程冬期施工的施工要求

(1)砌筑工程冬期施工对材料的要求。国家相关规范或规程对砌体工程冬期施工所用材料做了下列规定：

1)普通砖、空心砖、灰砂砖、混凝土小型空心砌块、加气混凝土砌块和石材在砌筑前，应清除表面污物、冰雪等，不得使用遭水浸和受冻后的砖或砌块。

2)砂浆宜优先采用普通硅酸盐水泥拌制。冬期砌筑不得使用无水泥拌制的砂浆。

3)石灰膏、黏土膏或电石膏等应保温防冻，当遭冻结时应经融化后方可使用。

4)拌制砂浆所用的砂不得含有直径大于1 cm的冻结块或冰块。

5)拌和砂浆时，水的温度不得超过80 ℃，砂的温度不得超过40 ℃，砂浆稠度宜较常温适当增大。

(2)砌筑工程冬期施工方法。冬期施工的砖砌体应按“三一”砌砖法施工，灰缝不应大于10 mm，重点是解决砌筑砂浆冻结问题。如果砂浆冻结，砌体强度会受到严重破坏。为了保证砌筑工程的冬期施工质量和施工的顺利进行，一般采用外加剂法、冻结法、暖棚法、蓄热法、电气加热法、蒸汽加热法、快硬砂浆法等多种方法。常以外加剂法和冻结法两种方法为主。

1)外加剂法。

①概念。外加剂法也称掺盐砂浆法，即在砌筑砂浆中掺入一定数量的盐类作为抗冻化学剂，来降低砂浆中水的冰点，以保证砂浆中的液态水在一定负温状态下不冻结，水泥的水化反可连续进行，而砂浆强度则能够持续、缓慢地增长。

②主要组成成分与计量标准。采用外加剂法配置砂浆时，可采用氯盐或亚硝酸盐等外加剂。氯盐应以氯化钠为主，当气温低于−15 ℃时，可与氯化钙复合使用。氯盐掺量可按表2.1.7选用。

表 2.1.7　氯盐外加剂掺量

<table>
<tr><td rowspan="2">种类</td><td rowspan="2">掺入物</td><td rowspan="2">砌筑材料</td><td colspan="4">日最低气温/℃</td></tr>
<tr><td>≥−10</td><td>−11～−15</td><td>−16～−20</td><td>−21～−25</td></tr>
<tr><td colspan="2" rowspan="2">单掺氯化钠/%</td><td>砌砖、砌块</td><td>3</td><td>5</td><td>7</td><td>—</td></tr>
<tr><td>砌石</td><td>4</td><td>7</td><td>10</td><td>—</td></tr>
<tr><td rowspan="2">复盐/%</td><td>氯化钠</td><td rowspan="2">砌砖、砌块</td><td>—</td><td>—</td><td>5</td><td>7</td></tr>
<tr><td>氯化钙</td><td>—</td><td>—</td><td>2</td><td>3</td></tr>
<tr><td colspan="7">注：氯盐以无水盐计，掺量为拌和用水质量百分比。</td></tr>
</table>

③作用原理。砌筑砂浆中掺入的盐分降低了砂浆中水的冰点，使水保持液态，从而使水化反应能在一定负温下继续进行，砂浆强度则继续缓慢增长，直至硬化。砌块表面不会因立即结冰形成冰膜，可保证砂浆与砌体之间能较好地粘结形成一个整体，提高了整个砌体的强度。这种方法工艺上简便、费用低、技术可靠，而且盐类外加剂易于获得，是砌筑工程在冬期施工中常采用的方法。

由于氯盐砂浆吸湿性较大，砌体表面会产生盐析现象。掺盐法拌制的砌筑砂浆，其掺盐量应视当天或当时气温而定。不同的负温条件，其掺盐量应有不同的要求。如果砂浆中氯盐掺量过少，则起不到抗冻效果或防冻效果不佳，多余的水分会冻结，即砂浆内可能会出现大量冻结水晶体，造成砂浆中水泥的水化反应极其缓慢，降低砂浆的早期强度，从而影响砌体质量。如果氯盐掺量过多，如大于用水量的 10%，会引起砌筑砂浆的后期强度显著降低。同时，氯盐含量大而导致的严重盐析现象，增大了砌体的吸湿性，降低了砌体的保温性能。在配筋砌体或设有预埋铁件的砌体中，氯盐对铁件易产生腐蚀。因此，对砌体中配置的钢筋及预埋铁件应进行防腐处理。

④适用范围。规范规定，在实际运用中，下列情况不得采用掺氯盐的砂浆：

a. 对可能影响装饰效果的建筑物。

b. 使用湿度大于 80%的建筑物。

c. 热工要求高的工程。

d. 配筋、铁埋件无可靠的防腐处理措施的砌体。

e. 接近高压电线的建筑物。

f. 经常处于地下水位变化范围内，而又无防水措施的砌体。

g. 经常受 40 ℃以上高温影响的建筑物。

⑤注意事项。砌筑时砂浆温度不应低于 5 ℃。当设计无要求且最低气温等于或低于 −15 ℃时，砌筑承重砌体砂浆强度等级应按常温施工提高 1 级；采用氯盐砂浆时，砌体中配置的钢筋及预埋铁件应预先做好防腐处理。砌体采用氯盐砂浆施工时，每日砌筑高度不宜超过 1.2 m，墙体留置的洞口距离交接墙处不应小于 50 cm。

2)冻结法。

①概念。冻结法是指采用不掺加任何抗冻外加剂的普通水泥砂浆或混合砂浆进行施工砌筑的一种冬期施工方法。

②作用原理。冻结法施工的砖石砌体，砂浆冻结后仍留有较大的冻结强度，且能随气温的降低而逐步提高。当气温升高而使砌体解冻时，砂浆强度仍等于冻结前的强度，因而可保证砌体在解冻期间的稳定和安全；当气温由负温转入正温后，水泥水化作用又重新进

行，砂浆的强度随着气温的升高而开始增长。冻结法施工时，可根据气温情况，适当提高砂浆强度等级1～2级。

当设计无要求且日最低气温高于－25 ℃时，砌筑承重砌体砂浆强度等级应较常温施工提高1级；当日最低气温等于或低于－25 ℃时，应提高2级。砂浆强度等级不得低于M2.5，对于重要结构，其等级不得低于M5。采用冻结法施工的砌体，在解冻期内应制定观测加固措施，并应保证强度、稳定性和均匀沉降量等满足相关要求。在验算解冻期的砌体强度和稳定性时，可按砂浆强度为零进行计算。

③适用范围。采用冻结法施工的砂浆砌体砌筑，一般要经过冻结、融化及硬化三个阶段，这就会不可避免地造成砌筑砂浆的强度、砂浆与砌体之间的粘结力不同程度的损失。特别是在砌体的融化阶段，砂浆强度接近于零，重力作用下，砌体结构的变形幅度和沉降量会增大，与常温状态下相比增大幅度为10%～20%。某些砌体由于自身的结构特点或受力状态等原因，采用冻结法施工时，稳定性更差，如果采用加固措施，也比较复杂，且难以保证安全可靠。因此，规范规定，以下砌体工程不允许采用冻结法施工：

a. 空斗墙。

b. 毛石砌体。

c. 砖薄壳、双曲砖拱、筒式拱及承受侧压力的砌体。

d. 在解冻期间可能受到振动或其他动力荷载的砌体。

e. 在解冻时，砌体不允许产生沉降的结构。

④冻结法的施工工艺。采用冻结法施工时，应严格遵循"三一"砌筑方法。组砌方式一般采用"一顺一丁"。每面墙在其长度内应同时连续施工，不得间断。对外墙转角处和内外墙交接处，更应精心砌筑，注意砌体水平灰缝的厚度和砂浆的饱满度。

冻结法宜采用水平分段施工，一般墙体在一个施工段范围内，每砌筑至一个施工层的高度时，施工不得间断。对不设沉降缝的砌体，分段处两边的高度差不得大于4 m。每天的砌筑高度和临时间断处的高度差不得大于1.2 m，砌体的水平灰缝宜控制在10 mm以内，但也不得小于8 mm。

砌体解冻时，砌筑砂浆的强度接近于零。此时砌体结构增大变形幅度和沉降量，在施工中应经常检查砌体的垂直度和平整度，如发现偏差应及时纠正。凡5皮砖以上的砌体发生倾斜时，不得采取敲、砸等方法来矫正，而必须拆除重砌。同时，在构造上应采取如下措施：

a. 在楼板水平面上，墙体的拐角处、交接处和交叉处应配置拉结钢筋，并按墙厚计算，每120 mm宽设一根Φ6钢筋，其伸入相邻墙内的长度不得小于1 m，拉结钢筋的末端应设弯钩。

b. 每一楼层砌体砌筑完毕后，应及时吊装或浇制梁、板、柱混凝土，并应适当采取锚固措施。

c. 采用冻结法砌筑的墙体，与已经沉降的墙体的交接处，应留置沉降缝。

在解冻期间，应注重对所砌筑的砌体进行观测。特别是注意多层房屋下层的柱和窗间墙，梁端支承处，墙交接处和过梁横板支承处等地方。此外，还必须观测砌体沉降的大小、方向和均匀性，砌体灰缝内砂浆的硬化情况等。观测一般需15 d左右，并做好记录。

3)暖棚法。暖棚法适用于地下工程、基础工程以及工期紧迫的砌体结构，当采用暖棚法施工时，块体和砂浆在砌筑时的温度不应低于5 ℃，距离所砌结构底面0.5 m处的棚内温度也不应低于5 ℃，并应符合表2.1.8的规定。

表 2.1.8 暖棚法施工时的砌体养护时间

暖棚内的温度/℃	5	10	15	20
养护时间/d	≥6	≥5	≥4	≥3

2.1.6.2 砌筑工程雨期施工

1. 砌筑工程雨期施工的主要问题及特点

砌筑工程雨期施工主要是要解决防雨淋、防台风等方面的问题，雨期施工具有以下特点：

(1)雨期施工的开始具有突然性。由于暴雨、台风、海啸、山洪等恶劣气候往往不期而至，需要及早进行雨期施工的准备和采取防范措施。

(2)雨期施工带有突击性。由于雨水对建筑结构和地基基础的冲刷或浸泡有严重的破坏性，必须迅速、及时地防护，避免造成损失。

(3)雨期往往持续时间长，阻碍了施工顺利进行，拖延了工期。如土方工程、基础工程、屋面防水工程等受影响明显，应事先有充分估计并做好合理安排。

因此，施工现场必须既要做好有效措施阻止场外水流入，又要具有临时排水系统规划，一旦有外水流入，要及时排出、排净。

2. 砌筑工程雨期施工的准备工作

(1)现场排水。施工现场的道路、设施必须做到排水通畅，尽量做到雨停水干。要防止地面水排入地下室、基础、地沟内。要做好边坡的处理，防止滑坡和塌方。

(2)原材料、成品、半成品的防雨。水泥应按“先收先发、后收后发”的原则，避免久存受潮硬化而影响水泥的活性。木制品(门、窗、模板等)和易受潮变形的成品、半成品等，应在防雨、防潮好的室内堆放。其他材料也应注意防雨及材料四周的防水。

(3)现场房屋、设备应根据施工总体布置，在雨期前做好排水防雨措施。

(4)预先备足施工现场排水需用的水泵及有关器材，准备适量的塑料布、油毡等现场必备的防雨材料，以备急用。

3. 砌筑工程雨期施工的施工要求

(1)一般要求。

1)在编制施工组织设计时，应根据项目所在地的季节性变化特点，编制好雨期施工要点，将不宜在雨期施工的分项工程提前或拖后安排。对工期紧而必须在雨期施工的工程，应制定具有针对性、有效的措施，进行突击施工。

2)合理进行施工安排，做到晴天抓紧室外工作，雨天安排室内工作，尽量缩小雨天室外作业时间和减小室外工作面。

3)密切注意当地的气象预报，做好防雨、防台风、防汛等方面的准备工作，并在必要时对在建工程及时采取加固措施。

4)做好现场施工机具及建筑材料(如水泥、木材、模板等)的防雨、防潮工作。

(2)雨期施工中的注意事项。

1)雨期用砖不宜再洒水湿润，砌筑时湿度较大的砌块不可上墙，以免因砖过湿引起砂浆流淌和砖块滑移造成墙体倒塌。每日砌筑高度不宜超过 1.2 m。

2)砌体施工如遇大雨必须停工，并在砖墙顶面及时铺设一层干砖，以防雨水冲走灰缝中的砂浆。雨后砌筑受雨冲刷的墙体时，应翻砌最上面的 2 皮砖。

3)稳定性较差的窗间墙、山尖墙、砖柱等部位，当砌筑到一定高度时，应在砌体顶部及时浇筑圈梁或加设临时支撑，以便防风、防雨，增强墙体的整体性、稳定性。

4)砌体施工时，纵墙、横墙最好同时砌筑，雨后要及时检查墙体的质量。

5)雨水浸泡会引起回填土方的下沉，进而影响到脚手架底座的倾斜或下陷，因此，停工期间和复工后均应经常检查，发现问题及时处理，采取有效的加固措施，防止事故发生。

(3)雨期施工期间机械防雨和防雷设施。

1)施工现场所使用的机械均应设棚保护，保护棚搭设要牢固，防止倒塌、漏雨。机电设备要有相应必要的防雨、防淹措施和接地安全保护装置。机动电闸的漏电保护装置要可靠、实用。

2)雨期为防止雷击造成事故，在施工现场，凡高出建筑物的龙门吊、塔式起重机、人货电梯、钢脚手架等均必须安设防雷装置。

任务 2.2 工程开工

工程开工是砌体结构工程施工组织的一个重要标志性的阶段，它既是对此前整个施工准备工作的总结，也预示着“施工过程”即将启动。此阶段包含两方面工作：一是编好施工准备工作计划；二是书写开工报告并向监理人员报送工程开工报审表及相关资料。

2.2.1 编制施工准备工作计划

编好施工准备工作计划，对于提高施工准备工作效率十分重要。准备计划中所罗列的各项工作，无论是原始资料的准备、技术资料的准备，还是资源准备、施工现场准备及施工季节性准备，每一项工作的方方面面，都对工程顺利开工产生深刻的影响，它们相互作用、相互支持，互为前提、条件。例如，原始条件中气象资料的掌握，对季节性施工的影响；再如现场准备中“通路”对资源准备中物资材料进场的影响等。

施工准备工作计划由项目经理部编制，将各项施工准备工作的内容、起止时间、责任人、配合单位等信息汇于其中，为的是加强检查、监督，落实施工准备工作的进展，确保工程顺利开工。施工准备工作计划见表 2.2.1。

表 2.2.1 施工准备工作计划

序号	施工准备工作	简要内容	要求	负责单位	负责人	配合单位	起止时间		备注
							月 日	月 日	

2.2.2 开工报审及报审资料

开工前还有一项重要工作，是配合监理人员做好施工准备阶段的工程监理工作。施工管理人员认真组织开工报审活动和准备相关资料，呈报总监理工程师，由总监理工程师组织专业监理工程师审查并提出审查意见，审核、签认后报送建设单位。这些资料包括：施工组织设计(方案)报审表；质量管理体系、技术管理体系、质量保证体系的有关资料；分包信息资料；测量成果报验申请表。现分别介绍如下。

2.2.2.1 施工组织设计(方案)报审表

《建筑工程监理规范》(GB/T 50319—2013)(以下简称《监理规范》)提供施工组织设计(方案)报审表，表格形式见表 2.2.2。不同地区类似报审表形式略有不同，某地区施工组织设计、施工方案审核表见表 2.2.3。

表 2.2.2 施工组织设计/(专项)施工方案报审表

工程名称：　　　　　　　　　　　　　　　　　　　　　　　　编号：

致：______________　　　　　　　　　　　　(项目监理机构) 我方已完成______________工程施工组织设计/(专项)施工方案的编制审批，请予以审查。 附件：□施工组织设计 □专项施工方案 □施工方案 施工项目经理部(盖章) 项目经理(签字) 年　月　日
审查意见： 专业监理工程师(签字) 年　月　日
审核意见： 项目监理机构(盖章) 总监理工程师(签字、加盖执业印章) 年　月　日
审批意见(仅对超过一定规模的危险性极大的分部分项工程专项施工方案)。 建设单位(盖章) 建设单位代表(签字) 年　月　日

表 2.2.3　施工组织设计、施工方案审核表

<table>
<tr><td>工程名称</td><td colspan="2"></td><td>日期</td><td></td></tr>
<tr><td colspan="5">现报上下表中的技术管理文件，请予以审核</td></tr>
<tr><td>类　别</td><td>编制人</td><td>审核人</td><td>册　数</td><td>页　数</td></tr>
<tr><td>施工组织设计</td><td></td><td></td><td></td><td></td></tr>
<tr><td>施工方案</td><td></td><td></td><td></td><td></td></tr>
<tr><td colspan="5">申报简述：

申报部门(分包单位或项目部)：　　　　　　　　申报人：</td></tr>
<tr><td colspan="5">总承包单位审核意见：

□有　　　　□无　　　附页

总承包单位名称：　　　　　　审核人：　　　　　　审核日期：　　年　月　日</td></tr>
<tr><td colspan="5">监理单位(建设单位)审批意见：

审批结论：　□同意　□修改后报　□重新编制

审批部门(单位)：　　　　　审批人：　　　　　审批日期：　　年　月　日</td></tr>
<tr><td colspan="5">注：附施工方案。</td></tr>
</table>

2.2.2.2　质量管理体系、技术管理体系、质量保证体系的有关资料

针对质量管理体系、技术管理体系、质量保证体系，呈报及说明的内容是：

(1)质量管理、技术管理、质量保证的组织机构。

(2)质量管理、技术管理的制度。

(3)专职管理人员和特种作业人员的资格证、上岗证。

2.2.2.3　分包信息资料

分包信息资料，由分包单位于工程开工前呈报监理工作人员，呈报及说明的内容是：

(1)分包单位营业执照、企业资质等级证书、特殊行业施工许可证、国外(境外)企业在国内承包工程许可证。

(2)分包单位业绩。

(3)拟分包工程的内容和范围。

(4)专职管理人员和特种作业人员的资格证、上岗证。

2.2.2.4 施工控制测量成果报验申请表

关于施工控制测量成果报验申请表，需呈报及说明的内容是：

(1)专职测量人员岗位证书及测量设备检定证书。

(2)控制桩的校核成果，控制桩的保护措施，平面控制网、高程控制网和临时水准点的测量成果。施工控制测量成果报验申请表，见表 2.2.4。

表 2.2.4 ________________报验申请表

工程名称：　　　　　　　　　　　　　　　　　　　　　　　　　编号：

致：______________________________(监理单位) 我单位已完成了________________工作，现报上该工程报验申请表，请予以审查和验收。 附件：1. 施工控制测量依据资料。 2. 施工控制测量成果表。 承包单位(公章)：__________ 项目经理：__________ 日　期：__________
审查意见： 项目监理机构：__________ 总/专业监理工程师：__________ 日　期：__________

2.2.3 开工报告与第一次工地例会

2.2.3.1 开工条件

专业监理工程师在审核施工单位报送的上述报审表及相关资料之后，如果认定已具备开工条件，则由总监理工程师签发，并报建设单位。开工条件如下：

(1)施工许可证已获政府主管部门批准。

(2)征地拆迁工作能满足工程进度的需要。

(3)施工组织设计已获总监理工程师批准。

(4)承包单位现场管理人员已到位，机具、施工人员已进场，主要工程材料已落实。

(5)进场道路及水、电、通信等已满足开工要求。

2.2.3.2 开工报告

施工单位具备开工条件后，施工管理人员书写开工报审表(《监理规范》提供格式见表 2.2.5)并填写开工报告表，不同地区开工报告形式略有不同，见表 2.2.6 和表 2.2.7。该报告一是报上级主管部门审批，二是呈报监理工程师。监理工程师审批通过后，由总监理工程师签发开工通知书，要在规定时间正式开工，不得延误。

表 2.2.5　工程开工/复工报审表

工程名称：　　　　　　　　　　　　　　　　　　　　　　　　　　　　编号：

致：____(项目监理机构)

编号为________《工程暂停令》所停工的________部位(工序)已满足复工条件，我方申请于____年____月____日复工，请予以审批。

附：证明文件资料

施工项目经理部(盖章)
项目经理(签字)
年　月　日

审核意见：

项目监理机构(盖章)
总监理工程师(签字)
年　月　日

审批意见：

建设单位(盖章)
建设单位代表(签字)
年　月　日

表 2.2.6　开工报告

编号：

<table>
<tr><td>工程名称</td><td></td><td>建设单位</td><td></td><td>设计单位</td><td></td><td>施工单位</td><td></td></tr>
<tr><td>工程地点</td><td></td><td>结构类型</td><td></td><td>建筑面积</td><td></td><td>层数</td><td></td></tr>
<tr><td>工程批准文号</td><td colspan="2"></td><td rowspan="7">施工准备工作情况</td><td colspan="2">施工许可证办理情况</td><td colspan="2"></td></tr>
<tr><td>预算造价</td><td colspan="2"></td><td colspan="2">施工图纸会审情况</td><td colspan="2"></td></tr>
<tr><td>计划开工日期</td><td colspan="2">年　月　日</td><td colspan="2">主要物资准备情况</td><td colspan="2"></td></tr>
<tr><td>计划竣工日期</td><td colspan="2">年　月　日</td><td colspan="2">施工组织设计编审情况</td><td colspan="2"></td></tr>
<tr><td>实际开工日期</td><td colspan="2">年　月　日</td><td colspan="2">七通一平情况</td><td colspan="2"></td></tr>
<tr><td>合同工期</td><td colspan="2"></td><td colspan="2">工程预算编审情况</td><td colspan="2"></td></tr>
<tr><td>合同编号</td><td colspan="2"></td><td colspan="2">施工队伍进场</td><td colspan="2"></td></tr>
<tr><td rowspan="2">审核意见</td><td colspan="2">建设单位</td><td colspan="2">监理单位</td><td colspan="2">施工企业</td><td>施工单位</td></tr>
<tr><td colspan="2">负责人(公章)
年　月　日</td><td colspan="2">负责人(公章)
年　月　日</td><td colspan="2">负责人(公章)
年　月　日</td><td>负责人(公章)
年　月　日</td></tr>
</table>

表 2.2.7　开工报告

建设单位：

<table>
<tr><td>工程名称</td><td colspan="3"></td><td>工程地点</td><td colspan="3"></td></tr>
<tr><td>施工单位</td><td colspan="3"></td><td>监理单位</td><td colspan="3"></td></tr>
<tr><td>建筑面积</td><td>m²</td><td>结构层数</td><td>层</td><td>中标价格</td><td>万元</td><td>承包方式</td><td></td></tr>
<tr><td>定额工期</td><td>天</td><td>计划开工日期</td><td>年　月　日</td><td>计划竣工日期</td><td></td><td>合同编号</td><td></td></tr>
<tr><td>说明</td><td colspan="7"></td></tr>
<tr><td colspan="8">上述准备工作已经就绪，定于＿＿＿＿＿＿＿＿正式开工，希望监理(建设)单位于＿＿＿＿＿＿＿＿前进行审核，特此报告。

施工单位：

项目经理：　　　　　　　　　　　　　　　　（公章）
年　月　日</td></tr>
<tr><td colspan="8">审核意见：

总监理工程师(建设单位项目负责人)：　　　　　　（公章）
年　月　日</td></tr>
</table>

2.2.3.3　第一次工地例会

施工单位收到开工通知书，标志着施工准备工作的完成和施工过程的启动。在工程项目正式开工前，由建设单位主持召开第一次工地会议，此后工地例会纳入正规施工过程中，由总监理工程师定期主持召开。第一次工地例会包括内容如下：

(1)建设单位、承包单位和监理单位分别介绍各自驻现场的组织机构、人员及分工。

(2)建设单位根据委托监理合同宣布对总监理工程师的授权。

(3)建设单位介绍施工准备情况。

(4)承包单位介绍施工准备情况。

(5)建设单位和总监理工程师对施工准备情况提出意见和要求。

(6)总监理工程师介绍监理规划的主要内容。

(7)研究确定各方在施工过程中参加工地例会的主要人员召开工地例会的周期、地点及主要议题。

第一次工地例会由监理人员起草，与会各方代表会签。工地例会非常重要，应于工地现场定期召开，必要时还可召开专题会议，详见以下特别提示。

特别提示

在施工过程中，总监理工程师应定期主持召开工地例会。会议纪要应由项目监理机构负责起草，并经与会各方代表会签。

工地例会应包括以下主要内容：

(1)检查上次例会议定事项的落实情况，分析未完事项原因；

(2)检查分析工程项目进度计划完成情况，提出下一阶段进度目标及其落实措施；

(3)检查分析工程项目质量状况，针对存在的质量问题提出改进措施；

(4)检查工程量及核定工程款支付情况；

(5)解决需要协调的有关事项；

(6)其他有关事宜。

总监理工程师或专业监理工程师应根据需要及时组织专题会议，解决工程中的各种专项问题。

知识链接

在“第3单元，任务3.2情境教学，3.2.2工地例会观察与情境模拟”中，从学生综合实践要求出发，对施工现场工地例会的工作内容及开展有较为完整的阐述。

任务2.3 施工过程的形成与验收交工

任务导入

砌体房屋的施工内容包括土方开挖、基础施工、土方回填、墙体砌筑、构造柱、圈梁、楼盖屋面及室内外装饰装修等，相应分部工程为：土方与地基基础、主体结构、屋面、室内外装饰装修及室外工程等。以砖混结构为例，一栋砌体房屋完整的形成过程是：定位放线→设置龙门桩(龙门板)→基坑(槽)开挖边缘放线→土方开挖→地基施工→混凝土垫层浇筑→基础放线→基础施工及地下设备管道铺设→土方回填→找平及放线→构造柱钢筋安装及摆干砖→立皮数杆→盘角及挂线→墙体砌筑→外墙脚手架搭设→构造柱支模→楼面梁、板支模→构造柱混凝土浇筑→楼面梁板钢筋安装、楼面预埋管道与预埋件敷设→楼面混凝土浇筑、养护→(进入墙体砌筑到楼面混凝土浇筑的循环……)→屋面混凝土浇筑→(室内外装修→屋面防水→门窗工程→室内安装工程→室外工程)→验收交工。

本任务将全面展开介绍“土方与地基基础”和“主体结构”两个分部工程，前者包括“土方”和“地基基础”，后者包括“墙体砌筑”和“钢筋混凝土(现浇)楼板”，共四个方面的内容。以砖砌体结构为例，诠释一个较为完整的砌体房屋的施工组织和技术的实施过程。重点是主体结构工程中的“墙体砌筑”，而“土方”“基础施工”和“钢筋混凝土(现浇)楼板”三方面则是突出施工组织的连续性和完整性，并大大简化了施工技术细节。在关键环节上，将以同步推进的方式简要介绍工程建设监理工作的开展。

2.3.1 土方与地基基础

土方与地基基础的施工，按照施工组织设计中已获批准的施工方案展开，详见以下的监理提示。以浅基坑(槽)为例，土(石)方和地基基础施工大致顺序是：土方开挖→垫层浇筑→基础施工→土方回填。在分段流水施工中，地基完工验收后应立即施工垫层，以避免地基浸水或暴晒，降低承载力；垫层达到一定强度后，管沟开挖和各种地下管道铺设应与基础施工相互配合、平行搭接推进；基础完工后回填土一次性分层、对称夯实，杜绝基础被雨水浸泡。

土(石)方和地基基础的施工方法：首先，确定挖土、排水、石方开凿或爆破的方法，按施工进度要求分区段决定作业人员及数量，所用机械型号、数量，土方施工机械行驶方向、路线；其次，确定土(石)方运输路线、方式，机械车辆型号、数量，选择土方回填方法、压实要求及机具；最后，还要确定地基处理方法相应的材料与设备、机具。

监理提示

在施工过程中，当承包单位对已批准的施工组织设计进行调整、补充或变动时，应经专业监理工程师审查，并由总监理工程师签认。

"土方与地基基础"的形成过程是：定位放线→设置龙门桩(龙门板)→基坑(槽)开挖边缘放线→土方开挖→地基施工→混凝土垫层浇筑→基础放线→基础施工及地下设备管道铺设→土方回填→[进入一层墙体砌筑：找平(防潮层施工)、放线……]。

2.3.1.1 定位放线

建筑总平面图上都会根据规划要求，清晰地标注拟建工程在施工现场的位置。定位放线工作是以规划部门提供的并由当地测绘部门业已完成的现场附近的坐标点和水准点为依据，将拟建建筑物坐落在施工现场的正确位置上。

测量定位以后，在拟建建筑物控制点上设置定位木桩。如果没有统一规划坐标点和水准点，经有关部门认可，也可通过提供与现场原有建筑或其他原有稳固标志物的相对水平距离和竖向垂直距离，实现拟建建筑物的定位放线。工程定位测量放线记录汇总表见表2.3.1，工程定位测量记录表见表2.3.2。

表2.3.1 工程定位测量放线记录汇总表

工程名称			
序号	内容	定位测量放线日期	备注
1			
2			
3			
⋮			
注：定位、测量放线记录附后。 项目(专业)技术负责人：　　　　项目质检员：			

表 2.3.2　工程定位测量记录

<table>
<tr><td colspan="2">工程名称</td><td colspan="2"></td><td>委托单位</td><td></td></tr>
<tr><td colspan="2">图纸编号</td><td colspan="2"></td><td>施测日期</td><td></td></tr>
<tr><td colspan="2">平面坐标依据</td><td colspan="2"></td><td>复测日期</td><td></td></tr>
<tr><td colspan="2">高程依据</td><td colspan="2"></td><td>使用仪器</td><td></td></tr>
<tr><td colspan="2">允许误差</td><td colspan="2"></td><td>仪器校验日期</td><td></td></tr>
<tr><td colspan="6">定位抄测示意图：</td></tr>
<tr><td colspan="6">复测结果：</td></tr>
<tr><td rowspan="3">签字栏</td><td rowspan="2">建设(监理)单位</td><td>施工(测量)单位</td><td></td><td>测量人员岗位证书号</td><td></td></tr>
<tr><td>专业技术负责人</td><td>测量负责人</td><td>复测人</td><td>施测人</td></tr>
<tr><td></td><td></td><td></td><td></td><td></td></tr>
</table>

2.3.1.2　设置龙门桩(龙门板)

施工初始阶段，无论是基坑(槽)的开挖还是基础的施工都离不开测量定位，为了随时快速、准确地索引到定点水平位置和纵向控制标高，要将定位标志提前从定位木桩转移到基坑(槽)边缘以外约 2 m 处的龙门桩或龙门板上。龙门桩或龙门板是打在基坑(槽)附近的专用定位标志。

在每根建筑轴线的两端，分别用两根 2 m 长的钢管打入土中，露出部分要高于±0.000 并在此部位加设连接横杆以突出标示±0.000 标高，同时在横杆上做红油漆倒三角形标记，下角顶部对准轴线位置。龙门板也可用木板制作。如果轴线超长，应适当增设龙门桩。

2.3.1.3　基坑(槽)开挖边缘放线

基础各式各样，从埋置深度看，可分为深基础和浅基础。深基础有桩基础、箱形基础等；浅基础从形式看，有条形基础、独立基础、柱下条形或井字梁基础、筏形基础等。基础的形式决定着基坑(槽)开挖的空间形状，如条形基础对应条形基槽，独立基础对应基坑，筏形基础对应大基坑，箱形基础对应深基坑。

以浅基础基坑(槽)开挖为例，其边缘线一般沿建筑轴线走向分布，定位主要取决于基础尺寸、埋深和基础施工操作面及边坡坡度。

(一)直壁边缘

在不宜超过下列深度的情况下，挖方边可做直壁：

(1)密实、中密的砂土及碎石类土(填充物为砂土)；　1.0 m

(2)硬塑、可塑的粉土及粉质黏土；　　1.25 m

(3)硬塑、可塑的黏土及砾石土(填充物为黏土)；　　1.5 m

(4)坚硬的黏土。　　2.0 m

(二)放边坡

当超过上述深度规定时，应考虑做直壁加支撑或放边坡。边坡坡度＝$H/B=1/m$(m 为边坡系数)，如图 2.3.1 所示。确定边坡坡度大小，主要考虑土质、开挖深度、边坡留置时间长短、边坡附近荷载和边坡排水情况等因素。土的黏性越大，土的坡度越大(陡)。基坑(槽)边缘按实际工作需要留出操作面，一般不小于 300 mm。开挖后，为减轻地基扰动、雨水浸湿及阳光暴晒等不利现象，应尽快进行基底验槽，以便提早施工垫层。深基础施工时间通常在 20 d 甚至更多天，所以针对大型基础的深基坑，在基底四周混凝土基础垫层边缘往外 300 mm 处要预留出排水沟空间，一般不小于 300 mm。相关规范规定的有关临时性挖方边坡值见表 2.3.3。

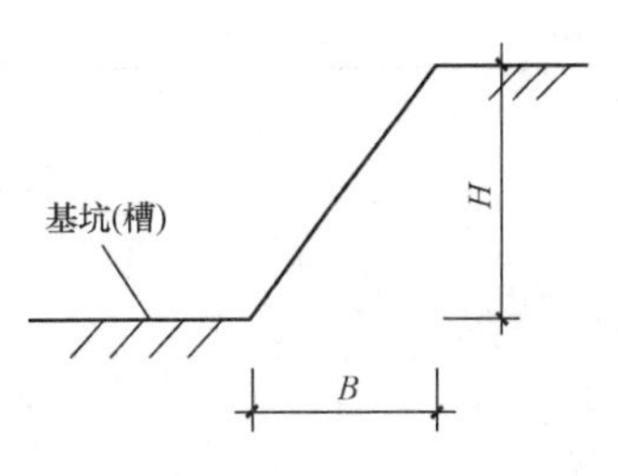

图 2.3.1　边坡示意

表 2.3.3　临时性挖方边坡值

土的类别		边坡值(高：宽)
砂土(不包括细砂、粉砂)		1：1.25～1：1.50
一般性黏土	硬	1：0.75～1：1.00
	硬、塑	1：1.00～1：1.25
	软	1：1.50 或更缓
碎石类土	充填坚硬、硬塑黏性土	1：0.50～1：1.00
	充填砂土	1：1.00～1：1.50

注：(1)设计有要求时，应符合设计标准；
(2)如采用降水或其他加固措施，可不受本表限制，但应计算复核；
(3)一次开挖深度，对软土不应超过 4 m，对硬土不应超过 8 m。

1. 基槽放线

对照基础结构平面图，将外墙轴线的端点测在基槽边缘 0.5～1.0 m 处，设置木桩，在桩顶打铁钉，铁钉拉线即为轴线走向。然后，将各开间、进深所有轴线一一测出；接着，根据基础边缘距轴线的距离再考虑边坡坡度、基础操作面等因素，定出基槽开挖边缘线，撒石灰以作标志。

2. 基坑放线

对照基础结构平面图，以经纬仪在矩形控制网上测定独立基础中心线的端点，每个基坑测打四个定位桩，布置在坑边 0.5～1.0 m，邻近基础可共用定位桩，桩距不宜超过 20 m。木桩顶可打钉以标明中心线，通过四桩桩顶的铁钉拉线，求得基础中心点、中心线。接着，根据基础边缘距轴线的宽度考虑边坡坡度、基础操作面等因素，定出基坑开挖边缘线，撒石灰以作标志。

做好基坑(槽)放线记录，见表 2.3.4，放线结束后组织验线。测量放线工作，既是多数施工操作的先导，又贯穿于施工全过程中，施工人员应向监理工作人员及时报送测量报验申请表，详见以下的监理提示。

项目监理机构应对承包单位在施工过程中报送的施工测量放线成果进行复验和确认。

表 2.3.4　基槽验线记录

<table>
<tr><td colspan="2">工程名称</td><td colspan="2"></td><td>日期</td><td></td></tr>
<tr><td colspan="2">放线部位</td><td colspan="2"></td><td>放线内容</td><td></td></tr>
<tr><td colspan="6">验线依据及内容：</td></tr>
<tr><td colspan="6">基槽平面、剖面简图：</td></tr>
<tr><td colspan="6">检查意见：</td></tr>
<tr><td rowspan="3">签字栏</td><td rowspan="2">建设(监理)单位</td><td colspan="4">施工单位</td></tr>
<tr><td>专业技术负责人</td><td colspan="2">专业质检员</td><td>施测人</td></tr>
<tr><td></td><td></td><td colspan="2"></td><td></td></tr>
</table>

2.3.1.4　土方开挖

土方开挖前，应做好现场必要的排水、降水工作，检查定位放线，并合理安排好土方运输车辆的行走路线及弃土场。施工过程中，应检查开挖平面的开挖位置、水平标高、边坡坡度、压实度、排水，降低地下水位系统，并随时观察周围的环境变化。

如前所述，开挖后为减轻地基扰动、雨水浸湿及阳光暴晒等不利现象，应尽快进行基底验槽，以便提早进行垫层施工。整体基坑开挖好后，为了防止基地土(尤其是软土)受到扰动，挖土时在基底标高以上留 150～300 mm 厚土层，待施工前及时挖去；如果使用机械挖方，则该范围保留 200～300 mm 厚土层，待施工前通过人工修整铲平。

施工质量验收

土方开挖施工质量验收执行《建筑地基工程施工质量验收标准》(GB 50202—2018)第 9.2 节的规定。其中，有关临时性挖方边坡值见表 2.3.3，土方开挖质量检验标准中“主控项目”和“一般项目”包含于表 2.3.5 中。由施工人员填写土方开挖工程检验批质量验收记录表，在监理工程师(建设单位项目技术负责人)组织下，完成土方开挖质量验收工作。

表 2.3.5　土方开挖工程检验批质量验收记录

<table>
<tr><td colspan="3">单位(子单位)工程名称</td><td colspan="16"></td></tr>
<tr><td colspan="3">分部(子分部)工程名称</td><td colspan="9"></td><td colspan="6">验收部位</td><td></td></tr>
<tr><td colspan="3">施工单位</td><td colspan="9"></td><td colspan="6">项目经理</td><td></td></tr>
<tr><td colspan="3">分包单位</td><td colspan="9"></td><td colspan="6">分包项目经理</td><td></td></tr>
<tr><td colspan="3">施工执行标准名称及编号</td><td colspan="16"></td></tr>
<tr><td colspan="8">施工质量验收规范的规定</td><td colspan="10" rowspan="3">施工单位检查评定记录</td><td rowspan="5">监理(建设)单位验收记录</td></tr>
<tr><td colspan="3" rowspan="4">项　　目</td><td colspan="5">允许偏差或允许值/mm</td></tr>
<tr><td rowspan="3">柱基基坑(槽)</td><td colspan="2">挖方场地平整</td><td rowspan="3">管沟</td><td rowspan="3">地(路)面基层</td></tr>
<tr><td>人工</td><td>机械</td><td rowspan="2">1</td><td rowspan="2">2</td><td rowspan="2">3</td><td rowspan="2">4</td><td rowspan="2">5</td><td rowspan="2">6</td><td rowspan="2">7</td><td rowspan="2">8</td><td rowspan="2">9</td><td rowspan="2">10</td></tr>
<tr><td></td><td></td></tr>
<tr><td rowspan="3">主控项目</td><td>1</td><td>标高</td><td>−50</td><td>±30</td><td>±50</td><td>−50</td><td>−50</td><td></td><td></td><td></td><td></td><td></td><td></td><td></td><td></td><td></td><td></td><td rowspan="3"></td></tr>
<tr><td>2</td><td>长度、宽度(由设计中心线向两边量)</td><td>+200
−50</td><td>+300
−100</td><td>+500
−150</td><td>+100
−0</td><td></td><td></td><td></td><td></td><td></td><td></td><td></td><td></td><td></td><td></td><td></td></tr>
<tr><td>3</td><td>坡率</td><td colspan="5">符合设计要求</td><td></td><td></td><td></td><td></td><td></td><td></td><td></td><td></td><td></td><td></td></tr>
<tr><td rowspan="2">一般项目</td><td>1</td><td>表面平整度</td><td>±20</td><td>±20</td><td>±50</td><td>±20</td><td>±20</td><td></td><td></td><td></td><td></td><td></td><td></td><td></td><td></td><td></td><td></td><td rowspan="2"></td></tr>
<tr><td>2</td><td>基底土性</td><td colspan="5">按设计要求</td><td></td><td></td><td></td><td></td><td></td><td></td><td></td><td></td><td></td><td></td></tr>
<tr><td colspan="3" rowspan="2">施工单位检查评定结果</td><td colspan="2">专业工长(施工员)</td><td colspan="8"></td><td colspan="5">施工班组长</td><td></td></tr>
<tr><td colspan="16">项目专业质量检查员：　　　　　　　　　　　　年　月　日</td></tr>
<tr><td colspan="3">监理(建设)单位验收结论</td><td colspan="16">专业监理工程师：
(建设单位项目专业技术负责人)：　　　　　　　　　　　　年　月　日</td></tr>
<tr><td colspan="19">注：地(路)面基层的偏差只适用于直接在挖、填方上做地(路)面的基层。</td></tr>
</table>

2.3.1.5　地基施工

土方开挖至设计标高后，及时清理基底并进行地基钎探，整理验收资料并呈送给监理工程师，认可后邀请设计、地质勘探部门等各方有关专业人员进行地基验槽工作。以天然地基上设置浅基础为例，下面从钎探、验槽、地基处理等方面对地基施工予以介绍。

1. 做好钎探工作

钎探，是作业人员用铁锤把标有尺度的钢筋打入地基土深度 1.2～2.1 m，通过记录和比较人工击打锤数，来反映地基土层相对软硬分布状况的一种探测地基的方法，属于轻型动力触探地基的方法之一，工具简单、操作方便、效果显著，为多数勘察、设计单位所要求实施。地基钎探记录见表 2.3.6，钎探分布图应清晰地标明探点现场位置。探孔验槽后，应用粗砂填实。

表 2.3.6　地基钎探记录

工程名称							钎探日期	
套锤重			自由落距				钎径	
序号	各步锤击数							
	0～30 cm	30～60 cm	60～90 cm	90～120 cm	120～150 cm	150～180 cm	180～210 cm	备注
1								
2								
3								
…								
施工单位								
项目专业技术负责人		专业质检员			打钎人		记录人	
注：附钎探点布置图。								

2. 地基验槽

建设、施工、监理、设计、地质勘探等各方人员共同参与地基验槽工作，各方主要负责事宜详见以下的特别提示。现场巡查后，总监理工程师立即召开地基验收会议，如果各方认同地基符合设计及相关规范要求，则形成地基验槽记录会签。如果地基施工存在错误、偏差或工程现场安全疑虑及隐患，则制订相应措施限期整改。地基验槽检查记录表见表 2.3.7。

表 2.3.7　地基验槽检查记录

工程名称		验槽日期	
验槽部位			

依据：施工图纸（编号____）、设计变更、洽商及地基勘察报告（编号______________________________）及有关规范、规程。

验槽内容：

1. 基坑位置、平面尺寸。
2. 基槽开挖至勘察报告第__________层，持力层为__________层。
3. 基底绝对高程和相对标高____________________。
4. 土质情况____________________。

（附：□钎探记录及钎探点平面布置图）

5. 地下水位情况____________________。
6. 桩位置______、桩类型______、数量______，承载力满足设计要求。
7. 其他：____。

注：若建筑工程无桩基或人工支护，则相应在第 6 条填写处画“/”。

申报人：

检查意见：

检查结论：□无异常，可进行下道工序　　　　□需要地基处理

续表

<table>
<tr>
<td>施工单位</td>
<td>质量检查员：
项目技术
（专业）负责人：
项目经理：

年　月　日</td>
<td>监理（建设）单位</td>
<td>总监理工程师：
（建设单位项目专业
负责人）：

年　月　日</td>
<td>设计单位</td>
<td>项目（专业）负责人：

年　月　日</td>
<td>勘察单位</td>
<td>项目负责人：

年　月　日</td>
</tr>
</table>

特别提示

建设、施工、监理、设计、地质勘探等各方人员共同参与地基验槽工作。依据基础施工图、地质勘探报告及钎探记录等技术资料，各方管理及技术专业人员进行现场实地观察和分析，对地基工程状况做出判断。设计工程师侧重核查基坑（槽）平面位置、尺寸、基底标高是否符合设计要求，大致评估土质类别、地基承载力、压缩性等力学性能；地质勘探工程师侧重核查地基与地质勘察报告是否相符合。必要时，可在现场进行简易的实挖试探、实测试量。

《建筑地基工程施工质量验收标准》（GB 50202—2018）关于天然地基基础基坑（槽）的检验要点有以下规定：

（1）天然地基验槽应检验下列内容：根据勘察、设计文件核对基坑的位置、平面尺寸、坑底标高；根据勘察报告核对基坑底、坑边岩土体和地下水情况；检查空穴、古墓、古井、暗沟、防空掩体及地下埋设物的情况，并应查明其位置、深度和性状；检查基坑底土质的扰动情况以及扰动的范围和程度；检查基坑底土质受到冰冻、干裂、受水冲刷或浸泡等扰动情况，并应查明影响范围和深度。

（2）在进行直接观察时，可用袖珍式贯入仪或其他手段作为验槽辅助。

（3）天然地基验槽前应在基坑或基槽底普遍进行轻型动力触探检验，检验数据作为验槽依据。轻型动力触探应检查下列内容：地基持力层的强度和均匀性；浅埋软弱下卧层或浅埋突出硬层；浅埋的会影响地基承载力或基础稳定性的古井、墓穴和空洞等。

轻型动力触探宜采用机械自动化实施，检验完毕后，触探孔位处应灌砂填实。

（4）采用轻型动力触探进行基槽检验时，检验深度及间距应按表 2.3.8 执行。

表 2.3.8　轻型动力触探检验深度及间距

<table>
<tr><th>排列方式</th><th>基坑或基槽宽度/m</th><th>检验深度/m</th><th>检验间距</th></tr>
<tr><td>中心一排</td><td>＜0.8</td><td>1.2</td><td rowspan="3">一般 1.0～1.5 m，出现明显异常时，需加密至足够掌握异常边界</td></tr>
<tr><td>两排错开</td><td>0.8～2.0</td><td>1.5</td></tr>
<tr><td>梅花型</td><td>＞2.0</td><td>2.1</td></tr>
<tr><td colspan="4">注：对于设置有抗拔桩或抗拔锚杆的天然地基，轻型动力触探布点间距可根据抗拔桩或抗拔锚杆的布置进行适当调整；在土层分布均匀部位可只在抗拔桩或抗拔锚杆间距中心布点，对土层不太均匀部位以掌握土层不均匀情况为目的，参照上表间距布点。</td></tr>
</table>

3. 地基处理

如前所述，建筑物的所有荷载——恒荷载和各种活荷载，以内力的方式最终全部传递到地基上。地基的施工需满足规范及设计要求：一是具备足够的承载力；二是满足沉降限制要求。后者不仅仅是限制过大的沉降量，更重要的是使沉降量趋于一致，即最大限度地降低地基不均匀沉降。

地基处理方法包括换土地基、重锤夯实、强夯、振冲、砂桩挤密、深层搅拌、堆载预压和化学加固等。限于篇幅，在此仅对天然地基局部处理进行简单介绍。

(1)局部范围的判断与分析。根据钎探记录表和图，结合肉眼观察基底状况，将地基持力层范围内局部异常松软或特别坚硬的区域在工程现场清晰标出。如有必要可进行钎探探孔灌水，做进一步观察分析。这些局部异常表面下方可能存在松坑、土洞，甚至是枯井、墓穴等，特别坚硬则可能是遇到基岩、孤石或旧墙基、大树根等。如果处理不当，会造成地基不均匀沉降，从而引起上部结构墙体开裂甚至局部坍塌破坏。

(2)处理方法。如果涉及上述“异常”现象的区域不大，一般先将该范围内软土、杂物彻底挖除，局部岩石则凿开挖净，直至呈现天然原状土，将基坑(槽)底面修平，再将基坑(槽)边缘按 1∶2 放土台阶，最后准备填料并分层夯(振)实。回填选择与原状土压缩性相近的土料，如原状土为无黏性土，还可选用中粗砂或砾石土，分层振实；如原状土为黏土，则选择现场的天然土或另备灰土，根据硬度大小确定灰土比例，选择 1∶9、2∶8 或 3∶7。如果是基础坐落在局部硬层上，则以“硬改软”的原则将硬基岩等凿除或凿掉 0.3～0.5 m，回填中粗砂或土砂混合物形成“软垫”，以期调整土、岩交接边缘相对变形，克服地基不均匀沉降。

如前所述，地基处理的方法有多种，施工人员在施工过程中应认真做好地基处理记录，见表 2.3.9。

表 2.3.9　地基处理记录

<table>
<tr><td colspan="2">工程名称</td><td colspan="2"></td><td>日期</td><td></td></tr>
<tr><td colspan="6">处理依据及方式：</td></tr>
<tr><td colspan="6">处理部位及深度(或用简图表示)：
□有/□无　附页(图)</td></tr>
<tr><td colspan="6">处理过程及处理结果：</td></tr>
<tr><td colspan="6">检查意见：
年　月　日</td></tr>
<tr><td rowspan="4">签字栏</td><td rowspan="2">建设(监理)单位</td><td colspan="2">施工单位</td><td colspan="2"></td></tr>
<tr><td colspan="2">项目专业技术负责人</td><td>专业质检员</td><td>专业工长</td></tr>
<tr><td></td><td colspan="2"></td><td></td><td></td></tr>
<tr><td>设计单位</td><td colspan="2"></td><td>勘察单位</td><td></td></tr>
</table>

施工质量验收

监理工程师(建设单位项目技术负责人)组织施工人员进行地基工程检验批质量验收工作。在此，以灰土和砂石地基为例，介绍地基质量验收。灰土地基和砂石地基工程质量验收按照《建筑地基工程施工质量验收标准》(GB 50202—2018)第 4.2 和 4.3 节执行。其检验批质量验收记录表分别见表 2.3.10 和表 2.3.11。

换土地基依据回填材料的不同，具体施工方法、质量标准有所差异，此处限于篇幅，仅仅选择性地介绍了换灰土和换砂地基。其他还有换碎石、碎砖、炉渣等地基形式，注意其质量标准表格格式与灰土和砂石地基检验批质量表格相似，但主控项目和一般项目内容差异明显，可查阅《建筑地基工程施工质量验收标准》(GB 50202—2018)。

表 2.3.10　灰土地基工程检验批质量验收记录

<table>
<tr><td colspan="3">单位(子单位)工程名称</td><td colspan="12"></td></tr>
<tr><td colspan="3">分部(子分部)工程名称</td><td colspan="8"></td><td colspan="3">验收部位</td><td></td></tr>
<tr><td colspan="3">施工单位</td><td colspan="8"></td><td colspan="3">项目经理</td><td></td></tr>
<tr><td colspan="3">分包单位</td><td colspan="8"></td><td colspan="3">分包项目经理</td><td></td></tr>
<tr><td colspan="3">施工执行标准名称及编号</td><td colspan="12"></td></tr>
<tr><td colspan="4" rowspan="2">施工质量验收规范的规定</td><td colspan="10">施工单位检查评定记录</td><td rowspan="2">监理(建设)单位验收记录</td></tr>
<tr><td>1</td><td>2</td><td>3</td><td>4</td><td>5</td><td>6</td><td>7</td><td>8</td><td>9</td><td>10</td></tr>
<tr><td rowspan="3">主控项目</td><td>1</td><td>地基承载力</td><td>设计要求</td><td colspan="10"></td><td rowspan="8"></td></tr>
<tr><td>2</td><td>配合比</td><td>设计要求</td><td colspan="10"></td></tr>
<tr><td>3</td><td>压实系数</td><td>设计要求</td><td colspan="10"></td></tr>
<tr><td rowspan="5">一般项目</td><td>1</td><td>石灰粒径/mm</td><td>≤5</td><td></td><td></td><td></td><td></td><td></td><td></td><td></td><td></td><td></td><td></td></tr>
<tr><td>2</td><td>土料有机质含量/%</td><td>≤5</td><td></td><td></td><td></td><td></td><td></td><td></td><td></td><td></td><td></td><td></td></tr>
<tr><td>3</td><td>土颗粒粒径/mm</td><td>≤15</td><td></td><td></td><td></td><td></td><td></td><td></td><td></td><td></td><td></td><td></td></tr>
<tr><td>4</td><td>含水量(与要求的最优含水量比较)/%</td><td>±2</td><td></td><td></td><td></td><td></td><td></td><td></td><td></td><td></td><td></td><td></td></tr>
<tr><td>5</td><td>分层厚度偏差/mm</td><td>±50</td><td></td><td></td><td></td><td></td><td></td><td></td><td></td><td></td><td></td><td></td></tr>
<tr><td colspan="3" rowspan="2">施工单位检查评定结果</td><td colspan="3">专业工长(施工员)</td><td colspan="3"></td><td colspan="3">施工班组长</td><td colspan="3"></td></tr>
<tr><td colspan="12">项目专业质量检查员：　　　　　　年　　月　　日</td></tr>
<tr><td colspan="3">监理(建设)单位验收结论</td><td colspan="12">专业监理工程师：
(建设单位项目专业技术负责人)　　　　　　年　　月　　日</td></tr>
</table>

表 2.3.11　砂石地基工程检验批质量验收记录

<table>
<tr><td colspan="3">单位(子单位)工程名称</td><td colspan="13"></td></tr>
<tr><td colspan="3">分部(子分部)工程名称</td><td colspan="7"></td><td colspan="5">验收部位</td><td></td></tr>
<tr><td colspan="3">施工单位</td><td colspan="7"></td><td colspan="5">项目经理</td><td></td></tr>
<tr><td colspan="3">分包单位</td><td colspan="7"></td><td colspan="5">分包项目经理</td><td></td></tr>
<tr><td colspan="3">施工执行标准名称及编号</td><td colspan="13"></td></tr>
<tr><td colspan="5" rowspan="2">施工质量验收规范的规定</td><td colspan="10">施工单位检查评定记录</td><td rowspan="2">监理(建设)单位验收记录</td></tr>
<tr><td>1</td><td>2</td><td>3</td><td>4</td><td>5</td><td>6</td><td>7</td><td>8</td><td>9</td><td>10</td></tr>
<tr><td rowspan="3">主控项目</td><td>1</td><td colspan="2">地基承载力</td><td>设计要求</td><td colspan="10"></td><td rowspan="3"></td></tr>
<tr><td>2</td><td colspan="2">配合比</td><td>设计要求</td><td colspan="10"></td></tr>
<tr><td>3</td><td colspan="2">压实系数</td><td>设计要求</td><td colspan="10"></td></tr>
<tr><td rowspan="4">一般项目</td><td>1</td><td colspan="2">砂石料有机质含量/%</td><td>≤5</td><td></td><td></td><td></td><td></td><td></td><td></td><td></td><td></td><td></td><td></td><td rowspan="4"></td></tr>
<tr><td>2</td><td colspan="2">砂石料含泥量/%</td><td>≤5</td><td></td><td></td><td></td><td></td><td></td><td></td><td></td><td></td><td></td><td></td></tr>
<tr><td>3</td><td colspan="2">石料粒径/mm</td><td>≤50</td><td></td><td></td><td></td><td></td><td></td><td></td><td></td><td></td><td></td><td></td></tr>
<tr><td>4</td><td colspan="2">分层厚度/mm</td><td>±50</td><td></td><td></td><td></td><td></td><td></td><td></td><td></td><td></td><td></td><td></td></tr>
<tr><td colspan="3" rowspan="2">施工单位检查评定结果</td><td colspan="2">专业工长(施工员)</td><td colspan="5"></td><td colspan="5">施工班组长</td><td></td></tr>
<tr><td colspan="13">项目专业质量检查员：　　　　年　月　日</td></tr>
<tr><td colspan="3">监理(建设)单位验收结论</td><td colspan="13">专业监理工程师：
(建设单位项目专业技术负责人)　　　　年　月　日</td></tr>
</table>

地基与基础，包括土质情况、基槽几何尺寸、标高、地基处理等状况，由于施工后很快被回填土覆盖，属于隐蔽工程。如果发生质量问题，返工几乎不可能，且会造成非常大的损失。为了避免损失并保证施工正常进程，在地基工程掩盖隐蔽以前，应当及时向监理单位发出报验申请表，见表 2.3.12。此阶段监理工作中监控力度也将加大，详见以下的监理提示。

表 2.3.12 ＿＿＿＿＿＿＿＿＿＿报验申请表

工程名称：　　　　　　　　　　　　　　　　　　　　　　　　　　编号：

<table>
<tr><td>致：＿＿＿＿＿＿＿＿＿＿＿＿＿＿＿＿(监理单位)
我单位已完成了＿＿＿＿＿＿＿＿＿＿工作，现报上该工程报验申请表，请予以审查和验收。

附件：

承包单位(公章)：
项目经理：
日　期：</td></tr>
<tr><td>审查意见：

项目监理机构(公章)：
总/专业监理工程师：
日　期：</td></tr>
</table>

监理提示

(1)基槽(坑)开挖如遇不良地质状况，如软弱土、湿陷性黄土、冻胀土、地震液化土或地基承载力分布严重不均等，会给设计和施工带来挑战，处理不好就会留下结构安全隐患。此时，从地基基础到上部结构可能都将采取相应的技术措施，地基即成为施工质量控制的重点部位。专业监理工程师应要求承包单位报送重点部位、关键工序的施工工艺和确保工程质量的措施，审核同意后予以签认。

(2)"土方与地基基础"中大部分工作属于隐蔽工程，总监理工程师应安排监理人员对施工过程进行巡视和检查。对隐蔽工程的隐蔽过程、下道工序施工完成后难以检查的重点部位，专业监理工程师应安排监理人员进行"旁站"。

(3)专业监理工程师应根据承包单位报送的隐蔽工程和自检结果进行现场检查，符合要求的，予以签认。对未经监理人员验收或验收不合格的工序，监理人员应拒绝签认，并要求承包单位严禁进入下道工序。

在地基验收过程中，做好地基验收记录，见表 2.3.13。地基验收完成后，施工单位立即着手混凝土基础垫层浇筑，既是加快施工进程的需要，更是为了保护地基。因为裸露的地基表面无论是遭受雨期突如其来的雨水侵袭、冬季的低温严寒还是夏天的日光暴晒及材料运送、人员走动等，都会对地基持力层造成不同程度的破坏，某些情况下甚至造成无法挽回的损失。

表 2.3.13　地基验收记录

<table>
<tr><td colspan="2">工程名称</td><td colspan="4"></td><td>验收日期</td><td></td></tr>
<tr><td colspan="2">地基验槽检查意见</td><td colspan="6"></td></tr>
<tr><td colspan="2">地基处理情况及
处理检查意见</td><td colspan="6"></td></tr>
<tr><td colspan="2">验收意见</td><td colspan="6"></td></tr>
<tr><td>施工单位</td><td>项目专业质量检查员：
项目技术负责人：
项目经理：
（公章）
年　月　日</td><td>监理（建设）单位</td><td>监理工程师：
（建设单位项目负责人）
（公章）
年　月　日</td><td>设计单位</td><td>项目负责人：
（公章）
年　月　日</td><td>勘察单位</td><td>项目负责人：
（公章）
年　月　日</td></tr>
<tr><td colspan="8">注：附地基验槽记录及地基处理方案、地基处理记录。</td></tr>
</table>

2.3.1.6　混凝土垫层浇筑

垫层是置于基础之下、地基持力层之上的素混凝土层，其强度等级为 C15，厚度为 100 mm，伸出基础外边缘 100 mm。由于地基土表面平整度相对较低，其上浇筑混凝土垫层可使基础内力更均匀地分布于地基，同时在强度较大、表面平整的垫层上展开的基础施工，操作更容易，质量易控制。

垫层的设置，对钢筋混凝土基础构造的直接影响，体现在基础底板主受力钢筋混凝土保护层厚度上。有垫层时该厚度为 35 mm，无垫层时则为 70 mm。

2.3.1.7　基础放线

普通季节常温下，垫层混凝土浇筑完成 12 h 后，即可进行基础放线。

以浅基础为例。首先，穿过龙门桩上标示建筑轴线的三角形顶点，用钢丝拉紧；其次，用垂吊线坠的方法将建筑轴线引至混凝土基础垫层，测量轴线长度与对角线长度，以核查、确认轴线定位点；最后，对照基础结构详图准确放出基础定位轴线及基础边缘轮廓线。

2.3.1.8　基础施工及地下设备管道铺设

基础在施工过程中，同时完成暖通、给水排水各种土中管道进出拟建建筑物的埋设安装工作。以下以毛石刚性基础为例，介绍基础施工。

1. 准备

基础施工的准备工作在“基础放线”的同时已经展开，主要做好以下工作：

(1)检查或观测基槽土质状况、尺寸、轴线位置、标高，清理基底杂物。

(2)熟悉图纸，编制作业指导书，并向施工作业人员进行安全、技术交底。

(3)根据设计或规范要求，确定毛石砌筑砂浆配合比。

(4)合理划分施工段，按已编施工方案落实或确定现场砌筑方向、顺序及砂浆制备后专用盛灰槽或放灰铁板的位置。

(5)做好测量放线工作，详见“2.3.1.7 基础放线”。

(6)选择好施工机械机具，包括石料运输和加工设备、毛石砌筑和质量检查工具。加大机械化施工力度，降低工人劳动强度。

2. 基础施工

以毛石刚性基础为例，施工按以下步骤进行：

(1)毛石基础台阶按设计施工，通常做成阶梯形，如图 2.3.2 所示。其构造必须符合“1.4.4 刚性基础”构造有关刚性角的要求；根据龙门板或中心桩，先找平，然后在基槽两端立线杆，在其上画出分层砌石高度，标出台阶收分尺寸；上级阶梯压砌下级至少 1/2。

(2)毛石分皮砌筑，各块间自然形状修整尽量相互吻合，做到上下错缝、内外搭砌。毛石基础砌筑第一皮时，按基础边缘线砌筑，其余各皮采用双面拉准线砌筑，如图 2.3.3 所示。第一皮石块应坐浆，用较大石块且大面朝下，转角处、交接处应选用较大的平毛石砌筑，毛石基础最上一皮也用较大平毛石压砌。不得采用先砌外面石块后在中间填芯的砌筑顺序；石块间较大的空隙应先塞填砂浆后用碎石嵌实，不得干塞碎石或先摆碎石后塞砂浆。

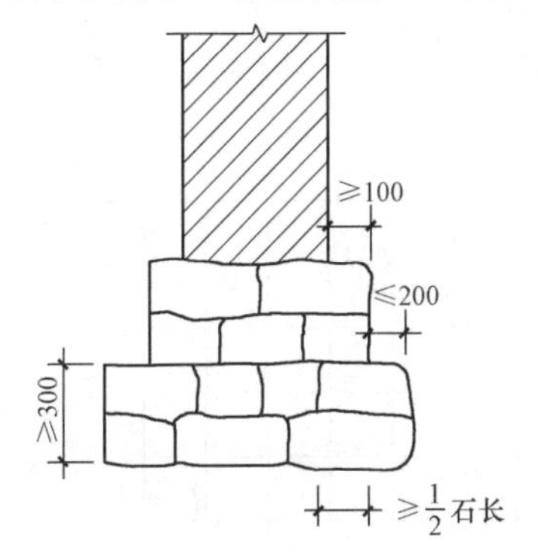

图 2.3.2　阶梯形毛石基础截面图

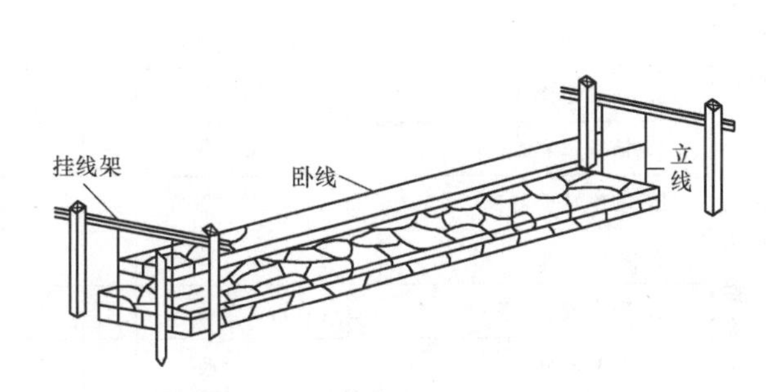

图 2.3.3　毛石基础砌筑拉线示意

(3)毛石基础应采用铺浆法砌筑，灰缝厚度宜控制在 20～30 mm，砂浆饱满，石块间不得碰触，叠砌面粘灰面积应大于 80%。

(4)有高低台的毛石基础，应从低处砌起，并由高台向低台搭接，搭接长度不小于基础宽度。

(5)毛石基础同皮内每隔约 2 m 应设置拉结石，当基础宽度≤400 mm 时，取拉结石与基础宽度相同；当基础宽度＞400 mm 时，可用两块拉结石两面搭砌，搭接长度不小于 150 mm，其中一块长度不应小于基础宽度的 2/3。

(6)毛石基础转角处和交接处应同时砌起，否则必须留斜槎，且斜槎长度不应小于斜槎的高度，斜槎面上毛石不找平，后续砌齐前应清理干净并浇水湿润。

(7)毛石基础的每个工作日砌筑高度不得超过 1.2 m，如果超过应搭设脚手架。每天砌完后应在当天砌筑的砌体上铺设一层表面毛糙的灰浆。

施工质量验收

天然地基上浅基础依据材料、受力及地质条件等各种影响因素不同，设计构造采取的形式多种多样。限于篇幅，此处针对砌体结构的特点，仅仅选择性地介绍了刚性基础中的毛石基础。如采用其他结构形式基础，注意施工质量验收应执行的相应规范。

毛石基础施工质量验收执行《砌体结构工程施工质量验收规范》(GB 50203—2011)的规定，验收内容主要是“第7章石砌体工程”。施工人员在监理工程师(建设单位项目技术负责人)组织下进行毛石基础验收工作。石砌体工程检验批质量验收记录表见表2.3.14。

表2.3.14 石砌体工程检验批质量验收记录

<table>
<tr><td colspan="2">工程名称</td><td></td><td colspan="3">分项工程名称</td><td colspan="3"></td><td colspan="4">验收部位</td><td></td></tr>
<tr><td colspan="2">施工单位</td><td colspan="7"></td><td colspan="4">项目经理</td><td></td></tr>
<tr><td colspan="2">施工执行标准
名称及编号</td><td colspan="7"></td><td colspan="4">专业工长</td><td></td></tr>
<tr><td colspan="2">分包单位</td><td colspan="7"></td><td colspan="4">施工班组组长</td><td></td></tr>
<tr><td rowspan="4">主控项目</td><td colspan="2">质量验收规范的规定</td><td colspan="10">施工单位
检查评定记录</td><td>监理(建设)
单位验收记录</td></tr>
<tr><td>1. 石材强度等级</td><td>设计要求MU</td><td colspan="10"></td><td rowspan="10"></td></tr>
<tr><td>2. 砂浆强度等级</td><td>设计要求M</td><td colspan="10"></td></tr>
<tr><td>3. 砂浆饱满度</td><td>≥80%</td><td></td><td></td><td></td><td></td><td></td><td></td><td></td><td></td><td></td><td></td></tr>
<tr><td rowspan="7">一般项目</td><td>1. 轴线位移</td><td>7.3.1条</td><td></td><td></td><td></td><td></td><td></td><td></td><td></td><td></td><td></td><td></td></tr>
<tr><td>2. 砌体顶面标高</td><td>7.3.1条</td><td></td><td></td><td></td><td></td><td></td><td></td><td></td><td></td><td></td><td></td></tr>
<tr><td>3. 砌体厚度</td><td>7.3.1条</td><td></td><td></td><td></td><td></td><td></td><td></td><td></td><td></td><td></td><td></td></tr>
<tr><td>4. 垂直度(每层)</td><td>7.3.1条</td><td></td><td></td><td></td><td></td><td></td><td></td><td></td><td></td><td></td><td></td></tr>
<tr><td>5. 表面平整度</td><td>7.3.1条</td><td></td><td></td><td></td><td></td><td></td><td></td><td></td><td></td><td></td><td></td></tr>
<tr><td>6. 水平灰缝平直度</td><td>7.3.1条</td><td></td><td></td><td></td><td></td><td></td><td></td><td></td><td></td><td></td><td></td></tr>
<tr><td>7. 组砌形式</td><td>7.3.2条</td><td></td><td></td><td></td><td></td><td></td><td></td><td></td><td></td><td></td><td></td></tr>
<tr><td colspan="3">施工单位检查
评定结果</td><td colspan="11">项目专业质量检查员：　项目专业质量(技术)负责人：
年　月　日</td></tr>
<tr><td colspan="3">监理(建设)单位
验收结论</td><td colspan="11">监理工程师(建设单位项目工程师)：
年　月　日</td></tr>
</table>

2.3.1.9 土方回填

基础验收完后，进行土方回填。

1. 准备

土方回填前应清除基底的垃圾、树根等杂物，抽挖坑穴积水、淤泥，验收基底标高。如在耕植土或松土上填方，应在基底压实后再进行。填方土料应按设计要求验收后方可填入。

2. 实施回填

除特殊要求进行松填外，填土应该压实，压实的方法一般有碾压法、夯实法和振动压实法。填方施工过程中应检查排水措施、每层填筑厚度、含水量控制、压实程度。填土压实的影响因素主要有压实功、土的含水量和每层填土的厚度。关于压实功要求，砂土碾压或夯击 2～3 遍，粉土 3～4 遍，粉质黏土或黏土 5～6 遍；关于压实分层厚度及压实遍数，以压实机具种类来确定，见表 2.3.15。

表 2.3.15 填土施工时分层厚度及压实遍数

压实机具名称	分层厚度/mm	每层压实遍数
平碾	250～300	6～8
振动压实机	250～350	3～4
柴油打夯	200～250	3～4
人工打夯	<200	3～4

关于含水量，每种土都有相应的最佳含水量，该值对应最大干密度具备最佳压实效果。现场检测黏土最佳含水量的简易方法是，以手握成团、落地开花为宜。土的最佳含水量和最大干密度参考值见表 2.3.16。

表 2.3.16 土的最佳含水量和最大干密度参考值

<table>
<tr><th rowspan="2">项次</th><th rowspan="2">土的种类</th><th colspan="2">变动范围</th><th rowspan="2">项次</th><th rowspan="2">土的种类</th><th colspan="2">变动范围</th></tr>
<tr><th>最佳含水量/%(质量比)</th><th>最大干密度/(g·cm⁻³)</th><th>最佳含水量/%(质量比)</th><th>最大干密度/(g·cm⁻³)</th></tr>
<tr><td>1</td><td>砂土</td><td>8～12</td><td>1.80～1.88</td><td>3</td><td>粉质黏土</td><td>12～15</td><td>1.85～1.95</td></tr>
<tr><td>2</td><td>黏土</td><td>19～23</td><td>1.58～1.70</td><td>4</td><td>粉土</td><td>16～22</td><td>1.61～1.80</td></tr>
<tr><td colspan="8">注：(1)表中土的最大干密度应以现场实际达到的数字为准；
(2)一般性的回填可不做此项测定。</td></tr>
</table>

填方施工过程中应检查排水措施，如每层填筑厚度、含水量控制、压实程度。施工结束后，应检查标高、边坡坡度、压实程度等。

施工质量验收

土方回填工程施工质量验收执行《建筑地基工程施工质量验收标准》(GB 50202—2018)第 9.5 节的规定。施工单位人员在监理工程师(建设单位项目技术负责人)组织下，进行土方回填工程检验批质量验收工作。土方回填工程检验批质量验收记录表见表 2.3.17；土方与地基基础分项工程质量验收记录表见表 2.3.18。

表 2.3.17　土方回填工程检验批质量验收记录

<table>
<tr><td colspan="5">单位(子单位)工程名称</td><td colspan="14"></td></tr>
<tr><td colspan="5">分部(子分部)工程名称</td><td colspan="10"></td><td colspan="3">验收部位</td><td></td></tr>
<tr><td colspan="5">施工单位</td><td colspan="10"></td><td colspan="3">项目经理</td><td></td></tr>
<tr><td colspan="5">分包单位</td><td colspan="10"></td><td colspan="3">分包项目经理</td><td></td></tr>
<tr><td colspan="5">施工执行标准名称及编号</td><td colspan="14"></td></tr>
<tr><th colspan="8">施工质量验收规范的规定</th><th colspan="10" rowspan="3">施工单位检查评定记录</th><th rowspan="4">监理(建设)单位验收记录</th></tr>
<tr><th colspan="3" rowspan="3">项　目</th><th colspan="5">允许偏差或允许值/mm</th></tr>
<tr><th rowspan="2">基坑(基槽)</th><th colspan="2">场地平整</th><th rowspan="2">管沟</th><th rowspan="2">地(路)面基层</th></tr>
<tr><th>人工</th><th>机械</th><th>1</th><th>2</th><th>3</th><th>4</th><th>5</th><th>6</th><th>7</th><th>8</th><th>9</th><th>10</th></tr>
<tr><td rowspan="2">主控项目</td><td>1</td><td>标高</td><td>−50</td><td>±30</td><td>±50</td><td>−50</td><td>−50</td><td></td><td></td><td></td><td></td><td></td><td></td><td></td><td></td><td></td><td></td><td></td></tr>
<tr><td>2</td><td>分层压实系数</td><td colspan="5">不小于设计值</td><td></td><td></td><td></td><td></td><td></td><td></td><td></td><td></td><td></td><td></td><td></td></tr>
<tr><td rowspan="4">一般项目</td><td>1</td><td>回填土料</td><td colspan="5">设计要求</td><td></td><td></td><td></td><td></td><td></td><td></td><td></td><td></td><td></td><td></td><td></td></tr>
<tr><td>2</td><td>分层厚度</td><td colspan="5">设计要求</td><td></td><td></td><td></td><td></td><td></td><td></td><td></td><td></td><td></td><td></td><td></td></tr>
<tr><td>3</td><td>含水量</td><td colspan="5">设计要求</td><td></td><td></td><td></td><td></td><td></td><td></td><td></td><td></td><td></td><td></td><td></td></tr>
<tr><td>4</td><td>表面平整度</td><td colspan="5">±20</td><td></td><td></td><td></td><td></td><td></td><td></td><td></td><td></td><td></td><td></td><td></td></tr>
<tr><td colspan="3" rowspan="2">施工单位检查评定结果</td><td colspan="4">专业工长(施工员)</td><td colspan="4"></td><td colspan="4">施工班组长</td><td colspan="4"></td></tr>
<tr><td colspan="16">项目专业质量检查员：　　　　年　月　日</td></tr>
<tr><td colspan="3">监理(建设)单位验收结论</td><td colspan="16">专业监理工程师：
(建设单位项目专业技术负责人)　　　　年　月　日</td></tr>
<tr><td colspan="19">注：地(路)面基层的偏差只适用于直接在挖方、填方上做地(路)面的基层。</td></tr>
</table>

表 2.3.18　分项工程质量验收记录

<table>
<tr><td colspan="2">工程名称</td><td colspan="2"></td><td colspan="2">结构类型</td><td></td><td colspan="2">检验批数</td><td></td></tr>
<tr><td colspan="2">施工单位</td><td colspan="2"></td><td colspan="2">项目经理</td><td></td><td colspan="2">项目技术负责人</td><td></td></tr>
<tr><td colspan="2">分包单位</td><td colspan="2"></td><td colspan="2">分包单位负责人</td><td></td><td colspan="2">分包项目经理</td><td></td></tr>
<tr><th>序号</th><th colspan="2">检验批部位、区段</th><th colspan="4">施工单位检查评定结果</th><th colspan="3">监理(建设)单位验收结论</th></tr>
<tr><td>1</td><td colspan="2"></td><td colspan="4"></td><td colspan="3"></td></tr>
<tr><td>2</td><td colspan="2"></td><td colspan="4"></td><td colspan="3"></td></tr>
<tr><td>3</td><td colspan="2"></td><td colspan="4"></td><td colspan="3"></td></tr>
<tr><td>4</td><td colspan="2"></td><td colspan="4"></td><td colspan="3"></td></tr>
<tr><td>…</td><td colspan="2"></td><td colspan="4"></td><td colspan="3"></td></tr>
<tr><td></td><td colspan="2"></td><td colspan="4"></td><td colspan="3"></td></tr>
<tr><td>检查结论</td><td colspan="3">项目专业技术负责人：
年　月　日</td><td>验收结论</td><td colspan="5">监理工程师：
(建设单位项目专业技术负责人)
年　月　日</td></tr>
</table>

土方与地基基础分部工程验收应由总监理工程师(建设单位项目专业负责人)组织施工项目经理和有关勘察、设计单位人员参加，按表 2.3.19 和表 2.3.20 做好记录。详见以下的特别提示。

表 2.3.19 ________分部(子分部)工程验收记录

<table>
<tr><td colspan="2">工程名称</td><td></td><td colspan="2">结构类型</td><td></td><td>层数</td><td></td></tr>
<tr><td colspan="2">施工单位</td><td></td><td colspan="2">技术部门负责人</td><td></td><td>质量部门负责人</td><td></td></tr>
<tr><td colspan="2">分包单位</td><td></td><td colspan="2">分包单位负责人</td><td></td><td>分包技术负责人</td><td></td></tr>
<tr><td>序号</td><td colspan="2">分项工程名称</td><td colspan="2">检验批数</td><td>施工单位检查评定</td><td colspan="2">验收意见</td></tr>
<tr><td>1</td><td colspan="2"></td><td colspan="2"></td><td></td><td colspan="2" rowspan="14"></td></tr>
<tr><td>2</td><td colspan="2"></td><td colspan="2"></td><td></td></tr>
<tr><td>3</td><td colspan="2"></td><td colspan="2"></td><td></td></tr>
<tr><td>4</td><td colspan="2"></td><td colspan="2"></td><td></td></tr>
<tr><td>5</td><td colspan="2"></td><td colspan="2"></td><td></td></tr>
<tr><td>6</td><td colspan="2"></td><td colspan="2"></td><td></td></tr>
<tr><td>…</td><td colspan="2"></td><td colspan="2"></td><td></td></tr>
<tr><td></td><td colspan="2"></td><td colspan="2"></td><td></td></tr>
<tr><td></td><td colspan="2"></td><td colspan="2"></td><td></td></tr>
<tr><td></td><td colspan="2"></td><td colspan="2"></td><td></td></tr>
<tr><td></td><td colspan="2"></td><td colspan="2"></td><td></td></tr>
<tr><td></td><td colspan="2"></td><td colspan="2"></td><td></td></tr>
<tr><td colspan="3">质量控制资料</td><td colspan="3"></td></tr>
<tr><td colspan="3">安全和功能检验(检测)报告</td><td colspan="3"></td></tr>
<tr><td colspan="3">观感质量验收</td><td colspan="5"></td></tr>
<tr><td rowspan="5">验收单位</td><td colspan="3">分包单位</td><td colspan="4">项目经理：　　　年　月　日</td></tr>
<tr><td colspan="3">施工单位</td><td colspan="4">项目经理：　　　年　月　日</td></tr>
<tr><td colspan="3">勘察单位</td><td colspan="4">项目负责人：　　　年　月　日</td></tr>
<tr><td colspan="3">设计单位</td><td colspan="4">项目负责人：　　　年　月　日</td></tr>
<tr><td colspan="3">监理(建设)单位：</td><td colspan="4">总监理工程师：
(建设单位项目专业负责人)
年　月　日</td></tr>
</table>

表 2.3.20 ____________分部(子分部)工程观感检查验收记录

<table>
<tr><td colspan="2">单位工程名称</td><td colspan="7"></td></tr>
<tr><td colspan="2">包括的子分部(分项)工程名称</td><td colspan="7"></td></tr>
<tr><td colspan="2">施工单位</td><td colspan="4"></td><td colspan="2">项目技术负责人</td><td></td></tr>
<tr><td rowspan="2">序号</td><td rowspan="2">项目</td><td colspan="3">施工单位自评</td><td rowspan="2">验收检查记录</td><td colspan="3">验收质量评价</td></tr>
<tr><td>好</td><td>一般</td><td>差</td><td>好</td><td>一般</td><td>差</td></tr>
<tr><td>1</td><td></td><td></td><td></td><td></td><td></td><td></td><td></td><td></td></tr>
<tr><td>2</td><td></td><td></td><td></td><td></td><td></td><td></td><td></td><td></td></tr>
<tr><td>3</td><td></td><td></td><td></td><td></td><td></td><td></td><td></td><td></td></tr>
<tr><td>4</td><td></td><td></td><td></td><td></td><td></td><td></td><td></td><td></td></tr>
<tr><td>…</td><td></td><td></td><td></td><td></td><td></td><td></td><td></td><td></td></tr>
<tr><td>15</td><td></td><td></td><td></td><td></td><td></td><td></td><td></td><td></td></tr>
<tr><td>16</td><td></td><td></td><td></td><td></td><td></td><td></td><td></td><td></td></tr>
<tr><td colspan="2">观感质量综合评价</td><td colspan="3"></td><td></td><td colspan="3"></td></tr>
<tr><td>检查结论</td><td colspan="2">施工单位项目经理：
施工单位质量部门负责人：
年 月 日</td><td>验收结论</td><td colspan="5">总监理工程师：
(建设单位项目专业负责人)
年 月 日</td></tr>
</table>

特别提示

土方与地基基础分部工程由“土方开挖、土方回填、垫层浇筑、基础施工”等若干分项工程组成。其中每一个分项工程的验收，又都是按照同类施工操作的一个或多个检验批的质量验收来完成的。检验批是工程质量验收的基本单位。施工过程中工程质量验收层次不同，参加人员级别也不同。分析如下：

(1)检验批的质量验收记录由施工项目专业质量检测员填写，监理工程师(建设单位项目专业负责人)组织项目专业质量检测员等进行验收，格式参考表 2.3.17。

(2)分项工程的质量验收由监理工程师(建设单位项目专业负责人)组织项目专业技术负责人等进行验收，格式参考表 2.3.18。

(3)分部(子分部)工程质量验收由总监理工程师(建设单位项目专业负责人)组织施工项目经理和有关勘察、设计单位人员参加，并按表 2.3.19 和表 2.3.20 填写验收记录。

2.3.2 墙体砌筑工程

砌体主体工程涵盖基础工程以上、屋面板以下的全部范围，主要工作内容包括安装垂直运输设施，搭设脚手架，砌筑墙体，现浇钢筋混凝土柱、板、梁(含圈梁、构造柱)、雨篷、阳台及楼梯等。

“主体结构工程”分部工程由“砌筑墙体”和“钢筋混凝土楼板”两部分组成，成为砌体结构工程施工的两大主导工序，自下而上在每个楼层先后交替进行。根据每个施工段上各自的工程量、作业人数、机械效率等计算流水节拍，确保施工连续、均衡、有节奏地展开。脚手架的搭设应配合两大主导工序逐段、逐层搭设，其他现浇钢筋混凝土构件的支模、绑扎钢筋则在砌墙最后一步插入或在楼板施工的同时完成，因此，要及时做好模板准备和钢筋加工工作。

在进入墙体砌筑施工前，以砖墙为例，首先做好原材料及施工机具的准备工作，之后分步进行砌筑工作。“墙体砌筑”的形成过程是：找平与放线→构造柱钢筋安装及摆砖样→立皮数杆→盘角及挂线→墙体砌筑→外墙脚手架搭设→墙体砌筑(续)→构造柱支模→(进入二层楼板施工：楼面梁板支模→构造柱混凝土浇筑→楼面梁板钢筋安装→楼面混凝土浇筑及养护……)。

2.3.2.1 砂浆的准备

1. 砂浆的分类

从组成砂浆的材料来看，砂浆有水泥砂浆、水泥混合砂浆及非水泥砂浆三类。有时，因某种特殊工程目的，需按一定比例掺入少量活性掺合剂或外加剂，详见以下的监理提示。水泥砂浆由水泥、砂子和水组成；水泥混合砂浆是在上述组成中又加入了石灰；如果用其他胶凝材料代替水泥就是非水泥砂浆，也就是指不含水泥的砂浆，如石灰砂浆、黏土砂浆等。从生产工艺来看，有工地现场配制砂浆和专业厂生产的湿拌砂浆或干混砂浆。

水泥砂浆具有较高的强度和良好的耐久性，但由于其和易性较差，对砌体砌筑效率和砂浆饱满度有一定的影响，因此，水泥砂浆只适用于高强度和潮湿环境中的砌体中；水泥混合砂浆具有一定的强度和良好的耐久性，且和易性及保水性较好，还易于砌筑施工操作，因而被广泛应用于一般砌体中；非水泥砂浆由于未施加水泥、强度低且耐久性差，只能用在临时建筑砌体中。

施工中不应采用强度等级小于M5的水泥砂浆替代同强度等级的水泥混合砂浆。如需替代，应将水泥砂浆提高一个强度等级。在砂浆中掺入的砌筑砂浆增塑剂、早强剂、缓凝剂、防冻剂等砂浆外加剂，其品种和用量应经有资质的检测单位检验和试配确定。所用外加剂的技术性能应符合现行国家有关标准的有关规定。

监理提示

在施工过程中，当承包单位采用新材料、新工艺、新技术、新设备时，专业监理工程师应要求承包单位报送相应的施工工艺措施和证明材料，组织专题论证，经审定后予以签认。

2. 组成砂浆的材料要求

水泥进场时应对其等级、品种、包装或散装仓号、出厂日期等进行检查，并应对其强度、安定性进行复检，其质量必须符合现行国家标准的有关规定；当使用过程中对水泥质量有怀疑或水泥出厂超过三个月(快硬硅酸盐水泥一个月)时，应按复验结果使用；不同品种的水泥，不得混合使用。抽检数量：按同一厂家、同品种、同等级、同批号连续进场的水泥，袋装水泥不超过200 t的为一批，散装水泥不超过500 t的为一批，每批抽样不少于一次。上述要求通过检查产品合格证、出厂检验报告和进场复验报告予以控制。填写水泥出厂合格证(含出厂试验报告)、复试报告汇总表，见表 2.3.21。外加剂等其他材料进场也应符合相关规定要求，填写外加剂(及其他材料)产品合格证、出厂检验报告和进场复验报告汇总表，见表 2.3.22。合格证贴条见表 2.3.23。

砂浆用砂，宜采用过筛中砂，不应混有草根、树叶、树枝、塑料、煤块、炉渣等杂物；砂中含泥量、泥块含量、石粉含量、云母、轻物质、有机物、硫化物、硫酸盐及氯盐含量(配筋砌体砌筑用砂)应符合现行国家有关标准的有关规定；人工砂、山砂及特细砂，应经试配能满足砌筑砂浆技术条件要求。

粉煤灰、建筑生石灰和建筑生石灰粉的品质指标应符合现行国家有关标准的有关规定；建筑生石灰、建筑生石灰粉熟化为石灰膏时，其熟化时间分别不得少于 7 d 和 2 d；沉淀池中储存的石灰膏，应防止干燥、冻结和污染，严禁采用脱水硬化的石灰膏；建筑生石灰粉、消石灰粉不得替代石灰膏配制水泥砂浆。

拌制砂浆用水的水质，应符合现行行业标准《混凝土用水标准》(JGJ 63—2006)的有关规定。

表 2.3.21　水泥出厂合格证(含出厂试验报告)、复试报告汇总表

工程名称：

序号	水泥品种及等级	生产厂家	合格证、出厂检验报告编号	进场数量	进场日期	复试报告编号	报告日期	复试结果	主要使用部位及有关说明
1									
2									
3									
⋮									

项目(专业)技术负责人：　　　　质量检查员：　　　　日期：

表 2.3.22　外加剂(及其他材料)产品合格证、出厂检验报告和进场复验报告汇总表

工程名称：

序号	外加剂品种、名称	生产厂家	产品合格证及出厂检验报告编号	进场数量	进场日期	进场检验编号	复试报告编号	报告日期	复试结果	主要使用部位及有关说明
1										
2										
3										
⋮										

项目(专业)技术负责人：　　　　质量检查员：　　　　日期：

表 2.3.23　合格证贴条

材料名称	
合格证编号	
合格证代表数量	
进货数量	
工程总需要量	
材料验收单编号	
抽样试验委托单编号	
抽样试验结论	
供货单位	
到货日期	
查对标牌验收情况	
合格证收到日期	

3. 砌筑砂浆的配合比和稠度要求

砌筑砂浆应进行配合比设计，详见“第 1 单元 1.3.1 砌体材料”中有关内容。当砌筑砂浆的组成材料有变更时，其配合比应重新确定。砌筑砂浆稠度按表 2.3.24 的规定采用。

表 2.3.24　砌筑砂浆稠度

砌体种类	砂浆稠度/mm
烧结普通砖砌体、粉煤灰砖砌体	70～90
混凝土砖砌体 普通混凝土小型空心砌块砌体 灰砂砖砌体	50～70
烧结多孔砖、空心砖砌体 轻骨料小型空心砌块砌体 蒸压加气混凝土砌块砌体	60～80
石砌体	30～50

4. 砂浆的制作及使用

砌筑砂浆应采用机械搅拌，各种材料投料的量值依据配合比，经过质量计量而确定。水泥和各种外加剂配料的允许偏差为±2%；砂、石灰膏、粉煤灰等配料的允许偏差为±5%。搅拌时间自投料结束起计算应符合规定：水泥砂浆和水泥混合砂浆不得小于 120 s；水泥粉煤灰砂浆和掺有外加剂的砂浆不得小于 180 s；掺有增塑剂的砂浆的搅拌方法及时间应符合现行国家标准的有关规定；干混砂浆及加气混凝土砌块专用砂浆宜按掺用外加剂的砂浆搅拌时间或按产品说明书执行。

现场拌制的砂浆应随拌随用，使用间隙如果发生泌水现象，应在砌筑前再次搅拌后方可使用。除直接使用的砂浆外，拌好的砂浆必须储存于不吸水的专用容器内，并根据气候等外部环境采取必要的遮阳、保温、防雨、防尘等措施，砂浆在储存过程中严禁随意加水。每次砂浆的搅拌量，应使砂浆控制在 3 h 内使用完毕；当环境气温超过 30 ℃时，应在 2 h 内使用完毕。其他专用砂浆应符合产品说明书规定的时间。

施工中不应采用强度等级小于M5的水泥砂浆替代同强度等级水泥混合砂浆，如需替代，应将水泥砂浆提高一个强度等级。

砂浆搅拌过程中，应在搅拌机出料口或在湿拌砂浆的存储容器出料口随机取样，制作砂浆试块，养护28 d后做抗压强度试验。关于承包单位试验室和所进行的试验，详见以下的监理提示。

(1)预拌砂浆。预拌砂浆是由专业化厂家生产的，用于建筑工程的各种砂浆拌合物。按形态分为湿拌砂浆和干混砂浆，按性能分为普通预拌砂浆和特种砂浆。

1)砌体结构工程使用的预拌砂浆，应符合设计要求及国家现行标准《预拌砂浆》(GB/T 25181—2010)、《蒸压加气混凝土墙体专用砂浆》(JC/T 890—2017)和《预拌砂浆应用技术规程》(JGJ/T 223—2010)的规定。

2)不同品种和强度等级的产品应分别运输、储存和标识，不得混杂。

3)湿拌砂浆应采用专用搅拌车运输，湿拌砂浆运至施工现场后，应进行稠度检验，除直接使用外，应储存在不吸水的专用容器内，并应根据不同季节采取遮阳、保温和防雨、雪措施。

4)湿拌砂浆在储存、使用过程中不应加水。当存放过程中出现少量泌水时，应拌和均匀后使用。

5)干混砂浆及其他专用砂浆在运输和储存过程中，不得淋水、受潮、靠近火源或高温。袋装砂浆应防止硬物划破包装袋。

6)干混砂浆及其他专用砂浆储存期不应超过3个月，超过3个月的干混砂浆在使用前应重新检验，合格后使用。

7)湿拌砂浆、干混砂浆及其他专用砂浆的使用时间应按厂方提供的说明书确定。

(2)现场拌制砂浆。

1)现场拌制砂浆应根据设计要求和砌筑材料的性能，对工程中所用砌筑砂浆进行配合比设计，当原材料的品种、规格、批次或组成材料有变更时，其配合比应重新确定。

2)配制砌筑砂浆时，各组分材料应采用质量计量。在配合比计量过程中，水泥及各种外加剂配料的允许偏差为±2%；砂、粉煤灰、石灰膏配料的允许偏差为±5%。砂子计量时，应扣除其含水量对配料的影响。

3)改善砌筑砂浆性能时，宜掺入砌筑砂浆增塑剂。

4)现场搅拌的砂浆应随拌随用，拌制的砂浆应在3 h内使用完毕；当施工期间最高气温超过30 ℃时，应在2 h内使用完毕。对掺用缓凝剂的砂浆，其使用时间可根据其缓凝时间的试验结果确定。

监理提示

(1)项目监理机构应定期检查承包单位直接影响工程质量的计量设备的技术状况。

(2)专业监理工程师应从以下五个方面对承包单位的试验室进行考核：

1)试验室的资质等级及其试验范围；

2)法定计量部门对试验设备出具的计量检定证明；

3)试验室的管理制度；

4)试验人员的资格证书；

5)本工程的试验项目及其要求。

2.3.2.2 砖的准备

砖进场时应检查其合格证、相关性能检验报告及进场复检报告。填写砖(砌块)出厂合格证、出厂检验报告、复试报告汇总表，见表 2.3.25。如前所述，砌体结构采用的砖有烧结普通砖、多孔砖，混凝土多孔砖、实心砖，蒸压灰砂砖和蒸压粉煤灰砖，其中除了烧结砖外，其他砖的龄期不应小于 28 d。不同品种的砖不得在同一楼层混砌。砖的品种、规格、强度等指标，必须满足设计要求，且其尺寸偏差、外观质量等符合相关规定。用于清水砖墙、柱表面砌筑的砖，应边角整齐、色泽均匀。

砌筑之前，烧结类及蒸压类砖砌块，应提前 1～2 d 浇水润湿，这样可使砂浆与砖粘结更好，严禁砌筑之前临时浇水。烧结类砖的相对含水率为 60％～70％，检验含水适宜的简易方法是现场断砖观察，砖截面周围浸水痕迹深达 15～20 mm 为佳；混凝土类砖不需要砌前浇水，但在干燥炎热气候条件下，宜喷水润湿。其他非烧结类砖相对含水率宜控制为 40％～50％。

表 2.3.25 砖(砌块)出厂合格证、出厂检验报告、复试报告汇总表

工程名称：

序号	品种、等级	生产厂家	合格证、出厂检验报告编号	进场数量	进场日期	复试报告编号	报告日期	复试结果	主要使用部位及有关说明
1									
2									
3									
⋮									

项目(专业)技术负责人： 质量检查员： 日期：

2.3.2.3 砌筑工机具的准备

根据施工组织设计的要求，做好大型施工机械设备的进场、安装、调试等工作。相关工作如脚手架及垂直运输设施的设置等的施工机具，有土方施工机械，桩基础施工设备，混凝土、砂浆搅拌设备，钢筋加工设备，木工加工机械，焊接设备等。

砌筑施工工具主要有两类：一类用于施工操作，如瓦刀、大铲、刨锛、准线、皮数杆、线坠、水平尺、透明塑料管、砖夹子、筛子、砖笼、料斗、灰槽、溜子、抿子及灰板等；另一类则用于质量检测，如靠尺、塞尺、托线板、百格网和钢卷尺等。

无论是砌体工程材料如水泥、砂子、石灰、外加剂、砖、石，还是砌体结构的构配件或设备工程，应认真执行主要材料供应计划，施工人员向监理工作人员及时呈送报审表，见表 2.3.26。质量检查员应填写好相应的各种出厂合格证(含出厂试验报告)、复试报告汇总表，并配合监理工程师做好相关工作，详见以下的监理提示。

表 2.3.26　工程材料/构配件/设备报审表

工程名称：　　　　　　　　　　　　　　　　　　　　　　　　　　　　　　编号：

<table>
<tr><td>致：________________________(监理单位)
我方于______年______月______日______时进场的工程材料/构配件/设备数量如下(见附件)。现将质量证明文件及自检结果报上，拟用于下述部位：
____
____________________________________。
请予以审核。
附件：1. 数量清单
2. 质量证明文件
3. 自检结果

承包单位(公章)：__________
项目经理：__________
日　期：__________</td></tr>
<tr><td>审查意见：
经检查上述工程材料/构配件/设备，符合/不符合设计文件和规范要求，准许/不准许进场，同意/不同意使用于拟定部位。

项目监理机构：__________
总/专业监理工程师：__________
日　期：__________</td></tr>
</table>

监理提示

(1)专业监理工程师应对承包单位报送的拟进场材料、构配件和设备报审表及其质量证明资料进行审核，并对进场的实物按照委托监理合同约定或有关工程质量管理文件规定的比例采用平行检验或见证取样方式进行抽查。

(2)对未经监理人员验收或验收不合格的工程材料、构配件、设备，监理人员应拒绝签认，并应签发监理工程师通知单，详见表 2.3.27，书面通知承包单位限期将不合格的工程材料、构配件、设备撤出现场。

(3)项目监理机构应定期检查承包单位直接影响工程质量的计量设备的技术状况。

表 2.3.27 监理工程师通知单

工程名称： 编号：

<table>
<tr><td>致：
事由：

内容：

项目监理机构：____________
总/专业监理工程师：____________
日　　期：____________</td></tr>
</table>

2.3.2.4 找平与放线

找平与放线是砌筑墙体的第一步，一般是结合防潮层施工完成的。

防潮层设置在室内地坪±0.000 标高或往下不超过 100 mm 处，其作用是防止基础墙两侧土壤中水分或潮气浸入墙砖并沿毛细孔上升而侵蚀上部墙体，甚至会导致墙身抹灰脱落，冬季危害更大。此标高处若设有钢筋混凝土基础圈梁，可不设防潮层。

基础墙全部砌至防潮层设计标高以后，首先组织室内回填土分层夯实，然后进行防潮层的施工。常见的防潮层施工方法有两种：一是采用 1∶2 防水水泥砂浆铺抹 20 mm 厚防潮层，由水泥砂浆加入 3%～5%的防水剂搅拌而成；二是浇筑 60 mm 细石混凝土防潮层。后者效果更好，前者防水要求较高时，如在非抗震地区，可在防水砂浆层上再铺设油毡以加强效果。

防潮层是地基基础及土(石)方分部工程和上部结构主体分部工程的分界线，其下基础墙的砌筑采用防水、防潮性能良好的水泥砂浆，而其上部结构墙体的砌筑则采用水泥混合砂浆。顺利完成防潮层施工标志着地基基础工程的结束，也是主体结构工程施工的开始。防潮层施工抄平时先在墙体侧面抄出水平控制线，用直尺加控墙体两侧，依据水平线往上找控防潮层标高，然后摊铺防水砂浆，初凝后用木抹子收压一遍，做到平实而不光滑。

关于防潮层的构造，在“第 1 单元 1.2.1 砌体房屋的组成”中有较为详细的介绍。

1. 找平

防潮层找平后要做好标高抄测记录，见表 2.3.28。防潮层达到一定强度后，即可进行墙身放线。

表 2.3.28 (楼层)标高抄测记录

<table>
<tr><td colspan="2">工程名称</td><td></td><td>日期</td><td></td></tr>
<tr><td colspan="2">抄测部位</td><td></td><td>抄测内容</td><td></td></tr>
<tr><td colspan="5">抄测依据及内容：</td></tr>
<tr><td colspan="5">抄测说明：</td></tr>
<tr><td colspan="5">检查意见：</td></tr>
<tr><td rowspan="3">签字栏</td><td rowspan="2">建设(监理)单位</td><td colspan="3">施工单位</td></tr>
<tr><td>项目(专业)技术负责人</td><td>专业质检员</td><td>施测人</td></tr>
<tr><td></td><td></td><td></td><td></td></tr>
</table>

2. 墙身放线

先将基础防潮层上的灰砂、泥土、杂物等清除干净，随后进行墙身放线。参照基础放线方法，首先在建筑物各个拐角处，穿过龙门板轴线标示钉或三角形顶点将拉线绷紧，然后将外墙轴线用线坠投到防潮层(或基础顶面)，随即弹出墨线。依据结构基础平面图，辅以钢卷尺丈量内墙轴线位置。接下来参照墙身详图量出并清晰标出墙体外轮廓线及门、窗、洞的位置。墙身放线初步完成以后，还要复核建筑的总长度、宽度，以及各开间进深尺寸。做好平面放线记录，见表 2.3.29。

表 2.3.29 (楼层)平面放线记录

<table>
<tr><td colspan="2">工程名称</td><td colspan="2"></td><td>日期</td><td></td></tr>
<tr><td colspan="2">放线部位</td><td colspan="2"></td><td>放线内容</td><td></td></tr>
<tr><td colspan="6">放线依据及内容：</td></tr>
<tr><td colspan="6">放线简图(可附图)：</td></tr>
<tr><td colspan="6">检查意见：</td></tr>
<tr><td rowspan="3">签字栏</td><td rowspan="2">建设(监理)单位</td><td>施工单位</td><td colspan="3"></td></tr>
<tr><td>项目(专业)技术负责人</td><td colspan="2">专业质检员</td><td>施测人</td></tr>
<tr><td></td><td></td><td colspan="2"></td><td></td></tr>
</table>

施工人员应向监理工作人员及时报送测量报验申请表，详见以下的监理提示。有关第二层墙体的砌筑放线工作，详见以下的特别提示。

监理提示

项目监理机构应对承包单位在施工过程中报送的施工测量放线成果进行复验和确认。

特别提示

关于平面控制网有效向上传递和建筑物垂直度控制，两层轴线定位由经纬仪从龙门板或定位桩向上投射或下吊线坠完成；多层和高层可采用激光铅直仪天顶投测法，即在首层平面合理布置 4 个激光铅直控制点，避开梁、墙遮挡，形成通视闭合矩形，复核检查后完成平面控制网向上传递。

2.3.2.5 构造柱钢筋安装及摆砖样

1. 构造柱钢筋安装

构造柱钢筋骨架由竖向钢筋和箍筋组成。构造柱定位处必须预留马牙槎，砌墙的同时埋设构造柱拉结钢筋。底层墙体砌筑至一层圈梁标高后，支模板浇筑构造柱混凝土(如果一层未设圈梁则砌墙至一层楼板底部)。这就是所谓的“先砌墙，后浇柱”。基础巩固的方法详见以下的特别提示；构造柱在结构平面上的布置原则、构造柱的截面、配筋量、钢筋构造及马牙槎的砌筑、拉筋埋入墙体的构造和构造柱钢筋的安装等，在“第 1 单元 1.4.7.2 多层砌体房屋抗震构造措施”中有详细介绍。

特别提示

构造柱一般不单独设置基础，但应深入室外地面以下500 mm，此处即为起砌墙体预留马牙槎的控制标高；多数砌体结构设有基础圈梁，当基础圈梁埋深浅于室外地面以下500 mm时，设计构造做法是将构造柱中全部竖向钢筋锚入基础圈梁。

施工质量验收

构造柱钢筋验收依据《混凝土结构工程施工质量验收规范》(GB 50204—2015)，加工、连接、安装分别按第5.3、5.4和5.5节的主控项目和一般项目执行，表格格式详见表2.3.30。施工人员在监理工程师(建设单位项目技术负责人)组织下进行施工质量验收工作。钢筋工程属于隐蔽工程，应进行隐蔽工程验收，详见表2.3.31。

表2.3.30　构造柱钢筋检验批质量验收记录

工程名称		分项工程名称		验收部位	
施工单位		专业工长		项目经理	
分包单位		分包项目经理		施工班组长	
施工执行标准名称及编号					
主控项目	1				
	2				
	3				
	4				
	5				
一般项目	1				
	2				
	3				
	4				
	5				
施工单位检查评定结果	项目专业质量检查员：　　　　年　　月　　日				
监理(建设)单位验收结论	监理工程师： (建设单位项目专业技术负责人)　　　　年　　月　　日				

表 2.3.31　钢筋隐蔽工程验收记录

工程名称			
隐检项目	钢筋工程	隐检日期	
隐检部位	构造柱钢筋	层	轴线　　标高
隐检依据：施工图图号＿＿＿＿＿＿＿＿＿＿＿＿，设计变更/洽商(编号＿＿＿＿＿＿＿＿＿＿)及有关国家现行标准等。 主要受力钢筋规格、型号：			
隐检内容	质量状况	备注	
各种直径钢筋接头方法			
各种直径钢筋搭接长度			
钢筋接头位置			
同一截面接头占总面积百分比			
钢筋是否锈蚀、锈蚀程度、锈蚀情况			
保护层厚度			
限位措施			
钢筋代换情况			
其他			
图示 (附图)			
检查验收意见	质量经检查符合规范规定要求，同意进行隐蔽。		
施工单位项目(专业)技术负责人		监理工程师(建设单位项目技术负责人)	

2. 摆砖样

摆砖样又称摆干砖或撂底，是在砌砖前根据已经确定的砖墙组砌方式，如一顺一丁或梅花丁等方式，对砌砖上墙以后砖的形态进行预排。摆干砖的范围是从房间一个大角到另一个大角。摆干砖首先应确保每皮砖竖缝上下错开、厚度均匀且满足要求 8～12 mm，还要兼顾砖墙在平面拐角和交叉处每皮砖内外搭砌。调整水平灰缝厚度，使窗台台面丁砌。另外，24 砖承重砖墙每层墙的最上一皮砖和砖砌体的台阶水平面上及挑出层的外皮砖，应整砖丁砌。

在已画定门窗墨线的前提下，调整和确定门窗的精确位置，即在允许偏差范围内，可对门窗位置及竖向灰缝宽度做出微调，以使窗间墙、墙垛等局部尺寸符合砖模数，从而减少砍砖，降低作业强度。在微调的过程中，当不得已砍砖时，七分头及丁砖尽量排在窗中间、附墙垛等不明显处。

2.3.2.6　立皮数杆

皮数杆是一根长度超过一个层高和上面连续画有每皮砖和水平灰缝的硬质杆。根据需要，皮数杆上还可标示楼板、洞口上下边、圈梁、过梁、窗台、雨篷等墙身构件的竖向标高。其作用是砌筑时能够准确地控制墙体高度、各种墙身构件的标高和每层水平灰缝的厚度及均匀性，如图 2.3.4 所示。

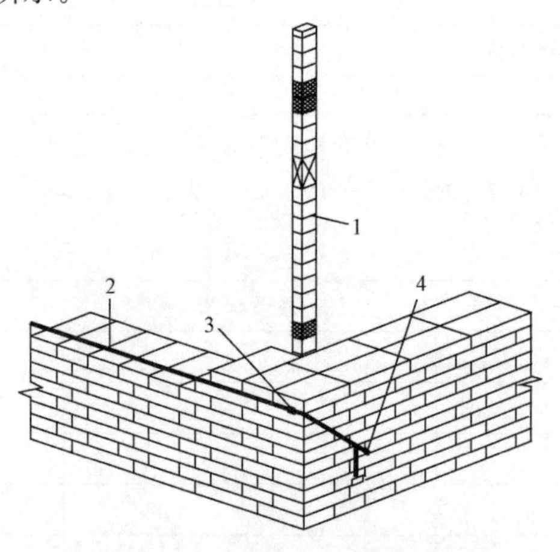

图 2.3.4　立皮数杆、盘角、挂线示意

1—皮数杆；2—准线；3—竹片；4—圆铁钉

设立皮数杆时，应确保其垂直且±0.000 和建筑±0.000 相一致，平面选择在墙体转角及内外墙交接等部位，间距为 10～15 m。应用水准仪统一检查皮数杆标高一致，再逐一核实其标示墙身构件高度无误后，方可实施砌筑操作。

2.3.2.7　盘角及挂线

1. 盘角

盘角是对照皮数杆首先砌筑墙角，要求“横平竖直、内外搭砌”，其关键是砌好墙角。在砌筑过程中应做到“三皮一吊、五皮一靠”，前者控制墙身垂直度，后者控制墙面的平整度。墙角(除非建筑物特殊设计)必须双向垂直。

2. 挂线

挂线是在砌好墙角 2～3 皮后，在两个墙角之间每砌一皮之前紧靠墙边拉紧白线，以此作为砌筑中间墙体的依据，以便保证墙面平整。通常厚度为一砖、一砖半的墙采取单面挂线，厚度为一砖半以上的墙采取双面挂线。

2.3.2.8　墙体砌筑

1. 基本要求

砖墙操作方法有“三一”法、铺浆挤砌法及坐浆砌砖法三种。首选普遍使用的操作方法——“三一”法，即一铲灰、一块砖、一揉挤，并随手将挤出砂浆刷去。在本书“1.4.1 砖砌体”中，关于组砌要求、组砌方式、砌筑操作及构造要求已有详细介绍。

砌筑是砌体结构主体分部工程施工中一项十分重要的工作。组砌的基本要求是确保砌体具备良好的整体性，控制好灰缝尤其是水平灰缝的厚度，上下错缝，内外搭砌；在房屋的转角和墙体连接处两侧的墙体施工中都要尽量同时砌筑而起，否则必须留设符合特定构造要求的斜槎或直槎。砌筑应自始至终使灰缝保持砂浆饱满。

在施工间断处补砌时，必须将接槎处表面清理干净，洒水湿润，并填实砂浆，保持灰缝平直；竖向灰缝不应出现瞎缝、透明缝和假缝。

2. 砌筑窗间墙及处理好门窗洞口

如此前介绍，经过找平、放线、摆砖样、立皮数杆、盘角及挂线，三皮一靠、五皮一吊，保证墙角双向垂直，将砖墙砌至窗台后，首先按定位墨线安立窗框，立框垂直，立口保持直线。随后拉通线同时起砌窗间墙，门窗两边宜对称砌筑。窗间墙和窗框之间留出3 mm缝隙，随着砌体逐步升高，将门窗框上下走头先后砌入墙体并卡紧。如果是窗框后塞安装，应在墙上画出分口线。在洞边两侧距上下3～4皮处预埋防腐木砖，小头冲外，木砖间距500 mm左右；如果采用钢窗或铝合金门窗，则在砌筑墙体过程中预先砌埋混凝土块，以备安装镶固。

当墙体砌至1.2 m高度时，架子工开始搭设脚手架，详见以下“2.3.2.9 外墙脚手架搭设”。

砌筑清水墙时，有原浆勾缝和加浆勾缝两种。前者用砂浆随砌随勾，后者则是在砌完墙后再用1∶1.5水泥砂浆或着色砂浆勾缝。勾缝前清理并湿润墙面，画出10 mm的灰槽，灰缝可根据设计勾出凹、平、斜或凸的形状，最后清扫墙面。

应调整并推算好水平灰缝厚度，使砖墙砌至楼板底或圈梁底部标高时保持一皮丁砌。如果板底恰好赶上顺砖，也可做双层丁砌，注意严格保持满足上下错缝要求。所有砖墙在一层砌筑完成后，必须保持在同一水平设计标高上。然后填写交接记录，向下道工序进行交接。工序交接检查记录表见表2.3.32。

表 2.3.32　工序交接检查记录

<table>
<tr><td>工程名称</td><td colspan="7"></td></tr>
<tr><td>移交单位名称</td><td></td><td>砌筑班组</td><td></td><td>接收单位名称</td><td></td><td>模板班组</td><td></td></tr>
<tr><td>交接部位</td><td colspan="3"></td><td>日期</td><td colspan="3"></td></tr>
<tr><td colspan="8">交接内容：
1.
2.
3.
⋮</td></tr>
<tr><td colspan="8">检查结果：
1.
2.
3.
⋮</td></tr>
</table>

续表

<table>
<tr><td colspan="4">复查意见：

经检查：质量符合规范规定要求，同意进行下道工序。

复查人：　　　　　　　　复查日期：</td></tr>
<tr><td colspan="4">见证单位意见：

经检查：质量符合规范规定要求，同意进行下道工序。</td></tr>
<tr><td>见证单位名称</td><td colspan="3"></td></tr>
<tr><td rowspan="3">签字栏</td><td>移交单位</td><td>接收单位</td><td>见证单位</td></tr>
<tr><td></td><td></td><td></td></tr>
<tr><td></td><td></td><td></td></tr>
<tr><td colspan="4">注：(1)本表由移交、接收和见证单位各存一份。
(2)见证单位应根据实际检查情况，并汇总移交和接收单位意见，形成见证单位意见。</td></tr>
</table>

施工质量验收

砌体工程施工质量验收执行《砌体结构工程施工质量验收规范》(GB 50203—2011)的规定。下面对验收的基本规定、砖砌体工程施工质量验收进行介绍。

(1)基本规定。

1)砌体结构工程所用的材料应有产品合格证书、产品性能型号检验报告，质量应符合国家现行有关标准的要求。块体、水泥、钢筋、外加剂尚应有材料主要性能的进场复验报告，并应符合设计要求。严禁使用国家明令淘汰的材料。

2)砌体结构工程施工前，应编制砌体结构工程施工方案。

3)砌体结构的标高、轴线，应引自基准控制点。

4)砌筑基础前，应校核放线尺寸，允许偏差应符合表2.3.33的规定。

表2.3.33　放线尺寸的允许偏差

长度L、宽度B/m	允许偏差/mm	长度L、宽度B/m	允许偏差/mm
L(或B)≤30	±5	60<L(或B)≤90	±15
30<L(或B)≤60	±10	L(或B)>90	±20

5)伸缩缝、沉降缝、防震缝中的模板应拆除干净，不得夹有砂浆、块体及碎渣等杂物。

6)砌筑顺序应符合下列规定：

①基底标高不同时，应从低处砌起，并应由高处向低处搭砌。当设计无要求时，搭接长度 L 不应小于基础底的高差 H，搭接长度范围内下层基础应扩大砌筑，如图 2.3.5 所示。

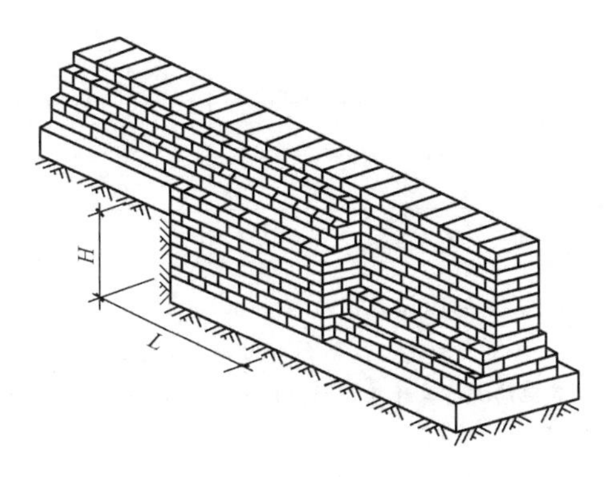

图 2.3.5　基底标高不同时的搭砌示意

②砌体的转角处和交接处应同时砌筑，当不能同时砌筑时，应按照规定留槎、接槎。

7)砌筑墙体应设置皮数杆。

8)在墙上留置临时施工洞口，其侧边距离交接处墙面不应小于 500 mm，洞口净宽度不应超过 1 m。抗震设防烈度为 9 度地区建筑物的临时施工洞口位置，应会同设计单位确定。对临时施工洞口应做好补砌。

9)不得在下列墙体或部位设置脚手眼：

①120 mm 厚墙、清水墙、料石墙、独立柱和附墙柱。

②过梁上与过梁呈 60°的三角形范围及过梁净跨度 1/2 的高度范围内。

③宽度小于 1 m 的窗间墙。

④门窗洞口两侧石砌体 300 mm，其他砌体 200 mm 范围内；转角处石砌体 600 mm，其他砌体 450 mm 范围内。

⑤梁或梁垫下及其左右 500 mm 范围内。

⑥设计不允许设置脚手眼的部位。

⑦轻质墙体。

⑧夹芯复合墙外叶墙。

10)脚手眼补砌时，应清除脚手眼内掉落的砂浆、灰尘；脚手眼处砖及填塞用砖应湿润，并应填实砂浆。

11)设计要求的洞口、沟槽、管道应于砌筑时正确留出或预埋，未经设计同意，不得打凿墙体和在墙体上开凿水平沟槽。宽度超过 300 mm 的洞口上部，应设置钢筋混凝土过梁。不应在截面边长小于 500 mm 的承重墙体、独立柱内埋设管线。

12)尚未施工楼面或屋面的墙或柱，其抗风允许自由高度不得超过表 2.3.34 的规定。如超过表中限值，必须采用临时支撑等有效措施。

表 2.3.34　墙和柱的允许自由高度

墙(柱)厚/mm	砌体密度＞1 600 kg/ m³			砌体密度为 1 300～1 600 kg/ m³		
	风载/(kN·m⁻²)			风载/(kN·m⁻²)		
	0.3(约 7 级风)	0.4(约 8 级风)	0.5(约 9 级风)	0.3(约 7 级风)	0.4(约 8 级风)	0.5(约 9 级风)
190	—	—	—	1.4	1.1	0.7
240	2.8	2.1	1.4	2.2	1.7	1.1
370	5.2	3.9	2.6	4.2	3.2	2.1
490	8.6	6.5	4.3	7.0	5.2	3.5
620	14.0	10.5	7.0	11.4	8.6	5.7

注：(1)本表适用于施工处相对标高 H 在 10 m 范围内的情况。当 10 m$<H\leqslant$15 m、15 m$<H\leqslant$20 m 时，表中允许自由高度应分别乘以 0.9、0.8 的系数；当 $H>$20 m 时，应通过抗倾覆验算确定其允许自由高度。

(2)当所砌筑的墙有横墙或其他结构与其连接，而且间距小于表中相应墙、柱的允许自由高度的 2 倍时，砌筑高度可不受本表的限制。

(3)当砌体密度小于 1 300 kg/ m³ 时，墙和柱的允许自由高度应另行验算确定。

13)砌筑完基础或每一层楼后，应校核砌体的轴线和标高。在允许偏差范围内，轴线偏差可在基础顶面或楼面上校正，标高偏差宜通过调整上部砌体灰缝厚度校正。

14)搁置预制梁、板的砌体顶面应平整，标高一致。

15)砌体施工质量控制等级分为三级，并应按表 2.3.35 划分。

表 2.3.35　施工质量控制等级

项　目	施工质量控制等级		
	A	B	C
现场质量管理	监督检查制度健全，并严格执行；施工方有在岗专业技术管理人员，人员齐全，并持证上岗	监督检查制度基本健全，并能执行；施工方有在岗专业技术管理人员，人员齐全，并持证上岗	有监督检查制度；施工方有在岗专业技术管理人员
砂浆、混凝土强度	试块按规定制作，强度满足验收规定，离散性小	试块按规定制作，强度满足验收规定，离散性小	试块按规定制作，强度满足验收规定，离散性大
砂浆拌和	机械拌和；配合比计量控制严格	机械拌和；配合比计量控制一般	机械或人工拌和；配合比计量控制较差
砌筑工人	中级工以上，其中高级工不少于 30%	高、中级工不少于 70%	初级工以上

注：(1)砂浆、混凝土强度离散性大小根据强度标准差确定；

(2)配筋砌体不得为 C 级施工。

16)砌体结构中钢筋(包括夹芯复合墙内外叶墙间的拉结件或钢筋)的防腐，应符合设计规定。

17)雨天不宜在露天砌筑墙体，对下雨当日砌筑的墙体应进行遮盖。继续施工时，应复核墙体的垂直度，如果垂直度超过允许偏差，应拆除重新砌筑。

18)砌体施工时，楼面和屋面堆载不得超过楼板的允许荷载值。当施工层进料口处施工荷载较大时，楼板下宜采取临时支撑措施。

19)正常施工条件下，砖砌体、小砌块砌体每日砌筑高度宜控制在 1.5 m 或一步脚手架高度内；石砌体不宜超过 1.2 m。

20)砌体结构工程检验批的划分应同时符合下列规定：

①所用材料类型及同类型材料的强度等级相同。

②不超过 250 m^3 砌体。

③主体结构砌体一个楼层(基础砌体可按一个楼层计)；填充墙砌体量少时可多个楼层合并。

21)进行砌体结构工程检验批验收时，其主控项目应全部符合《砌体结构工程施工质量验收规范》(GB 50203—2011)的规定；一般项目应有 80%及其以上的抽检处符合规范的规定；有允许偏差的项目，最大超差值为允许偏差值的 1.5 倍。

22)砌体结构分项工程中检验批抽检时，各抽检项目的样本最小容量除有特殊要求外，按不应小于 5 确定。

23)在墙体砌筑过程中，当砌筑砂浆初凝后，块体被撞动或需移动时，应将砂浆清除后再铺浆浇筑。

24)砖砌体工程检验批质量验收按表 2.3.36 填写，详见以下的特别提示。

砖砌体工程施工过程中，应对下列主控项目及一般项目进行检查，并应形成检查记录：

①主控项目包括：①砖强度等级；②砂浆强度等级；③斜槎留置；④转角处、交接处砌筑；⑤直槎拉结钢筋及接槎处理；⑥砂浆饱满度。

②一般项目包括：①轴线位移；②每层及全高的墙面垂直度；③组砌方式；④水平灰缝厚度；⑤竖向灰缝宽度；⑥基础、墙、柱顶面标高；⑦表面平整度；⑧后塞口的门窗洞口尺寸；⑨窗口偏移；⑩水平灰缝平直度；⑪清水墙游丁走缝。

表 2.3.36 砖砌体工程检验批质量验收记录

<table>
<tr><td colspan="2">工程名称</td><td></td><td colspan="5">分项工程名称</td><td colspan="5"></td><td>验收部位</td><td></td></tr>
<tr><td colspan="2">施工单位</td><td colspan="11"></td><td>项目经理</td><td></td></tr>
<tr><td colspan="2">分包单位</td><td colspan="11"></td><td>专业工长</td><td></td></tr>
<tr><td colspan="2">施工执行标准名称及编号</td><td colspan="11"></td><td>施工班组长</td><td></td></tr>
<tr><td rowspan="9">主控项目</td><td colspan="2" rowspan="2">质量验收规范的规定</td><td colspan="10">施工单位检查评定记录</td><td colspan="2" rowspan="2">监理(建设)单位验收记录</td></tr>
<tr><td>1</td><td>2</td><td>3</td><td>4</td><td>5</td><td>6</td><td>7</td><td>8</td><td>9</td><td>10</td></tr>
<tr><td>1. 砖强度等级</td><td>设计要求 MU</td><td colspan="10"></td><td colspan="2" rowspan="7"></td></tr>
<tr><td>2. 砂浆强度等级</td><td>设计要求 M</td><td colspan="10"></td></tr>
<tr><td>3. 斜槎留置</td><td>第 5.2.3 条</td><td colspan="10"></td></tr>
<tr><td>4. 转角处、交接处</td><td>第 5.2.3 条</td><td colspan="10"></td></tr>
<tr><td>5. 直槎拉结钢筋及接槎处理</td><td>第 5.2.4 条</td><td colspan="10"></td></tr>
<tr><td rowspan="2">6. 砂浆饱满度</td><td>≥80%(墙)</td><td></td><td></td><td></td><td></td><td></td><td></td><td></td><td></td><td></td><td></td></tr>
<tr><td>≥90%(柱)</td><td></td><td></td><td></td><td></td><td></td><td></td><td></td><td></td><td></td><td></td></tr>
</table>

续表

一般项目	1. 轴线位移	≤10 mm		
	2. 垂直度(每层)	≤5 mm		
	3. 组砌方式	第 5.3.1 条		
	4. 水平灰缝厚度	第 5.3.2 条		
	5. 竖向灰缝宽度	第 5.3.2 条		
	6. 基础、墙、柱顶面标高	±15 mm 以内		
	7. 表面平整度	≤5 mm(清水)		
		≤8 mm(混水)		
	8. 门窗洞口高、宽(后塞口)	±10 mm 以内		
	9. 窗口偏移	≤20 mm		
	10. 水平灰缝平直度	≤7 mm(清水)		
		≤10 mm(混水)		
	11. 清水墙游丁走缝	≤20 mm		
施工单位检查评定结果		项目专业质量检查员： 年 月 日		项目专业质量(技术)负责人： 年 月 日
监理(建设)单位验收结论		监理工程师(建设单位项目工程师)： 年 月 日		

表 2.3.36 中的砖砌体工程检验批质量验收是由监理工程师(建设单位项目工程师)组织项目专业质量(技术)负责人及项目专业质量检查员开展完成的；表中索引条款编号来自《砌体结构工程施工质量验收规范》(GB 50203—2011)原文，相应内容与随后的“2. 砖砌体工程施工质量验收”所述完全一致。

如前所述，“砌筑墙体”和“钢筋混凝土楼板”是砌体“主体结构工程结构”工程施工交替进行的两大主导工序，自下而上在每个楼层先后展开。砌筑施工确保符合质量要求，一旦出现质量缺陷，应及时处理，视严重程度采取措施甚至停工整改。如果处理不当，不仅直接影响工程进度，墙体作为结构主受力构件，更可能带来重大安全隐患。详见以下的监理提示。

(2)砖砌体工程施工质量验收。

1)主控项目。

①砖和砂浆强度必须符合设计要求。

抽检数量：每一厂家，烧结普通砖、混凝土实心砖每 15 万块，烧结多孔砖、混凝土多孔砖、蒸压灰砂砖及蒸压粉煤灰砖每 10 万块各为一验收批，不足上述数量时按 1 批计，抽检数量为 1 组。砂浆试块抽检数量执行“2.3.2 墙体砌筑工程”中“砂浆的准备”中的有关规定。

检验方法：检查砖和砂浆试块试验报告。

②砌体灰缝砂浆应密实饱满，砖墙水平灰缝的砂浆饱满度不得低于 90%。

抽检数量：每检验批抽查不应少于 5 处。

检验方法：用百格网检查砖底面与砂浆的粘结痕迹面积，每处检测 3 块砖，取其平均值。

③砖砌体转角处和交接处应同时砌筑，严禁无可靠措施的内外墙分砌施工。在抗震设防烈度8度及8度以上地区，对于不能同时砌筑而又必须留置的临时间断处应砌成斜槎，普通砖砌体水平长度不应小于高度的2/3，多孔砖砌体水平长度不应小于高度的1/2，斜槎高度不得超过一步脚手架的高度，参照图1.4.3(a)。

抽检数量：每检验批抽查不应少于5处。

检验方法：观察检查。

④非抗震设防及抗震设防烈度为6度、7度地区的临时间断处，当不能留斜槎时，除转角外可留直槎，其构造做法详见第1单元“1.4.1.1组砌要求”中“2. 砖墙施工接槎连接确保整体性”。

抽检数量：每检验批抽查不应少于5处。

检验方法：观察和尺量检查。

2)一般项目。

①砖砌体组砌方法应正确，内外搭砌，上下错缝。清水墙、窗间墙无通缝；混水墙中不得有长度大于300 mm的通缝，长度为200～300 mm的通缝每间不超过3处，且不得位于同一面墙体上，砖柱不得采用包心砌法。

抽检数量：每检验批抽查不应少于5处。

检验方法：观察检查。砌体组砌方法抽检每处应为3～5 m。

②砖砌体的灰缝应横平竖直，厚薄均匀，水平灰缝厚度及竖向灰缝宽度宜为10 mm，但不应小于8 mm，也不应大于12 mm。

抽检数量：每检验批抽查不应少于5处。

检验方法：水平灰缝厚度用尺量10皮砖砌体高度折算；竖向灰缝宽度用尺量2 m砌体长度折算。

③砖砌体尺寸、位置的允许偏差及检验方法应符合表2.3.37的规定。

表2.3.37 砖砌体尺寸、位置的允许偏差及检验方法

<table>
<tr><th>项次</th><th colspan="3">项目</th><th>允许偏差/mm</th><th>检验方法</th><th>抽检数量</th></tr>
<tr><td>1</td><td colspan="3">轴线位移</td><td>10</td><td>用经纬仪和尺或用其他测量仪器检查</td><td>承重墙、柱全数检查</td></tr>
<tr><td>2</td><td colspan="3">基础、墙、柱顶面标高</td><td>±15</td><td>用水准仪或尺检查</td><td>不应少于5处</td></tr>
<tr><td rowspan="3">3</td><td rowspan="3">墙面垂直度</td><td colspan="2">每层</td><td>5</td><td>用2 m托线板检查</td><td>不应少于5处</td></tr>
<tr><td rowspan="2">全高</td><td>≤10 m</td><td>10</td><td rowspan="2">用经纬仪、吊线和尺或用其他测量仪器检查</td><td rowspan="2">外墙全部阳角</td></tr>
<tr><td>>10 m</td><td>20</td></tr>
<tr><td rowspan="2">4</td><td colspan="2" rowspan="2">表面平整度</td><td>清水墙、柱</td><td>5</td><td rowspan="2">用2 m靠尺和楔形塞尺检查</td><td rowspan="2">不应少于5处</td></tr>
<tr><td>混水墙、柱</td><td>8</td></tr>
<tr><td rowspan="2">5</td><td colspan="2" rowspan="2">水平灰缝平直度</td><td>清水墙</td><td>7</td><td rowspan="2">用5 m线和尺检查</td><td rowspan="2">不应少于5处</td></tr>
<tr><td>混水墙</td><td>10</td></tr>
<tr><td>6</td><td colspan="3">门窗洞口高、宽(后塞口)</td><td>±10</td><td>用尺检查</td><td>不应少于5处</td></tr>
<tr><td>7</td><td colspan="3">外墙上下窗口偏移</td><td>20</td><td>以底层窗口为准，用经纬仪或吊线检查</td><td>不应少于5处</td></tr>
<tr><td>8</td><td colspan="3">清水墙游丁走缝</td><td>20</td><td>以每层第一皮砖为准，用吊线和尺检查</td><td>不应少于5处</td></tr>
</table>

（1）专业监理工程师对承包单位报送的分项工程质量验评资料进行审核，符合要求后予以签认；总监理工程师应组织监理人员对承包单位的分部工程和单位工程质量验评资料进行审核和现场检查，符合要求后予以签认。

（2）对施工过程中出现的质量缺陷，专业监理工程师应及时下达监理工程师通知，要求承包单位整改，并检查整改结果。

（3）监理人员发现施工存在重大质量隐患，可能造成质量事故或已经造成质量事故的，应通过总监理工程师及时下达工程暂停令，要求承包单位停工整改。整改完毕并经监理人员复查，符合规定要求后，由总监理工程师及时签署工程复工报审表。总监理工程师下达工程暂停令和签署工程复工报审表，宜事先向建设单位报告。工程复工报审表详见表2.2.5，工程暂停令见表2.3.38。

表2.3.38 工程暂停令

工程名称：　　　　　　　　　　　　　　　　　　编号：

致：__________________（施工项目经理部） 由于____________________________ 原因，现通知你方必须于______年______月______日______时起，对本工程的__________部位（工序）实施暂停施工，并按下述要求做好后续工作。 要求： 项目监理机构（盖章）：______ 总监理工程师（签字、加盖执业印章）：______ 日　　期：______

特别提示

混凝土小型空心砌块砌体、石砌体及配筋砌体工程施工质量验收，在符合“1. 基本规定”的前提下，从形式上与“2. 砖砌体工程施工质量验收”完全一致，即以一般规定、主控项目及一般项目三项内容展开，内容详见《砌体结构工程施工质量验收规范》（GB 50203—2011），限于篇幅，此处不详述。

2.3.2.9　外墙脚手架搭设

早在“土方及地基基础”土方施工中回填土分项工程接近尾声的时候，脚手架地基、基础以及立杆外侧的简易排水沟等各项相关施工操作就已展开。以多立杆脚手架为例，此阶段定位放线后即可铺设垫板、设置立杆基座。而当墙体砌筑至1.2 m的高度时，架子工即可搭设脚手架。有关脚手架的作用、种类、施工要求、搭设检查验收及安全技术涉及内容，在“第1单元砌体结构工程基础知识”的“任务1.5 脚手架与垂直运输设施”中已有详细介绍。

2.3.2.10　构造柱支模

构造柱支模及钢筋绑扎是非常重要的施工环节，在随后“2.3.3.2 构造柱混凝土浇筑”中一并介绍。

2.3.3　钢筋混凝土楼板工程

钢筋混凝土工程执行施工组织设计中已获批准的混凝土工程施工方案，详见以下的监理提示。以现浇钢筋混凝土楼板为例，“钢筋混凝土楼板”的形成过程是：楼面梁、板支模→构造柱混凝土浇筑→楼面梁、板钢筋安装及楼面预埋管道与预埋件敷设→楼面混凝土浇筑及养护→(进入墙体砌筑到楼面混凝土浇筑的循环……屋面梁板钢筋安装→屋面混凝土浇筑及养护)→[室内外装修→屋面防水→门窗工程→室内安装工程→室外工程(略)]→验收交工。

监理提示

在施工过程中，当承包单位对已批准的施工组织设计进行调整、补充或变动时，应经专业监理工程师审查，并由总监理工程师签认。

2.3.3.1　楼面梁、板支模

楼面梁、板支模是整个楼板模板工程的主导工序。模板包括楼板模板和梁模板。关于楼板、梁模板工程较为完整的施工内容包括：模板材料、设计、安装、拆除和维护，以及质量检查等。显然，其中“拆除和维护”是在钢筋混凝土楼板工程施工过程步骤“2.3.3.4 楼面混凝土浇筑及养护”完成后才展开的，但是为了方便学习，在此将其提前并与主导工序模板安装合并。

1. 模板材料

从国内建筑行业现浇混凝土施工中模板应用现状分析，主流是木方做背楞、竹(木)胶合板做面板的模板。但木方的大量使用不利于保护国家有限的森林资源，应提倡“以钢代木”和使用速生林木材和竹材。模板示意如图 2.3.6、图 2.3.7 所示。

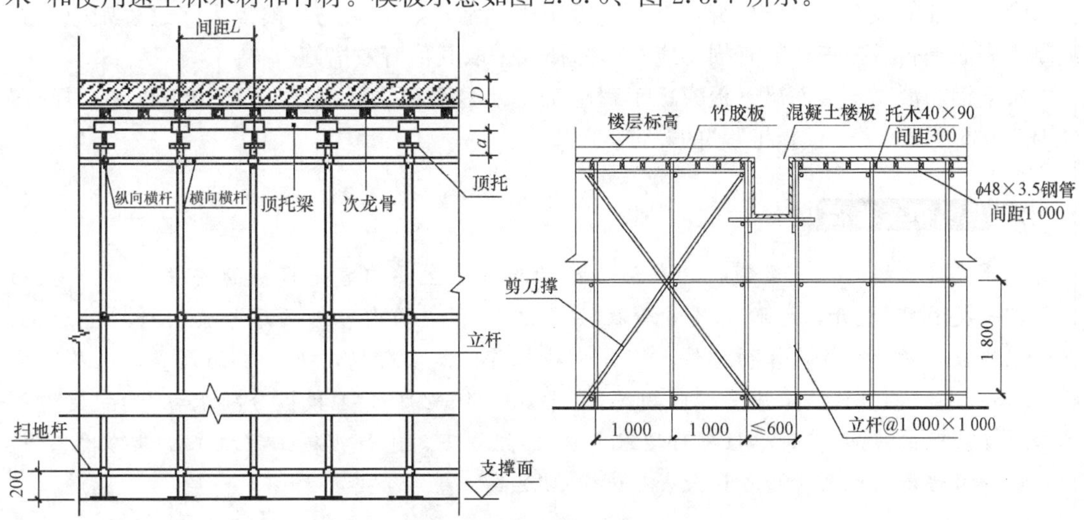

图 2.3.6　肋形楼盖胶合板模板

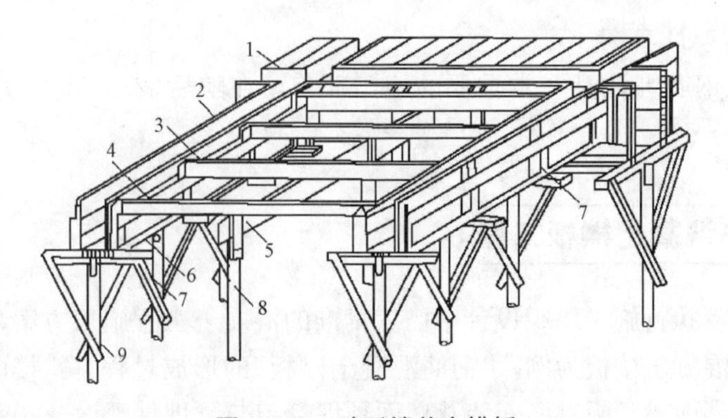

图 2.3.7　肋形楼盖木模板

1—楼板模板；2—梁侧模板；3—搁栅；4—横档(托木)；5—牵杠；
6—夹木；7—短撑木；8—牵杠撑；9—支柱

2. 模板设计

施工单位根据不同的结构类型和现场条件，进行模板设计绘图并选择正确的支撑和施工方法。除压型钢板、预制混凝土薄板等永久性模板外，模板及支架属临时性结构。对于临时性结构的设计，在无专门的临时性结构设计规范条件下，暂按永久性结构的设计规范执行。根据混凝土成型工艺的要求，模板工程宜优先采用传力直接可靠、装拆快速、周转使用次数多的工具化模板和支架体系。

3. 模板的安装

模板工程应编制施工方案。施工方案应包括模板及支架的安装方案，而安装方案又包含施工顺序、工艺方法、人员安排、安全防护、进度计划、质量标准等内容。

4. 模板的拆除和维护

推进模板工具化，推广“快速脱模”，提高周转利用率。

5. 质量检查

在模板面板及支撑的安装过程中，应随时进行检查，保证安装精度；在浇筑混凝土前，应做全面详细的检查，保证接缝不漏浆，模板表面清洁、无杂物；模板拆除过程中应检查混凝土表面是否有损伤，如有损伤应立即修补或采取其他有效措施。

关于钢筋混凝土楼面梁、板模板工程施工，未尽事宜执行《混凝土结构工程施工规范》(GB 50666—2011)“4 模板工程”的规定。

施工质量验收

钢筋混凝土楼面板、梁模板工程施工质量验收的主要内容是模板的安装，按“主控项目”和“一般项目”展开，检验批质量验收按表 2.3.39 中的内容选项序号索引自规范原文，在这里仅做参考。验收内容须按结构形式、施工条件等实际情况做必要的调整。未尽事宜执行《混凝土结构工程施工质量验收规范》(GB 50204—2015)“4 模板分项工程”的规定。施工人员在监理工程师(建设单位项目技术负责人)组织下，进行模板工程施工质量验收工作。模板安装工程检验批质量验收记录表见表 2.3.39。

表 2.3.39　模板安装工程检验批质量验收记录

单位(子单位)工程名称																
分部(子分部)工程名称					模板工程						验收部位					屋面模板
施工单位											项目经理					
分包单位											分包项目经理					
施工执行标准名称及编号																
施工质量验收规范的规定						施工单位检查评定记录										监理(建设)单位验收记录
						1	2	3	4	5	6	7	8	9	10	
主控项目	1	模板及支架用材料			第4.2.1条	符合要求										符合要求
	2	模板及支架安装质量			第4.2.2条	符合要求										
	3	后浇带处模板及支架			第4.2.3条	符合要求										
	4	支架竖杆和竖向模板			第4.2.4条	符合要求										
一般项目	1	模板安装质量			第4.2.5条	符合要求										合格
	2	隔离剂的品种和涂刷方法			第4.2.6条											
	3	模板起拱			第4.2.7条											
	4	多层连续支模			第4.2.8条											
	5	预埋件预留孔允许偏差	预埋钢板中心线位置/mm		3											
			预埋管、预留孔中心线位置/mm		3											
			插筋	中心线位置/mm	5											
				外露长度/mm	+10，0											
			预埋螺栓	中心线位置/mm	2											
				外露长度/mm	+10，0											
			预留洞	中心线位置/mm	10											
				尺寸/mm	+10，0											
	6	模板安装允许偏差	轴线位移/mm		5											
			底模上表面标高/mm		±5											
			模板内部尺寸/mm	基础	±10											
				柱、梁、墙	±5											
				楼梯相邻踏步高差	±5											
			层高垂直度/mm	≤6 m	8											
				>6 m	10											
			相邻两板表面高低差/mm		2											
			表面平整度/mm		5											
施工单位检查评定结果	专业工长(施工员)								施工班组长							
	主控项目符合规范规定要求，一般项目全部合格。 项目专业质量检查员：　　　　年　月　日															

续表

监理(建设)单位 验收结论	合格，通过验收。 专业监理工程师： (建设单位项目专业技术负责人)　　　　年　月　日

施工单位专业技术负责人应对操作人员进行技术交底，对完成后无法检查的内容进行隐蔽工程验收，对照图纸完成所浇筑结构的位置、标高、几何尺寸、预留预埋等技术复核工作。模板工程技术复核工作在某些地区被称为工程预检，填写工程预检记录，见表 2.3.40 所示；板、梁模板工程施工质量验收合格后，模板施工班组进行自检，自检合格后再向下道工序施工班组交接，并填写交接班记录，分别填写于表 2.3.41、表 2.3.42 中。

表 2.3.40　预检记录

<table>
<tr><td>工程名称</td><td colspan="2"></td><td>预检项目</td><td colspan="2">钢筋工程</td></tr>
<tr><td>预检部位</td><td colspan="2">楼面/屋面钢筋</td><td>检查日期</td><td colspan="2"></td></tr>
<tr><td colspan="6">依据：施工图(图纸号________)，设计变更/洽商(编号________)，有关规范、规程。
主要材料或设备：________
规格/型号：________</td></tr>
<tr><td colspan="6">预检内容：
1. 模板安装是否牢固
2. 模板轴线有无位移
3. 模板涂刷脱模剂是否均匀
4. 模板的标高是否符合设计要求</td></tr>
<tr><td colspan="6">检查意见：
1. 模板安装牢固
2. 模板轴线无位移
3. 模板涂刷脱模剂均匀
4. 模板的标高符合设计要求</td></tr>
<tr><td colspan="6">复查意见：
经检查：质量符合规范规定要求，同意进行下道工序。
复查人：　　　　复查日期：</td></tr>
<tr><td colspan="2">施工单位</td><td colspan="4"></td></tr>
<tr><td colspan="2">项目(专业)技术负责人</td><td colspan="2">项目专业质检员</td><td colspan="2">项目专业工长(施工员)</td></tr>
<tr><td colspan="2"></td><td colspan="2"></td><td colspan="2"></td></tr>
</table>

表 2.3.41　班组自检记录

<table>
<tr><td>工程名称</td><td></td><td>预检项目</td><td>钢筋工程</td></tr>
<tr><td>自检部位</td><td>楼面/屋面钢筋</td><td>自检日期</td><td></td></tr>
<tr><td>操作日期</td><td></td><td>完成日期</td><td></td></tr>
<tr><td colspan="4">依据：施工图(图纸号________________________________)、设计变更/洽商(编号____________________)和有关规范、规程。
主要材料或设备：________________________________
规格/型号：________________________________</td></tr>
<tr><td colspan="4">班组自检内容：
1. 模板安装是否牢固
2. 模板轴线有无位移
3. 模板是否涂刷脱模剂
4. 模板的标高是否符合设计要求</td></tr>
<tr><td colspan="4">班组自检意见：
1. 模板安装牢固
2. 模板轴线无位移
3. 模板涂刷脱模剂均匀
4. 模板的标高符合设计要求</td></tr>
<tr><td colspan="4">复查意见：
经检查：质量符合规范规定要求，同意进行下道工序。
复查人：　　　　　　　复查日期：</td></tr>
<tr><td colspan="2">自检人</td><td colspan="2">班组长</td></tr>
<tr><td colspan="2"></td><td colspan="2"></td></tr>
<tr><td colspan="4">注：本表由施工企业保存。</td></tr>
</table>

表 2.3.42　工序交接检查记录

<table>
<tr><td>工程名称</td><td colspan="2"></td><td>预检项目</td><td>钢筋工程</td></tr>
<tr><td>移交单位名称</td><td colspan="2">模板班组</td><td>接收单位名称</td><td>钢筋班组</td></tr>
<tr><td>交接部位</td><td colspan="2"></td><td>日期</td><td></td></tr>
<tr><td colspan="5">交接内容：
1. 模板安装是否牢固
2. 模板轴线有无位移
3. 模板涂刷脱模剂是否均匀
4. 模板的标高是否符合设计要求</td></tr>
<tr><td colspan="5">检查结果：
1. 模板安装牢固
2. 模板轴线无位移
3. 模板涂刷脱模剂均匀
4. 模板的标高符合设计要求</td></tr>
<tr><td colspan="5">复查意见：
经检查：质量符合规范规定要求，同意进行下道工序。
复查人：　　　　复查日期：</td></tr>
<tr><td colspan="5">见证单位意见：
经检查：质量符合规范规定要求，同意进行下道工序。</td></tr>
<tr><td>见证单位名称</td><td colspan="4"></td></tr>
<tr><td rowspan="2">签字栏</td><td>移交单位</td><td>接收单位</td><td colspan="2">见证单位</td></tr>
<tr><td></td><td></td><td colspan="2"></td></tr>
<tr><td colspan="5">注：(1)本表由移交单位、接收单位和见证单位各存一份；
(2)见证单位应根据实际检查情况，并汇总移交和接收单位意见，形成见证单位意见。</td></tr>
</table>

2.3.3.2　构造柱混凝土浇筑

构造柱的施工有钢筋安装、支模及浇筑混凝土三部分，分别在三个不同的环节完成。“2.3.2.5 构造柱钢筋安装及摆砖样”是“墙体砌筑工程”的第二步，“2.3.2.10 构造柱支模”是“墙体砌筑工程”的最后一步，而“构造柱混凝土浇筑”则是在混凝土楼板支模和绑扎钢筋之间，即与楼板施工同步进行。构造柱工程量虽然不大，却是不可忽视的重要施工环节，因为在各自所处的工序环节及时地插入完成，对于主体两大子分部工程砌墙和钢筋混凝土楼板施工交替推进并保持均衡、连续和有节奏，起着非常重要的作用，确保了各自后续施工的顺利开展。关于构造柱的设置原则及构造要求，在“1.4.7.2 多层砌体房屋抗震构造措施”中有详细介绍。

2.3.3.3　楼面梁、板钢筋安装及楼面预埋管道与预埋件敷设

楼面梁、板钢筋安装是整个楼面梁、板钢筋工程的主导工序。从构造形式和所处部位来看，普通楼板钢筋主要有跨中板底筋、支座上部扣筋及相应的分布筋；梁的钢筋有支座、跨中纵向钢筋、箍筋及构造架立钢筋等。梁钢筋及楼板示意如图 2.3.8、图 2.3.9 所示。较为完整的楼面梁、板钢筋工程施工内容包括钢筋材料、加工、连接与安装及质量检查等。楼面预埋管道与预埋件敷设，穿插于钢筋安装过程中进行。

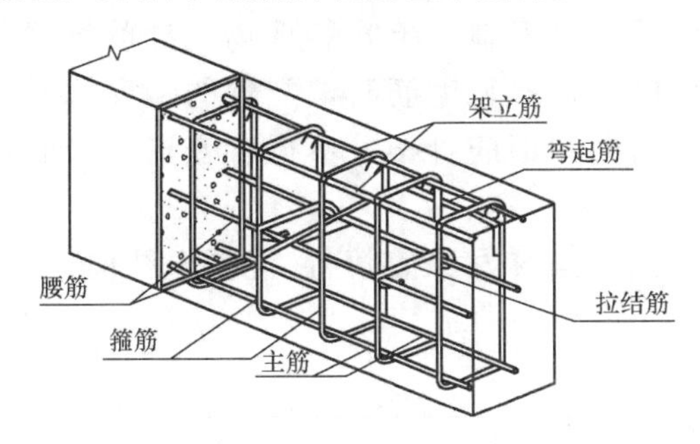

图 2.3.8　梁钢筋示意

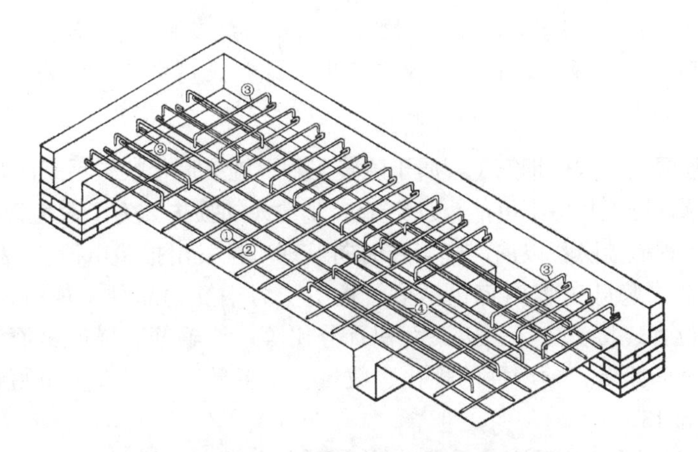

图 2.3.9　楼板钢筋及模板示意

①、②—板跨中、下部钢筋；③—板边缘支座上部钢筋；

④—板中间支座上部钢筋

1. 钢筋材料

钢筋混凝土配筋选用直条或盘条状钢材，其外形分为光圆钢筋和变形钢筋两种。钢筋在混凝土中主要承受拉应力。变形钢筋由于肋的作用，和混凝土有较大的粘结能力，因而能更好地承受外力的作用。钢筋工程宜应用高强度钢筋及专业化生产的成型钢筋；当需要进行钢筋替换时，应办理设计变更文件；应采取可靠措施，避免钢筋进场及在施工过程中发生混淆。

2. 钢筋的加工

成型钢筋宜在专业化企业生产，并应采用专用设备；钢筋加工的形状、尺寸应符合设计要求；除锈、调直、切断、弯曲成型的方法及采用冷拉或预应力等施工工艺均应符合设计或相关规范要求，并准备好相应的专用设施设备。

3. 钢筋的连接与安装

施工单位应根据设计要求和施工条件，确定钢筋的运输和安装的方法。如采用搭接、焊接或机械连接等方式；做好技术交底，如钢筋安装顺序、方向，以及在梁、板等构件中的连接位置、方式、间距、接头面积控制等，均应符合设计或相关规范要求。

4. 质量检查

钢筋进场时应检查相关性能及质量、成型钢筋的产品合格证、出厂检验报告等；钢筋加工后应检查尺寸偏差；对于制作于安装现场之外的钢筋骨架，吊运时应采取增加斜向支撑钢筋的防变形措施；安装钢筋时，配置的钢筋牌号、规格和数量应符合设计要求；绑扎或焊接的钢筋网和钢筋骨架，不得有变形、松脱和开焊；钢筋安装后应检查钢筋位置。

对楼面梁、板钢筋工程施工，未尽事宜执行《混凝土结构工程施工规范》(GB 50666—2011)“5 钢筋工程”的规定。

施工质量验收

钢筋混凝土梁、板钢筋工程验收，执行《混凝土结构工程施工质量验收规范》(GB 50204—2015)“5 钢筋分项工程”的规定，其中“主控项目”和“一般项目”选项仅做参考，检验批质量验收表中序号索引自规范原文，在这里仅做参考，工程应用中须按结构形式、施工条件等实际情况做必要的调整。

由于主体钢筋混凝土构件钢筋工程属于隐蔽工程，施工后很快被后来浇筑的混凝土覆盖，如果发生质量问题，返工几乎不可能，且会造成非常大的损失。为了避免损失及保证施工正常进程，在钢筋工程掩盖隐蔽以前，应当及时向监理单位发出报验申请表(表 2.3.12)，进行钢筋隐蔽工程验收。隐蔽工程内容包括梁、板主受力钢筋的品种、规格、数量、位置等，连接方式、接头位置、接头数量、接头面积百分比等；梁箍筋、横向钢筋及板分布筋的品种、规格、数量、间距等；预埋件的规格、数量、位置等。施工人员填写钢筋隐蔽工程验收记录，见表 2.3.43。

钢筋混凝土楼板钢筋工程施工质量验收主要内容有钢筋原材料、加工、连接及安装。施工人员在监理工程师(建设单位项目技术负责人)组织下进行钢筋工程施工质量验收工作。其中，钢筋原材料检验批质量验收记录表见表 2.3.44；钢筋加工检验批质量验收记录表见表 2.3.45；钢筋安装工程检验批质量验收记录表见表 2.3.46。

监理提示

在钢筋加工安装过程中，施工单位应认真配合监理工作人员填写模板安装工程检验批质量验收记录，见表 2.3.39，此过程是由监理工程师(建设单位项目工程师)组织项目专业质量(技术)负责人及项目专业质量检查员等开展完成的。检验批质量验收表中索引条款编号来自《混凝土结构工程施工质量验收规范》(GB 50204—2015)原文，限于篇幅不做复述。

表 2.3.43　钢筋隐蔽工程验收记录

<table>
<tr><td>工程名称</td><td colspan="5"></td></tr>
<tr><td>隐检项目</td><td colspan="2">钢筋工程</td><td colspan="2">隐检日期</td><td></td></tr>
<tr><td>隐检部位</td><td colspan="2">楼面板、梁钢筋</td><td>层</td><td></td><td>轴线　　标高</td></tr>
<tr><td colspan="6">隐检依据：施工图图号 ____________________，设计变更/洽商（编号 ____________________）及有关国家现行标准等。
主要受力钢筋规格、型号：</td></tr>
<tr><td colspan="2">隐检内容</td><td colspan="3">质量状况</td><td>备注</td></tr>
<tr><td colspan="2">各种直径钢筋接头方法</td><td colspan="3"></td><td></td></tr>
<tr><td colspan="2">各种直径钢筋搭接长度</td><td colspan="3"></td><td></td></tr>
<tr><td colspan="2">钢筋接头位置</td><td colspan="3"></td><td></td></tr>
<tr><td colspan="2">同一截面接头占总面积的百分比/%</td><td colspan="3"></td><td></td></tr>
<tr><td colspan="2">钢筋是否锈蚀、锈蚀程度、锈蚀情况</td><td colspan="3"></td><td></td></tr>
<tr><td colspan="2">保护层厚度</td><td colspan="3"></td><td></td></tr>
<tr><td colspan="2">限位措施</td><td colspan="3"></td><td></td></tr>
<tr><td colspan="2">钢筋替换情况</td><td colspan="3"></td><td></td></tr>
<tr><td colspan="2">其他</td><td colspan="3"></td><td></td></tr>
<tr><td colspan="6">图示：
（附图）</td></tr>
<tr><td>检查验收意见</td><td colspan="5">质量经检查符合规范规定要求，同意进行隐蔽。</td></tr>
<tr><td>施工单位项目
（专业）技术负责人</td><td></td><td colspan="3">监理工程师
（建设单位项目技术负责人）</td><td></td></tr>
</table>

表 2.3.44 钢筋原材料检验批质量验收记录

<table>
<tr><td colspan="2">工程名称</td><td colspan="2"></td><td>分项工程名称</td><td></td><td>验收部位</td><td></td></tr>
<tr><td colspan="2">施工单位</td><td colspan="4"></td><td>项目经理</td><td></td></tr>
<tr><td colspan="2">分包单位</td><td colspan="4"></td><td>分包项目经理</td><td></td></tr>
<tr><td colspan="2">施工执行标准名称及编号</td><td colspan="6"></td></tr>
<tr><td>检控项目</td><td>序号</td><td colspan="2">质量验收规范的规定</td><td colspan="2">施工单位检查评定记录</td><td colspan="2">监理(建设)单位验收记录</td></tr>
<tr><td rowspan="8">主控项目</td><td>1</td><td>钢筋进场检验</td><td>第 5.2.1 条</td><td colspan="2"></td><td colspan="2" rowspan="8"></td></tr>
<tr><td>2</td><td>…</td><td></td><td colspan="2"></td></tr>
<tr><td>1)</td><td>抗拉强度与屈服强度的比值</td><td>≥1.25</td><td colspan="2"></td></tr>
<tr><td>2)</td><td>屈服强度与强度标准值的比值</td><td>≤1.3</td><td colspan="2"></td></tr>
<tr><td>3</td><td>总伸长率实测值</td><td>第 5.2.3 条</td><td colspan="2"></td></tr>
<tr><td></td><td></td><td></td><td colspan="2"></td></tr>
<tr><td></td><td></td><td></td><td colspan="2"></td></tr>
<tr><td></td><td></td><td></td><td colspan="2"></td></tr>
<tr><td rowspan="5">一般项目</td><td>1</td><td>钢筋外观质量</td><td>第 5.2.4 条</td><td colspan="2"></td><td colspan="2" rowspan="5"></td></tr>
<tr><td>2</td><td>…</td><td></td><td colspan="2"></td></tr>
<tr><td></td><td></td><td></td><td colspan="2"></td></tr>
<tr><td></td><td></td><td></td><td colspan="2"></td></tr>
<tr><td></td><td></td><td></td><td colspan="2"></td></tr>
<tr><td colspan="2" rowspan="2">施工单位检查评定结果</td><td>专业工长(施工员)</td><td colspan="2"></td><td>施工班组长</td><td colspan="2"></td></tr>
<tr><td colspan="6">项目专业质量检查员：　　年　月　日</td></tr>
<tr><td colspan="2">监理(建设)单位验收结论</td><td colspan="6">监理工程师：
(建设单位项目专业技术负责人)　　年　月　日</td></tr>
</table>

表 2.3.45　钢筋加工检验批质量验收记录

<table>
<tr><td colspan="4">单位(子单位)工程名称</td><td colspan="12"></td></tr>
<tr><td colspan="4">分部(子分部)工程名称</td><td colspan="6">钢筋工程</td><td colspan="4">验收部位</td><td colspan="2">钢筋混凝土楼面梁</td></tr>
<tr><td colspan="3">施工单位</td><td colspan="7"></td><td colspan="4">项目经理</td><td colspan="2"></td></tr>
<tr><td colspan="3">分包单位</td><td colspan="7"></td><td colspan="4">分包项目经理</td><td colspan="2"></td></tr>
<tr><td colspan="4">施工执行标准名称及编号</td><td colspan="12"></td></tr>
<tr><td colspan="5">施工质量验收规范的规定</td><td colspan="10">施工单位检查评定记录</td><td>监理(建设)单位验收记录</td></tr>
<tr><td rowspan="4">主控项目</td><td>1</td><td colspan="2">钢筋弯折的弯弧内直径</td><td>第 5.3.1 条</td><td colspan="10">符合要求</td><td rowspan="4">符合要求</td></tr>
<tr><td>2</td><td colspan="2">纵向受力钢筋弯折后的平直段长度</td><td>第 5.3.2 条</td><td colspan="10">符合要求</td></tr>
<tr><td>3</td><td colspan="2">箍筋、拉筋末端作弯钩</td><td>第 5.3.3 条</td><td colspan="10">符合要求</td></tr>
<tr><td>4</td><td colspan="2">盘卷钢筋调直后的力学性能和重量偏差检验</td><td>第 5.3.4 条</td><td colspan="10">符合要求</td></tr>
<tr><td rowspan="3">一般项目</td><td rowspan="3">1</td><td rowspan="3">钢筋加工的形状、尺寸</td><td>受力钢筋沿长度方向全长的净尺寸</td><td>±10</td><td></td><td></td><td></td><td></td><td></td><td></td><td></td><td></td><td></td><td></td><td rowspan="3">合格</td></tr>
<tr><td>弯起钢筋的弯折位置</td><td>±20</td><td></td><td></td><td></td><td></td><td></td><td></td><td></td><td></td><td></td><td></td></tr>
<tr><td>箍筋外廓尺寸</td><td>±5</td><td></td><td></td><td></td><td></td><td></td><td></td><td></td><td></td><td></td><td></td></tr>
<tr><td colspan="3" rowspan="2">施工单位检查评定结果</td><td colspan="2">专业工长(施工员)</td><td colspan="5"></td><td colspan="4">施工班组长</td><td colspan="2"></td></tr>
<tr><td colspan="13">主控项目符合规范规定要求，一般项目全部合格。

项目专业质量检查员：　　　　　　　　年　　月　　日</td></tr>
<tr><td colspan="3">监理(建设)单位验收结论</td><td colspan="13">合格，通过验收。
专业监理工程师：
(建设单位项目专业技术负责人)　　　　　　　　年　　月　　日</td></tr>
</table>

表 2.3.46 钢筋安装工程检验批质量验收记录

单位(子单位)工程名称															
分部(子分部)工程名称		钢筋工程			验收部位						钢筋混凝土楼面梁				
施工单位					项目经理										
分包单位					分包项目经理										
施工执行标准名称及编号															
施工质量验收规范的规定					施工单位检查评定记录										监理(建设)单位验收记录
主控项目	1	钢筋的连接方式		第 5.4.1 条	符合要求										符合要求
	2	机械连接和焊接接头的力学性能		第 5.4.2 条											
	3	受力钢筋的牌号、规格和数量		第 5.5.1 条	符合要求										
一般项目	1	接头位置和数量		第 5.4.4 条	符合要求										合格
	2	机械连接、焊接的外观质量		第 5.4.5 条											
	3	机械连接、焊接的接头面积百分率		第 5.4.6 条											
	4	绑扎搭接接头面积百分率和搭接长度		第 5.4.7 条	符合要求										
	5	搭接长度范围内的箍筋		第 5.4.8 条	符合要求										
	6 钢筋安装允许偏差	绑扎钢筋网	长、宽/mm	±10											
			网眼尺寸/mm	±20											
		绑扎钢筋骨架	长/mm	±10	5	8	2	4	7	5	3	6	4	5	
			宽、高/mm	±5	2	5	2	4	6	2	5	3	2	4	
		纵向受力钢筋	锚固长度	−20											
			间距/mm	±10	8	5	2	9	6	3	4	7	8	5	
			排距/mm	±5	2	3	4	4	1	4	2	4	2	3	
		纵向受力钢筋、箍筋的混凝土保护层厚度/mm	基础	±10											
			柱、梁	±5	2	4	2	3	2	4	1	2	3	1	
			板、墙、壳	±3											
		绑扎箍筋、横向钢筋间距/mm		±20	5	9	8	5	6	3	2	4	7	8	
		钢筋弯起点位置/mm		20	8	5	9	3	2	7	5	4	9	4	
		预埋件	中心线位置/mm	5											
			水平高差/mm	+3，0											

续表

施工单位检查 评定结果	专业工长(施工员)		施工班组长	
	主控项目符合规范规定要求，一般项目全部合格。 项目专业质量检查员：　　　年　月　日			
监理(建设)单位 验收结论	合格，通过验收。 专业监理工程师： (建设单位项目专业技术负责人)　　　年　月　日			

2.3.3.4 楼面混凝土浇筑及养护

楼面混凝土浇筑及养护，是混凝土楼板现浇结构工程的主要组成部分。较为完整的混凝土现浇结构工程应该包括两大部分，一是混凝土的制备与运输；二是现浇结构工程。其中，混凝土的制备与运输主要包括：选用符合要求的原材料及原材料进场与储存；混凝土配合比的确定；混凝土搅拌；混凝土运输；混凝土材料质量检查。现浇结构工程主要包括：混凝土的输送；混凝土的浇筑；混凝土的振捣；混凝土的养护；混凝土现浇工程质量检查。

施工单位首先需确定混凝土搅拌和运输的方法，应优先选择预拌混凝土。如果采用现场拌制，则考虑是集中搅拌还是分散搅拌，并选择搅拌机型号、数量；然后进行配合比设计，确定原材料计量、上料方式及混凝土输送方法。混凝土的浇筑，应认真落实施工顺序、施工缝位置、分层高度、工作班制、浇捣方法、养护制度及机械工具配备型号和数量等问题。

1. 混凝土的制备与运输

(1)选用符合要求的原材料及原材料进场与储存。混凝土原材料包括水泥、粗骨料(碎石、碎卵石或卵石)、细骨料(天然砂或机制砂)和水，特殊条件下还有外加剂等。原材料进场与储存应符合有关规定。

(2)混凝土配合比的确定。混凝土配合比的设计及计算应符合有关原则，并按规定步骤进行；对于施工配合比，应填写配合比报告单，并提交有关人员批准。遇有下列情况时，应重新进行配合比设计：当混凝土性能指标有变化或者有其他特殊要求时；水泥、外加剂或矿物掺合料品种、质量改变时；同一配合比的混凝土生产间断三个月以上时。

(3)混凝土搅拌。混凝土搅拌方式可分为预拌混凝土搅拌站搅拌、现场集中搅拌和现场小规模搅拌；混凝土搅拌应计量准确，搅拌均匀，各项匀质性指标应符合设计要求；混凝土搅拌的最短时间应符合有关要求。

(4)混凝土运输。混凝土在运输过程中应保证拌合物的均匀性和工作性；混凝土运输应采取措施保证连续供应，满足现场施工要求；采用混凝土搅拌运输车运输混凝土时，现场行驶道路应符合有关规定；采用混凝土搅拌运输车运送混凝土过程中，必要时可在罐内按规定方法加入符合有关要求的减水剂；当采用机动翻斗车运输混凝土时，场内道路应平整，临时坡道或支架应牢固，铺板接头应平顺。

(5)混凝土材料质量检查。混凝土在生产过程中应按有关规定进行检查；检查混凝土质量应进行抗压强度试验；当采用预拌混凝土时，供方应提供混凝土配合比通知单、混凝土抗压强度报告、混凝土质量合格证和混凝土运输单；当需要其他资料时，供需双方应在合同中明确约定；对各种混凝土拌合物均应检验其稠度，稠度检验应符合有关规定；对掺引气型外加剂的混凝土拌合物应检验其含气量，含气量检验应符合有关规定。

2. 现浇结构工程

(1)混凝土的输送。根据施工现场条件，选择经济合理的混凝土输送方式。输送时可采用输送混凝土的容器、输送管、输送溜槽等专用设备，也可采用垂直井架配合小车输送混凝土或者吊车配合斗容器，混凝土运输车配合输送泵车之类高效输送方式的应用也越来越广泛。

(2)混凝土的浇筑。浇筑混凝土前，应清除模板内杂物，木模板应浇水湿润；混凝土浇筑过程中应有效控制混凝土的均匀性和密实性，混凝土应连续浇筑并使其成为连续的整体；混凝土从搅拌完成到浇筑完毕的延续时间，涉及运输、输送、浇筑及间歇，必须在特定条件和规定时间内完成；混凝土浇筑高度应符合规定，防止混凝土发生离析；选用泵送混凝土浇筑等方法时应符合有关条件。

(3)混凝土的振捣。混凝土振捣应保证不过振、不欠振、不漏振。混凝土振捣应能使模板内各个角落都充满密实、均匀的混凝土；楼面梁、板混凝土振捣应采用振动棒或表面振动器，必要时可采用人工辅助振捣；振动棒振捣的方法、持续时间、振动棒移动间距、振捣点排列方式等，均应符合有关规定；混凝土分层振捣的厚度应符合规定；表面振动器振捣应覆盖振捣平面边角，且移动间距应覆盖已振实部分混凝土边缘。

(4)混凝土的养护。考虑现场条件、环境温湿度、构件特点、技术要求及施工操作等因素，混凝土养护可采用浇水、蓄热、喷涂养护剂等不同的方式进行；混凝土的养护时间应符合有关规定；楼板结构裸露表面应及时进行养护，具体操作可选择采用直接浇水、覆盖麻袋或草帘浇水养护，必要时采用蓄热养护或喷涂养护剂养护等方法。

(5)质量检查。现浇结构工程质量检查内容丰富、过程较复杂，包括：混凝土结构质量检查、施工质量预检、质量过程控制的检查、坍落度的检查、结构拆模后的质量检查，以及混凝土构件的位置、垂直度以及表面平整度的检查，混凝土结构预埋件的检查，上述检查方法和合格标准均应符合有关规定；混凝土构件外观缺陷的定义，应按现行国家标准《混凝土结构工程施工质量验收规范》(GB 50204—2015)确定。混凝土外观缺陷可采用观察、尺量、局部剔凿或仪器探察等方法检查，并应符合相关规定。

楼面钢筋混凝土梁、板混凝土施工过程中，施工人员应填好混凝土工程施工记录，见表 2.3.47。

关于楼面梁、板混凝土施工，未尽事宜执行《混凝土结构工程施工规范》(GB 50666—2011)“7 混凝土制备与运输”与“8 现浇结构工程”的规定。

表 2.3.47　混凝土工程施工记录

______年____月____日____时至____时，气温______天气______风力______

建设单位名称：____________

单位工程名称：____________

结构名称及浇筑部位(标明轴线和标高)___屋面/楼面梁板___

混凝土数量________(m³)，当班完成产量____________(m³)

混凝土设计等级____C25____配合比报告编号________

混凝土配合比检查情况(列表如下)：

材料	水泥		水		外加剂名称及用量		砂		石	
	第一次	第二次	第一次	第二次	第一次	第二次	第一次	第二次	第一次	第二次
骨料含水率/%										
骨料含水量/kg										
每 m³ 混凝土湿料实用量/kg										
每缶(盘)混凝土湿料实用量/kg										
每 m³ 混凝土材料设计用量/kg										

坍落度(cm)：要求________，第一次测试结果________，第二次测试结果________

水泥品种、生产厂及等级____________，搅拌机型号________

混凝土捣实方法________，混凝土养护方法________

试块数量编号及试压结果：

试件	留置组数	试块编号及试压结果									
同条件养护											
标准养护											

注：(1)试块试压结果栏中注明试压报告编号和试压龄期。

(2)附浇筑示意图。示意图应标明浇筑方向、浇筑方量、浇筑日期、施工缝设置部位、试块留置数量及位置。

拆模时间________

项目(专业)技术负责人：　　　　项目专业质量检验员：

施工质量验收

楼面梁、板混凝土分项工程施工验收，执行《混凝土结构工程施工质量验收规范》(GB 50204—2015)“7 混凝土分项工程”以及“8 现浇结构分项工程”的规定，其中“主控项目”和“一般项目”选项仅做参考，检验批质量验收表中序号索引自规范原文，在这里仅做参考，工程应用中须按结构形式、施工条件等实际情况做必要调整。

楼面钢筋混凝土梁、板混凝土工程验收主要内容包括混凝土原材料、配合比设计、混凝土施工、现浇结构外观质量及尺寸偏差。施工人员在监理工程师(建设单位项目技术负责人)组织下进行钢筋工程施工质量验收工作。其中，原材料检验批质量验收记录表见表 2.3.48，混凝土施工检验批质量验收记录表见表 2.3.49，现浇结构外观及尺寸偏差检验批质量验收记录表见表 2.3.50。

表 2.3.48　混凝土原材料检验批质量验收记录

<table>
<tr><td colspan="3">单位(子单位)工程名称</td><td colspan="4"></td></tr>
<tr><td colspan="3">分部(子分部)工程名称</td><td colspan="2"></td><td>使用部位</td><td></td></tr>
<tr><td colspan="3">施工单位</td><td colspan="2"></td><td>项目经理</td><td></td></tr>
<tr><td colspan="3">分包单位</td><td colspan="2"></td><td>分包项目经理</td><td></td></tr>
<tr><td colspan="3">施工执行标准名称及编号</td><td colspan="4"></td></tr>
<tr><td colspan="4">施工质量验收规范的规定</td><td colspan="2">施工单位检查评定记录</td><td>监理(建设)单位验收记录</td></tr>
<tr><td rowspan="3">主控项目</td><td>1</td><td>水泥进场检验</td><td>第 7.2.1 条</td><td colspan="2"></td><td rowspan="6"></td></tr>
<tr><td>2</td><td>混凝土外加剂进场检验</td><td>第 7.2.2 条</td><td colspan="2"></td></tr>
<tr><td>3</td><td>水泥、外加剂进场检验</td><td>第 7.2.3 条</td><td colspan="2"></td></tr>
<tr><td rowspan="3">一般项目</td><td>1</td><td>矿物掺合料质量及掺量</td><td>第 7.2.4 条</td><td colspan="2"></td></tr>
<tr><td>2</td><td>粗、细骨料的质量</td><td>第 7.2.5 条</td><td colspan="2"></td></tr>
<tr><td>3</td><td>拌制混凝土用水</td><td>第 7.2.6 条</td><td colspan="2"></td></tr>
<tr><td colspan="2" rowspan="2">施工单位检查评定结果</td><td>专业工长(施工员)</td><td colspan="2"></td><td>施工班组长</td><td></td></tr>
<tr><td colspan="5">项目专业质量检查员：　　　　年　月　日</td></tr>
<tr><td colspan="2">监理(建设)单位验收结论</td><td colspan="5">专业监理工程师：
(建设单位项目专业技术负责人)　　　　年　月　日</td></tr>
</table>

表 2.3.49 混凝土施工检验批质量验收记录

<table>
<tr><td colspan="3">单位(子单位)工程名称</td><td colspan="4"></td></tr>
<tr><td colspan="3">分部(子分部)工程名称</td><td colspan="2"></td><td>验收部位</td><td></td></tr>
<tr><td colspan="2">施工单位</td><td colspan="3"></td><td>项目经理</td><td></td></tr>
<tr><td colspan="2">分包单位</td><td colspan="3"></td><td>分包项目经理</td><td></td></tr>
<tr><td colspan="3">施工执行标准名称及编号</td><td colspan="4"></td></tr>
<tr><td colspan="4">施工质量验收规范的规定</td><td>施工单位检查评定记录</td><td colspan="2">监理(建设)单位验收记录</td></tr>
<tr><td rowspan="6">主控项目</td><td>1</td><td>混凝土强度等级及试件的取样和留置</td><td>第 7.4.1 条</td><td></td><td colspan="2"></td></tr>
<tr><td></td><td></td><td></td><td></td><td colspan="2"></td></tr>
<tr><td></td><td></td><td></td><td></td><td colspan="2"></td></tr>
<tr><td></td><td></td><td></td><td></td><td colspan="2"></td></tr>
<tr><td></td><td></td><td></td><td></td><td colspan="2"></td></tr>
<tr><td></td><td></td><td></td><td></td><td colspan="2"></td></tr>
<tr><td rowspan="4">一般项目</td><td>1</td><td>后浇带和施工缝的位置和处理方法</td><td>第 7.4.2 条</td><td></td><td colspan="2"></td></tr>
<tr><td>2</td><td>混凝土养护</td><td>第 7.4.3 条</td><td></td><td colspan="2"></td></tr>
<tr><td></td><td></td><td></td><td></td><td colspan="2"></td></tr>
<tr><td></td><td></td><td></td><td></td><td colspan="2"></td></tr>
<tr><td colspan="3" rowspan="2">施工单位检查
评定结果</td><td>专业工长(施工员)</td><td></td><td>施工班组长</td><td></td></tr>
<tr><td colspan="4">项目专业质量检查员：
年 月 日</td></tr>
<tr><td colspan="3">监理(建设)单位
验收结论</td><td colspan="4">专业监理工程师：
(建设单位项目专业技术负责人)：
年 月 日</td></tr>
</table>

表 2.3.50　现浇结构外观及尺寸偏差检验批质量验收记录

<table>
<tr><td colspan="5">单位(子单位)工程名称</td><td colspan="12"></td></tr>
<tr><td colspan="5">分部(子分部)工程名称</td><td colspan="8">混凝土工程</td><td colspan="3">验收部位</td><td>屋面梁、板</td></tr>
<tr><td colspan="3">施工单位</td><td colspan="10"></td><td colspan="3">项目经理</td><td></td></tr>
<tr><td colspan="3">分包单位</td><td colspan="10"></td><td colspan="3">分包项目经理</td><td></td></tr>
<tr><td colspan="5">施工执行标准名称及编号</td><td colspan="12"></td></tr>
<tr><td colspan="6" rowspan="2">施工质量验收规范的规定</td><td colspan="10">施工单位检查评定记录</td><td rowspan="2">监理(建设)单位验收记录</td></tr>
<tr><td>1</td><td>2</td><td>3</td><td>4</td><td>5</td><td>6</td><td>7</td><td>8</td><td>9</td><td>10</td></tr>
<tr><td rowspan="2">主控项目</td><td>1</td><td colspan="3">外观质量</td><td>第 8.2.1 条</td><td colspan="10">符合规范要求</td><td rowspan="2">符合要求</td></tr>
<tr><td>2</td><td colspan="3">过大尺寸偏差处理及验收</td><td>第 8.3.1 条</td><td colspan="10">—</td></tr>
<tr><td rowspan="24">一般项目</td><td>1</td><td colspan="3">外观质量一般缺陷</td><td>第 8.2.2 条</td><td colspan="10">符合规范要求</td><td rowspan="24">合格</td></tr>
<tr><td rowspan="3">2</td><td rowspan="3">轴线位移/mm</td><td colspan="2">整体基础</td><td>15</td><td></td><td></td><td></td><td></td><td></td><td></td><td></td><td></td><td></td><td></td></tr>
<tr><td colspan="2">独立基础</td><td>10</td><td></td><td></td><td></td><td></td><td></td><td></td><td></td><td></td><td></td><td></td></tr>
<tr><td colspan="2">墙、柱、梁</td><td>8</td><td>4</td><td>9</td><td>8</td><td>4</td><td>2</td><td>4</td><td>7</td><td>4</td><td>6</td><td>2</td></tr>
<tr><td rowspan="4">3</td><td rowspan="4">垂直度/mm</td><td rowspan="2">柱、墙层高</td><td>≤6 m</td><td>10</td><td>7</td><td>8</td><td>4</td><td>6</td><td>4</td><td>5</td><td>1</td><td>6</td><td>3</td><td>5</td></tr>
<tr><td>>6 m</td><td>12</td><td></td><td></td><td></td><td></td><td></td><td></td><td></td><td></td><td></td><td></td></tr>
<tr><td rowspan="2">全高</td><td>$H\leqslant300$ m</td><td>$H/30\,000+20$</td><td></td><td></td><td></td><td></td><td></td><td></td><td></td><td></td><td></td><td></td></tr>
<tr><td>$H>300$ m</td><td>$H/1\,000$ 且≤80</td><td></td><td></td><td></td><td></td><td></td><td></td><td></td><td></td><td></td><td></td></tr>
<tr><td rowspan="2">4</td><td rowspan="2">标高/mm</td><td colspan="2">层高</td><td>±10</td><td>5</td><td>4</td><td>5</td><td>5</td><td>4</td><td>7</td><td>5</td><td>1</td><td>2</td><td>5</td></tr>
<tr><td colspan="2">全高</td><td>±30</td><td></td><td></td><td></td><td></td><td></td><td></td><td></td><td></td><td></td><td></td></tr>
<tr><td rowspan="3">5</td><td rowspan="3">截面尺寸</td><td colspan="2">基础</td><td>+15，−10</td><td>7</td><td>1</td><td>4</td><td>6</td><td>3</td><td>2</td><td>8</td><td>5</td><td>6</td><td>4</td></tr>
<tr><td colspan="2">柱、梁、板、墙</td><td>+10，−5</td><td></td><td></td><td></td><td></td><td></td><td></td><td></td><td></td><td></td><td></td></tr>
<tr><td colspan="2">楼梯相邻踏步高差</td><td>±6</td><td></td><td></td><td></td><td></td><td></td><td></td><td></td><td></td><td></td><td></td></tr>
<tr><td rowspan="2">6</td><td rowspan="2">电梯井洞</td><td colspan="2">中心位置/mm</td><td>10</td><td></td><td></td><td></td><td></td><td></td><td></td><td></td><td></td><td></td><td></td></tr>
<tr><td colspan="2">长、宽尺寸/mm</td><td>+25，0</td><td></td><td></td><td></td><td></td><td></td><td></td><td></td><td></td><td></td><td></td></tr>
<tr><td>7</td><td colspan="3">表面平整度/mm</td><td>8</td><td>4</td><td>8</td><td>5</td><td>5</td><td>3</td><td>4</td><td>7</td><td>1</td><td>2</td><td>5</td></tr>
<tr><td rowspan="4">8</td><td rowspan="4">预埋件中心位置/mm</td><td colspan="2">预埋板</td><td>10</td><td></td><td></td><td></td><td></td><td></td><td></td><td></td><td></td><td></td><td></td></tr>
<tr><td colspan="2">预埋螺栓</td><td>5</td><td></td><td></td><td></td><td></td><td></td><td></td><td></td><td></td><td></td><td></td></tr>
<tr><td colspan="2">预埋管</td><td>5</td><td></td><td></td><td></td><td></td><td></td><td></td><td></td><td></td><td></td><td></td></tr>
<tr><td colspan="2">其他</td><td>10</td><td></td><td></td><td></td><td></td><td></td><td></td><td></td><td></td><td></td><td></td></tr>
<tr><td>9</td><td colspan="3">预留洞、孔中心线位置/mm</td><td>15</td><td>5</td><td>74</td><td>6</td><td>4</td><td>7</td><td>4</td><td>5</td><td>2</td><td>7</td><td>5</td></tr>
<tr><td colspan="5" rowspan="2">施工单位检查评定结果</td><td colspan="3">专业工长(施工员)</td><td colspan="4"></td><td colspan="3">施工班组长</td><td colspan="2"></td></tr>
<tr><td colspan="12">主控项目符合规范规定要求，一般项目全部合格。

项目专业质量检查员：　　　　　　年　　月　　日</td></tr>
<tr><td colspan="5">监理(建设)单位验收结论</td><td colspan="12">合格，通过验收。
专业监理工程师：
(建设单位项目专业技术负责人)　　　　　　年　　月　　日</td></tr>
</table>

2.3.4 验收交工

如前所述，一栋砌体房屋完整的形成过程是：定位放线→设置龙门桩(龙门板)→基坑(基槽)开挖边缘放线→土方开挖→地基施工→混凝土垫层浇筑→基础放线→基础施工及地下设备管道铺设→土方回填→找平及放线→构造柱钢筋安装及摆砖样→立皮数杆→盘角及挂线→墙体砌筑→外脚手架搭设→构造柱支模→楼面梁板支模→构造柱混凝土浇筑→楼面梁、板钢筋安装及楼面预埋管道与预埋件敷设→楼面混凝土浇筑及养护→[进入墙体砌筑到楼面混凝土浇筑的循环……]→屋面混凝土浇筑→[室内外装修→屋面防水→门窗工程→室内安装工程→室外工程]→验收交工。

需要说明的是，施工进程结束于“楼面混凝土浇筑及养护”，此后进入墙体砌筑到楼面混凝土浇筑的循环……最终以“屋面混凝土浇筑”标志土建主体工程的完成。虽然屋面混凝土浇筑是主体结构工程施工的重要标志，又称作“结构封顶”，但是结构封顶并非单位工程的结束，而是其他几个重要的分部分项工程的开始，它们是“室内外装修”“屋面防水”“门窗工程”“室内外安装工程”以及“室外工程”，限于篇幅，在此不做进一步介绍。

2.3.4.1 建筑工程质量验收程序和组织

伴随施工过程的推进，无论是前面已经穿插介绍的检验批、分项工程施工质量验收，还是以下将要进一步介绍的分项工程、分部工程施工质量验收和单位工程施工质量验收，不仅是验收的内容、资料格式都有很大的不同，而且参加人员的层级也有所不同，施工质量验收工作，此前均以特殊标志“施工质量验收”标出，且贯穿于砌体结构工程施工过程的自始至终。竣工验收是最后一次，也是最重要的一次施工质量验收工作。

1. 检验批和分项工程

检验批和分项工程是建筑工程质量验收的基础，因此，所有检验批和分项工程均应由监理工程师或建设单位项目技术负责人组织验收。验收前，施工单位先填好“检验批和分项工程的质量验收记录”(有关监理记录和结论不填)，并由项目专业质量检验员和项目专业技术负责人分别在检验批和分项工程质量检验记录表中的相关栏目签字，然后由监理工程师组织，严格按规定程序进行验收。检验批、分项工程施工质量验收记录，详见表 2.3.49 等。

2. 分部工程

分部工程应由总监理工程师(建设单位项目负责人)组织施工单位项目负责人和技术、质量负责人等进行验收；地基与基础、主体结构分部工程的勘察、设计单位工程项目负责人和施工单位技术、质量部门负责人也应参加相关分部工程验收。由于地基基础、主体结构技术性能要求严格，技术性强，关系到整个工程的安全，因此，规定这些分部工程的勘察、设计单位工程项目负责人也应参加相关分部的工程质量验收。分部(子分部)工程施工质量验收记录表详见表 2.3.51，分部(子分部)工程观感检查验收记录表详见表 2.3.52。

表 2.3.51　分部(子分部)工程施工质量验收记录

<table>
<tr><td colspan="2">工程名称</td><td></td><td>结构类型</td><td></td><td>层数</td><td></td></tr>
<tr><td colspan="2">施工单位</td><td></td><td>技术部门负责人</td><td></td><td>质量部门负责人</td><td></td></tr>
<tr><td colspan="2">分包单位</td><td></td><td>分包单位负责人</td><td></td><td>分包技术负责人</td><td></td></tr>
<tr><td>序号</td><td colspan="2">分项工程名称</td><td>检验批数</td><td>施工单位检查评定</td><td colspan="2">验收意见</td></tr>
<tr><td>1</td><td colspan="2"></td><td></td><td></td><td colspan="2" rowspan="8"></td></tr>
<tr><td>2</td><td colspan="2"></td><td></td><td></td></tr>
<tr><td>3</td><td colspan="2"></td><td></td><td></td></tr>
<tr><td>4</td><td colspan="2"></td><td></td><td></td></tr>
<tr><td>5</td><td colspan="2"></td><td></td><td></td></tr>
<tr><td>6</td><td colspan="2"></td><td></td><td></td></tr>
<tr><td></td><td colspan="2"></td><td></td><td></td></tr>
<tr><td></td><td colspan="2"></td><td></td><td></td></tr>
<tr><td colspan="3">质量控制资料</td><td colspan="2"></td><td colspan="2"></td></tr>
<tr><td colspan="3">安全和功能检验(检测)报告</td><td colspan="2"></td><td colspan="2"></td></tr>
<tr><td colspan="3">观感质量验收</td><td colspan="4"></td></tr>
<tr><td rowspan="5">验收单位</td><td colspan="2">分包单位</td><td colspan="4">项目经理：　　　　年　月　日</td></tr>
<tr><td colspan="2">施工单位</td><td colspan="4">项目经理：　　　　年　月　日</td></tr>
<tr><td colspan="2">勘察单位</td><td colspan="4">项目负责人：　　　　年　月　日</td></tr>
<tr><td colspan="2">设计单位</td><td colspan="4">项目负责人：　　　　年　月　日</td></tr>
<tr><td colspan="2">监理(建设)单位</td><td colspan="4">总监理工程师：
(建设单位项目专业负责人)　　年　月　日</td></tr>
</table>

表 2.3.52　分部(子分部)工程观感检查验收记录

<table>
<tr><td colspan="2">单位工程名称</td><td colspan="7"></td></tr>
<tr><td colspan="2">包括的子分部(分项)工程名称</td><td colspan="7"></td></tr>
<tr><td colspan="2">施工单位</td><td colspan="4"></td><td colspan="2">项目技术负责人</td><td></td></tr>
<tr><td rowspan="2">序号</td><td rowspan="2">项目</td><td colspan="3">施工单位自评</td><td rowspan="2">验收检查记录</td><td colspan="3">验收质量评价</td></tr>
<tr><td>好</td><td>一般</td><td>差</td><td>好</td><td>一般</td><td>差</td></tr>
<tr><td>1</td><td></td><td></td><td></td><td></td><td></td><td></td><td></td><td></td></tr>
<tr><td>2</td><td></td><td></td><td></td><td></td><td></td><td></td><td></td><td></td></tr>
<tr><td>3</td><td></td><td></td><td></td><td></td><td></td><td></td><td></td><td></td></tr>
<tr><td>⋮</td><td></td><td></td><td></td><td></td><td></td><td></td><td></td><td></td></tr>
<tr><td>16</td><td></td><td></td><td></td><td></td><td></td><td></td><td></td><td></td></tr>
<tr><td colspan="2">观感质量综合评价</td><td colspan="7"></td></tr>
<tr><td>检查结论</td><td colspan="3">施工单位项目经理：
施工单位质量部门负责人：
年　月　日</td><td>验收结论</td><td colspan="4">总监理工程师：
(建设单位项目专业负责人)
年　月　日</td></tr>
</table>

3. 单位工程

单位工程完工后，施工单位应自行组织有关人员进行检查评定，并向建设单位提交工程验收报告。

施工单位首先要依据质量标准、设计图纸等组织有关人员进行自检，并对检查结果进行评定，符合要求后向建设单位提交工程验收报告和完整的质量资料，请建设单位组织验收。建设单位收到工程报告后，应由建设单位(项目)负责人组织施工(含分包单位)、设计、监理等单位(项目)负责人进行单位(子单位)工程验收。对于单位工程质量验收，虽然勘察单位也是责任主体，但已经参加了地基验收，故单位工程验收时，可以不参加。单位(子单位)工程施工质量竣工验收记录表详见表 2.3.53，单位(子单位)工程安全和功能检测资料核查及主要功能抽查记录表详见表 2.3.54，单位(子单位)工程观感质量检查记录表详见表 2.3.55。

表 2.3.53　单位(子单位)工程质量竣工验收记录

<table>
<tr><td colspan="2">工程名称</td><td colspan="4"></td><td>层数/建筑面积</td><td>层/m^2</td></tr>
<tr><td colspan="2">施工单位</td><td></td><td>技术负责人</td><td colspan="2"></td><td>开工日期</td><td></td></tr>
<tr><td colspan="2">项目经理</td><td></td><td>项目技术负责人</td><td colspan="2"></td><td>竣工日期</td><td></td></tr>
<tr><td>序号</td><td>项目</td><td colspan="2">验收记录</td><td colspan="4">验收结论</td></tr>
<tr><td>1</td><td>分部工程</td><td colspan="2">共　　分部，经查　　分部，
符合标准及设计要求　　分部</td><td colspan="4">符合要求，通过验收</td></tr>
<tr><td>2</td><td>质量控制
资料核查</td><td colspan="2">共　　项，经审查符合要求　　项，
经核定符合规范要求　　项</td><td colspan="4">符合要求，通过验收</td></tr>
<tr><td>3</td><td>安全和主要
使用功能核查
及抽查结果</td><td colspan="2">共抽查　　项，符合要求　　项，
经返工处理符合要求　　项</td><td colspan="4">符合要求，通过验收</td></tr>
<tr><td>4</td><td>观感质量验收</td><td colspan="2">共抽查　　项，符合要求　　项，
不符合要求　　项</td><td colspan="4">符合要求，通过验收</td></tr>
<tr><td>5</td><td>综合验收结论</td><td colspan="2"></td><td colspan="4"></td></tr>
<tr><td rowspan="2">参
加
验
收
单
位</td><td colspan="2">建设单位</td><td colspan="2">监理单位</td><td colspan="2">施工单位</td><td>设计单位</td></tr>
<tr><td colspan="2">单位(项目)负责人：
(公章)
年　月　日</td><td colspan="2">总监理工程师：
(公章)
年　月　日</td><td colspan="2">单位负责人：
(公章)
年　月　日</td><td>单位(项目)负责人：
(公章)
年　月　日</td></tr>
</table>

表 2.3.54 单位(子单位)工程安全和功能检测资料核查及主要功能抽查记录

工程名称			施工单位			
序号	安全和功能检查项目		份数	核查意见	抽查结果	核查(抽查)人
1	建筑与结构	屋面淋水试验记录				
2		地下室防水效果检查记录				
3		有防水要求的地面蓄水试验记录				
4		建筑物垂直度、标高、全高测量记录				
5		抽气(风)道检查记录				
6		幕墙及外窗气密性、水密性、耐风压检测报告				
7		建筑物沉降观测测量记录				
8		节能、保温测试记录				
9		室内外环境检测报告				
10						
1	给水排水与采暖	给水管道通水试验记录				
2		暖气管道、散热器压力试验记录				
3		卫生器具满水试验记录				
4		消防管道-燃气管道压力试验记录				
5		排水干管通球试验记录				
6						
1	电器	照明全负荷试验记录				
2		大型灯具牢固性试验记录				
3		避雷接地电阻测试记录				
4		线路、插座、开关接地检验记录				
5						
1	通风与空调	通风、空调系统试运行记录				
2		风量、温度测试记录				
3		洁净室洁净度测试记录				
4		制冷机组试运行调试记录				
5						
1	电梯	电梯运行记录				
2		电梯安全装置检测报告				
1	智能建筑	系统试运行记录				
2		系统电源及接地检测报告				
3						
结论： 施工单位项目经理：　　　年　月　日　　　总监理工程师(建设单位项目负责人)：　　　年　月　日						

表 2.3.55 单位(子单位)工程观感质量检查记录

工程名称									施工单位						
序号	项目		抽查质量状况										质量评价		
													好	一般	差
1	建筑与结构	室外墙面													
2		变形缝													
3		水落管、屋面													
4		室内墙面													
5		室内顶棚													
6		室内地面													
7		楼梯、踏步、护栏													
8		门窗													
1	给水排水与采暖建筑电器	管道接口、坡度、支架													
2		卫生器具、支架、阀门													
3		检查口、扫除口、地漏													
4		散热器、支架													
5		配电箱、盘、板、接线盒													
6		设备器具、开关、插座													
7		防雷、接地													
1	通风与空调	风管、支架													
2		风口、风阀													
3		风机、空调设备													
4		阀门、支架													
5		水泵、冷却塔													
6		绝热													
1	电梯	运行、平层、开关门													
2		层门、信号系统													
3		机房													
1	智能建筑	机房设备安装及布局													
2		现场设备安装													
观感质量综合评价															

检查结论	施工单位项目经理： 年 月 日	监理工程师： (建设单位项目负责人) 年 月 日

在一个单位工程中，对满足生产要求或具备使用条件、施工单位已预验而且监理工程师已初验通过的子单位工程，建设单位可组织进行验收。由几个施工单位负责施工的单位工程，当其中的施工单位所负责的子单位工程已按设计完成，并经自行检验，也可按规定的程序组织正式验收，办理交工手续。在整栋单位工程进行全部验收时，已验收的子单位工程验收资料应作为单位工程验收的附件。单位工程由分包单位施工时，分包单位对所承包的工程按标准规定的程度检查评定，总包单位应派人参加。分包工程完成后，应将工程有关资料移交总包单位。详见以下特别提示和监理提示。

施工单位应高度重视交工验收。从交工验收之日起进入工程保修服务期，只有完成交工验收才能办理结算。交工验收的顺利进行和圆满结束，不仅标志着建设、施工、监理等各方执行合同法定义务的重大阶段性的完成，更是企业运作实力的集中体现。

特别提示

(1)当参加验收各方对质量验收意见不一致时，可请当地建设行政主管部门或工程质量监督机构协调处理。协调部门可以是当地建设行政主管部门或其委托的部门(单位)，也可以是各方认可的咨询单位。

(2)建设工程竣工验收备案制度是加强政府监督管理，防止不合格工程流向社会的一个重要手段。建设单位应依据《建设工程质量管理条例》、住房和城乡建设部有关规定，到县级以上人民政府建设行政主管部门或其他有关部门备案；否则，不允许投入使用。

监理提示

(1)总监理工程师应组织专业监理工程师依据有关法律法规、工程建设强制性标准设计文件及施工合同，对承包单位报送的竣工资料进行审查，对工程质量进行竣工预验收。对存在的问题，应及时要求承包单位整改。整改完毕，由总监理工程师签署工程竣工报验单，并应在此基础上提出工程质量评估报告。工程质量评估报告，应经总监理工程师和监理单位技术负责人审核签字。

(2)项目监理机构应参加由建设单位组织的竣工验收，并提供相关监理资料。对验收中提出的整改问题，项目监理机构应要求承包单位进行整改。若工程质量符合要求，由总监理工程师会同参加验收的各方签署竣工验收报告。

2.3.4.2　建筑工程质量验收

合格质量的检验批应符合下列规定：

(1)主控项目和一般项目的质量经抽样检验合格。

(2)具有完整的施工操作依据、质量检查记录。

检验批是工程验收的最小单位，是分项工程乃至整个建筑工程质量验收的基础。检验批是指施工过程中条件相同并有一定数量的材料、构配件或安装项目，由于其质量基本均匀一致，因此，可以作为检验的基础单位，并按批验收。检验批质量合格的条件有三个方面：资料检查、主控项目检验和一般项目检验。

质量控制资料反映了检验批从原材料到最终验收的各施工工序的操作依据、检查情况以及保证质量所必需的管理制度等。对其完整性的检查，实际上是对过程控制的确认，这是检验批合格的前提。为了使检验批的质量符合安全和功能的基本要求，达到保证建筑工程质量的目的，各专业工程质量验收规范应对各检验批的主控项目、一般项目的子项合格质量给予明确的规定。

检验批的合格质量，主要取决于对主控项目和一般项目的检验结果。主控项目是对检验批的基本质量起决定性影响的检验项目，因此，必须全部符合有关专业工程验收规范的规定。这意味着主控项目不允许有不符合要求的检验结果，即主控项目的检查具有否决权。鉴于主控项目对基本质量的决定性影响，必须从严要求。

分项工程质量验收合格应符合下列规定：

(1)分项工程所含的检验批均应符合合格质量的规定。

(2)分项工程所含的检验批的质量验收记录应完整。

分项工程的验收在检验批的基础上进行。一般情况下，两者具有相同或相近的性质，只是批量的大小不同而已，因此，将有关的检验批汇集构成分项工程。分项工程合格质量的条件比较简单，只要构成分项工程的各检验批的验收资料文件完整，并且均已验收合格，则分项工程验收合格。

分部(子分部)工程质量验收合格应符合下列规定：

(1)分部(子分部)工程所含工程的质量均应验收合格。

(2)质量控制资料应完整。

(3)地基与基础、主体结构和设备安装等分部工程的有关安全及功能的检验和抽样检测结果应符合有关规定。

(4)观感质量验收应符合要求。

分部工程的验收在其所含各分项工程验收的基础上进行。首先，分部工程的各分项工程必须已验收合格且相应的质量控制资料文件必须完整，这是验收的基本条件。此外，由于各分项工程的性质不尽相同，因此，分部工程不能简单地组合而加以验收，还须增加以下两类检查项目。

涉及安全和使用功能的地基基础、主体结构、有关安全及重要使用功能的安装分部工程应进行有关见证取样送样试验或抽样检测。关于观感质量验收的检查往往难以定量，只能以观察、触摸或简单量测的方式进行，并由各个人的主观印象判断，检查结果并不给出“合格”或“不合格”的结论，而是综合给出质量评价。对于“差”的检查点，应通过返修处理等进行补救。

单位(子单位)工程质量验收合格应符合下列规定：

(1)单位(子单位)工程所含分部(子分部)工程的质量均应验收合格。

(2)质量控制资料应完整。

(3)单位(子单位)工程所含分部工程的有关安全和功能的检测资料应完整。

(4)主要功能项目的抽查结果应符合相关专业质量验收规范的规定。

(5)观感质量验收应符合要求。

单位工程质量验收也称质量竣工验收，是建筑工程投入使用前的最后一次验收，也是最重要的一次验收。验收合格的条件有五个：除构成单位工程的各分部工程应该合格，并且有关资料文件应完整外，还须进行以下三个方面的检查：

1)涉及安全和使用功能的分部工程应进行检验资料的复查。不仅要全面检查其完整性(不得有漏检缺项)，而且对分部工程，验收时补充进行的见证抽样检验报告也要复核。这种强化验收的手段体现了对安全和主要使用功能的重视。

2)对主要使用功能须进行抽查。使用功能的检查是对建筑工程和设备安装工程最终质量的综合检验，也是用户最为关心的内容。因此，在分项、分部工程验收合格的基础上，竣工验收时再作全面检查。抽查项目是在检查资料文件的基础上由参加验收的各方人员商定，并由计量、计数的抽样方法确定检查部位。检查要求按有关专业工程施工质量验收标准要求进行。

3)由参加验收的各方人员共同进行观感质量检查。检查的方法、内容、结论等已在分部工程的相应部分中阐述，最后共同确定是否验收。

任务 2.4　项目收尾管理与竣工验收

项目收尾处于工程建设最后阶段，收尾管理主要包括收尾、验收、结算、决算、保修和后期服务等内容。建筑工程规模庞大、内容繁多，在竣工验收前，设计遗漏、质量缺陷、施工漏项等问题在所难免。由于收尾涉及的内容多为琐事、杂事，往往费时、费工，处理不善，直接影响甚至阻碍竣工验收的如期完成，因此，必须高度重视，客观分析并认真处理。

2.4.1　收尾管理

2.4.1.1　项目竣工计划

施工单位应编制好项目竣工计划，该计划包含收尾工作普查、任务安排与实施、检查验收等主要内容和步骤。

1. 收尾工作普查

在项目部专业工长或班组长参与及领导下，施工员具体负责对工程项目的全面普查，对存在的工程缺陷或遗漏进行归类，并做好工作记录。

2. 任务安排与实施

逐类分项安排任务，分配到人。对属于施工职责范围内的事物，应制订计划、确定方案，立即着手处理；属于协商有关单位共同解决的，则应尽快联系有关人员协调处理。如设计图纸、文件不全等，应由设计院补充完善，专业工长或班组长负责，限期完成。

3. 检查验收

在竣工验收自检过程中，应监督检查逐项收尾工作，确保统一并及时完成，为全面竣工验收工作的顺利开展创造条件。

2.4.1.2　协调有关单位

项目收尾应坚持认真、负责的原则，收尾工作的普查、任务安排实施及处理结果要全过程公开，并保持与监理单位、建设单位及政府质量监督部门的接触，听取并遵从他们的合理建议。

2.4.2 竣工验收

项目竣工验收主要包括实体验收、观感验收、试车验收、预算和结算验收、文件资料验收归档及单位工程竣工验收等工作。现选取部分上述内容介绍如下。

2.4.2.1 实体验收

实体验收主要有分项工程验收、分部工程验收及单位工程验收。该内容在前面的“2.3.4 验收交工”中已有详细介绍。

2.4.2.2 竣工验收的准备与实施

1. 建筑工程竣工验收的准备

(1)竣工预验收。在监理单位组织下，建设单位、承包商共同参加建筑工程预检工作。工程竣工后，监理工程师按照承包商自检验收合格后提交的报验申请表(表 2.4.1)，审查资料并进行现场检查；项目监理部就存在的问题提出书面意见，并签发监理工程师通知单(表 2.4.2)，要求承包商限期整改；承包商整改完毕后，按有关文件要求，编制建设工程竣工验收报告并交监理工程师检查，由项目总监签署意见后，提交建设单位。

表 2.4.1 ＿＿＿＿＿＿＿＿报验申请表

工程名称： 编号：

致：＿＿＿＿（监理单位） 我单位已完成了＿＿＿＿＿＿＿＿＿＿工作，现报上该工程报验申请表，请予以审查和验收。 附件： 承包单位(公章)：＿＿＿＿ 项目经理：＿＿＿＿ 日　期：＿＿＿＿
审查意见： 项目监理机构：＿＿＿＿ 总/专业监理工程师：＿＿＿＿ 日　期：＿＿＿＿

表 2.4.2 监理工程师通知单

工程名称：　　　　　　　　　　　　　　　　　　　　　　　　编号：

致： 事由：   内容：   项目监理机构：__________ 总/专业监理工程师：__________ 日　期：__________

(2)竣工验收的资料。由建设单位负责组织实施工程竣工验收，工程勘察、设计、施工、监理等单位共同参加。工程资料进行如下呈报或转移：

1)承包商：

①承包商编制施工单位工程竣工验收报告(表 2.4.3)→监理公司→建设单位。

表 2.4.3 施工单位工程竣工验收报告

单位工程名称							
建筑面积		工程造价		结构类型		层数	
建设单位名称							
建设单位地址							
建设单位邮编						联系电话	
质量验收意见：							

续表

<table>
<tr><td>项目经理：

年　　月　　日</td><td rowspan="4">（公章）</td></tr>
<tr><td>企业质量负责人：
（质量科长）

年　　月　　日</td></tr>
<tr><td>企业技术负责人：
（总工程师）

年　　月　　日</td></tr>
<tr><td>企业法人代表：

年　　月　　日</td></tr>
</table>

②工程技术资料(验收前20个工作日)→监理公司(5个工作日内)。

2)监理公司：编制工程质量评估报告→建设单位。

3)勘察单位：编制质量检查报告→建设单位。

4)设计单位：编制质量检查报告→建设单位。

5)建设单位：

①取得规划、公安消防、环保、燃气工程等专项验收合格文件。

②监督站出具的电梯验收准用证。

③提前15日把工程技术资料和工程竣工质量安全管理资料送审单交监督站(监督站在5日内返回工程竣工质量安全管理资料退回单给建设单位)。

④工程竣工验收前7天，将验收时间、地点、验收组名单以书面通知监督站。

2. 竣工验收的必备条件

(1)完成工程设计和合同约定的各项内容。

(2)建设工程竣工验收报告。

(3)工程质量评估报告。

(4)勘察单位和设计单位质量检查报告。

(5)完整的技术档案和施工管理资料。

(6)工程使用的主要建筑材料、建筑构配件和设备的进场试验报告。

(7)建设单位已按合同约定支付工程款。

(8)施工单位签署的工程质量保修书。

(9)市政基础设施的有关质量检测和功能性试验资料。

(10)规划部门出具的规划验收合格证。

(11)公安消防出具的消防验收意见书。

(12)环保部门出具的环保验收合格证。

(13)有监督站出具的电梯验收准用证。

(14)燃气工程验收证明。

(15)建设行政主管部门及其委托的监督站等部门责令整改的问题已全部整改完成。

(16)已按政府有关规定缴纳工程质量安全监督费。

(17)单位工程施工安全评价书。

3. 竣工验收的程序

验收会议上，将施工、监理、设计、勘察等各方的工程档案资料摆好备查，并设置验收人员登记表，做好登记手续。

(1)由建设单位组织工程竣工验收，并主持工程竣工验收会议。

(2)工程勘察、设计、施工、监理单位分别汇报工程合同履约情况和工程建设各环节执行法律法规和工程建设强制性标准情况。

(3)验收组审阅建设、勘察、设计、施工、监理单位的工程档案资料。

(4)验收组和专业组(由建设单位组织勘察单位、设计单位、施工单位、监理单位、监督站和其他专家组成)人员实地查验工程质量。

(5)专业组和验收组发表意见，分别对工程勘察、设计、施工、设备安装质量和各管理环节等方面做出全面评价；验收组形成工程竣工验收意见，填写工程竣工验收报告并签字盖公章。

特别提示

参与工程竣工验收各方不能达成统一意见时，应协商提出解决方法，待意见一致后，重新组织工程竣工验收。

4. 工程竣工验收的监督

工程竣工验收的监督由监督站负责。

(1)监督站在审查工程技术资料后，对该工程进行评价，并出具建设工程施工安全评价书(建设单位提前15日把工程技术资料送监督站审查，监督站在5日内返回工程竣工质量安全管理资料退回单给建设单位)。

(2)监督站在收到工程竣工验收的书面通知后(建设单位在工程竣工验收前7日把验收时间、地点、验收组名单以书面通知监督站，另附工程质量验收计划书)，对照建设工程竣工验收条件审核表进行审核，并对工程竣工验收的组织形式、验收程序、执行验收标准等情况进行现场监督，最后出具建设工程质量验收意见书。

5. 竣工验收的备案

(1)备案准备的资料。由建设单位准备，备案准备的资料除建设工程竣工验收报告外，还有下列文件：

1)施工许可证。

2)施工图设计文件审查意见。

3)工程质量评估报告。

4)工程勘察、设计质量检查报告。

5)市政基础设施的有关质量检测和功能性试验资料。

6)规划验收认可文件。

7)消防验收文件或准许使用文件。

8)环保验收文件或准许使用文件。

9)监督站出具的电梯验收准用证及分部验收文件。

10)燃气工程验收文件。

11)《××市建设工程质量保修书》。

12)法规、规章规定必须提供的其他文件。

(2)工程竣工验收备案的程序。工程竣工验收备案由建设单位按以下步骤进行：

1)建设单位向备案机关领取《房屋建设工程和市政基础设施工程竣工验收备案表》。

2)建设单位持加盖单位公章和单位项目负责人签名的《房屋建设工程和市政基础设施工程竣工验收备案表》一式四份及上述规定的材料，向备案机关备案。

3)备案机关在收齐、验证备案材料后15个工作日内，在《房屋建设工程和市政基础设施工程竣工验收备案表》上签署备案意见(盖章)，建设单位、施工单位、监督站和备案机关各持一份。

建筑工程竣工验收流程如图2.4.1所示。

6. 施工单位组织现场验收管理规定

(1)整个建设项目已按设计要求全部建设完成，符合规定的建设项目竣工验收标准，并经监理单位认可签署意见后，向业主(总包方)提交工程验收报告，然后由业主(总包方)组织设计、施工、监理等单位进行建设项目竣工验收，中间竣工已办理移交手续的单项工程，不再重复进行竣工验收。

(2)业主(总包方)组织勘察、设计、施工、监理等单位按照竣工验收程序，对工程进行核查后，应做出验收结论，并形成工程竣工验收报告，详见表2.4.3。参与竣工验收的各方负责人应在竣工验收报告上签字，并加盖单位公章。

经有关单位、部门检查，项目达到验收合格条件的，要填写竣工验收合格证明书(表2.4.4)，施工单位书写竣工验收报告(表2.4.5)，有关人员签字盖章。

关于建筑工程竣工验收资料，未尽事宜详见以下特别提示(仅供参考)。

特别提示

工程竣工验收的程序、验收资料的内容与格式、档案文件整理分卷的方式等，不同地区有所不同。如文件资料的成卷是按单位工程进行的，而分卷各地区的差别很大。所以最终归档方式，应该严格执行工程所在地有关管理部门的规定。

(1)工程文件资料的验收归档工作，应在监理单位的组织下，由建设单位、施工单位和监理单位各自承担与其工作过程相对应的文件资料的整理工作，并按照有关规范、标准和当地档案主管部门的要求展开。

(2)主要需由施工单位整理的是竣工图及施工过程记录和相关文件资料。建筑工程施工过程中，工程图纸在不同阶段表达的深度和作用有所不同。施工中所使用的施工图，由于各种原因，经过调整、修改或补充设计内容，最终发展为竣工图。整理竣工图过程中，承担的义务和费用主体的确定，是由设计变更的原因确定的。如图纸上一般的错、漏、碰、缺造成的设计变更，设计院有义务整理竣工图，但晒图费通常仍由建设单位承担；建设单位提出的建筑功能变化或工程造价调整等带来的设计变更，整理竣工图发生的费用均由建设单位承担；当设计变更责任不清或难以确定时，双方或三方协商解决。

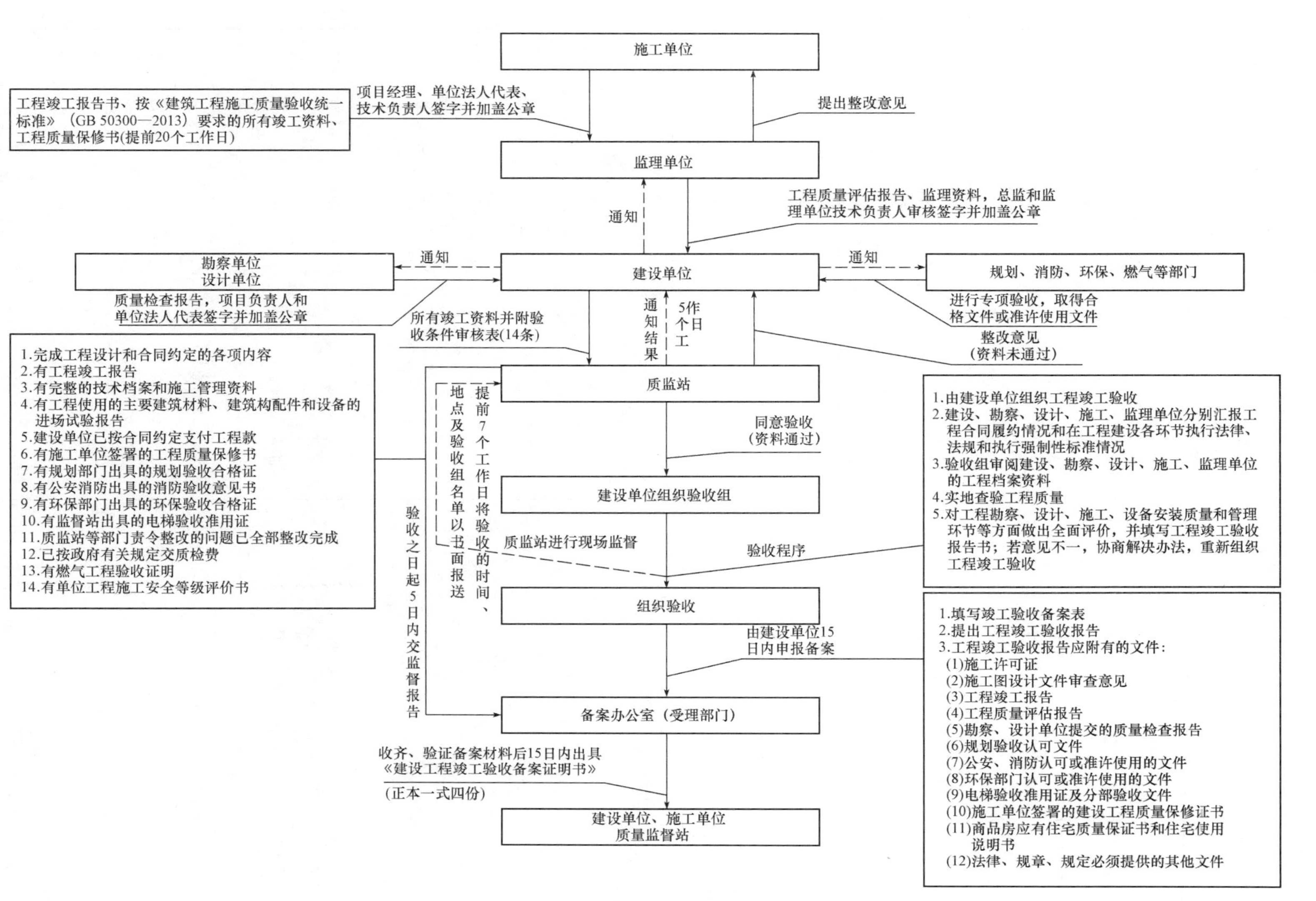

图2.4.1　建筑工程竣工验收流程图

表 2.4.4　工程竣工验收证明

<table>
<tr><td colspan="2">建设单位</td><td colspan="3"></td><td>工程名称</td><td></td></tr>
<tr><td colspan="2">施工单位</td><td colspan="5"></td></tr>
<tr><td colspan="2">结构类型</td><td></td><td>层数</td><td></td><td>建筑面积</td><td></td></tr>
<tr><td colspan="2">施工起止日期</td><td colspan="3"></td><td>验收日期</td><td></td></tr>
<tr><td rowspan="2">参加人员</td><td colspan="6"></td></tr>
<tr><td colspan="6"></td></tr>
<tr><td colspan="3">施工单位评定意见：

（公章）
项目经理：　　年　月　日</td><td colspan="4">监理单位验收意见：

（公章）
总监理工程师：　　年　月　日</td></tr>
<tr><td colspan="3">设计单位验收意见：

（公章）
设计负责人：　　年　月　日</td><td colspan="4">建设单位验收意见：

（公章）
项目负责人：　　年　月　日</td></tr>
</table>

表 2.4.5　竣工验收报告

竣工验收报告

我集团公司承建的××大学青年教师公寓位于××大学新校区 A3 地块，建设单位为××大学，设计单位为××省建筑设计院，监理单位为××建设工程监理公司。

该工程为 5 层砖混结构，建筑面积为×× m^2，中标价格为××万元，建筑总高度为×× m。工程于××年×月×日开工，并于当年××月×日进行初步验收。我方对初验提出的整改项目于××年×月×日已按要求全部整改完成。至此我公司已按施工合同要求完成了约定的全部承包内容，工程已竣工。

我公司在工程建设过程中，遵守国家现行法律法规，严格按设计图纸和经过审批的施工组织设计施工，按照施工规范及国家现行验评标准要求，没有违反工程建设标准强制性条文，没有违章施工，在施工中严格地履行了施工合同及报批程序。

工程已经完成地基与基础、主体、装饰与装修、屋面、水卫和电气安装六个分部工程，内含××个子分部工程。

工程地基为天然地基局部做砂石置换，基础为毛石条形基础并设置钢筋混凝土基础圈梁，上部结构为砖混结构，并于每层钢筋混凝土楼板下层设置钢筋混凝土圈梁，房屋四角及其他关键平面部位设置钢筋混凝土构造柱。

室内客厅墙面为中级抹灰并做××涂饰，顶棚××板吊顶，书房顶棚同前。其余顶棚墙面均为中级抹灰做××涂饰。客厅电视背景墙两侧做××玻璃幕墙封边，中间贴××壁纸。沙发背墙做××仿天然石饰面。

外墙立面为 200 mm×100 mm 藏青色方砖饰面。单元门采用透明玻璃弹簧门，一、二层落地式飘窗做铸铁栏杆防盗措施。分户门两道，内侧为××实木门，外侧为××防盗门，所有内门均选用××镶嵌毛玻璃实木门。

楼梯间地面贴柳埠红大理石，卫生间采用防滑地砖，其余全部地面均为彩色水磨石地板。屋面为混凝土基层上喷××防水剂，一找平层，一××防水卷材，一××隔热板，××找平层，铺××地砖(上人屋面)。

水卫采用××塑料排水管，××卫生洁具；电线用××牌，线管用××牌，开关和开关箱用××牌。

工程质量情况介绍如下：

1. 地基与基础分部工程共划分××个子分部工程、××个分项工程、××个检验批。所有检验批施工质量验收记录表中的主控项目均满足施工规范规定的要求，一般项目全部合格；所有分项工程质量验收合格；所有子分部、分部工程质量验收合格(质量控制资料符合要求、安全和功能检验检测报告符合要求、观感质量好)。

2. 主体分部工程共划分××个子分部工程、××个分项工程、××个检验批。所有检验批施工质量验收记录表中的主控项目均满足施工规范规定的要求，一般项目全部合格；所有分项工程质量验收均合格；所有子分部、分部工程质量验收均合格(质量控制资料符合要求、安全和功能检验检测报告符合要求、观感质量好)。

3. 装饰与装修工程共划分××个子分部工程、××个分项工程、××个检验批。所有检验批施工质量验收记录表中的主控项目均满足施工规范规定的要求，一般项目全部合格；所有分项工程质量均验收合格；所有子分部、分部工程质量验收均合格(质量控制资料符合要求、安全和功能检验检测报告符合要求、观感质量好)。

4. 屋面分部工程共划分××个子分部工程、××个分项工程、××个检验批。所有检验批施工质量验收记录表中的主控项目均满足施工规范规定的要求，一般项目全部合格；所有分项工程质量验收均合格；所有子分部、分部工程质量验收均合格(质量控制资料符合要求、安全和功能检验检测报告符合要求、观感质量好)。

5. 水卫分部工程共划分××个子分部工程、××个分项工程、××个检验批。所有检验批施工质量验收记录表中的主控项目全部合格，一般项目满足施工规范规定的要求；所有分项工程质量验收均合格；所有子分部、分部工程质量验收均合格(质量控制资料符合要求、安全和功能检验检测报告符合要求、观感质量好)。

6. 电气分部工程共划分××个子分部工程、××个分项工程、××个检验批。所有检验批施工质量验收记录表中的主控项目全部合格，一般项目满足施工规范规定的要求；所有分项工程质量验收均合格；所有子分部、分部工程质量验收均合格(质量控制资料符合要求、安全和功能检验检测报告符合要求、观感质量好)。

7. 单位工程质量自评情况

(1)分部工程：共有××个分部工程，经检查全部符合质量标准及设计要求。

(2)质量控制资料核查：共有××项，经审查符合要求××项。

(3)安全和主要使用功能核查及抽查结果：共核查××项，符合要求××项；共抽查××项，符合要求××项，经过返工处理，符合要求××项。

续表

(4)观感质量验收：共抽查××项，符合要求××项，不符合要求××项。 综上所述，××大学青年教师公寓工程已经竣工完成，施工管理资料完整，工程质量经自评合格，具备工程竣工验收条件，可以进行工程竣工验收。 ××建设集团公司(公章) 企业经理： 企业技术负责人： 项目经理： 年 月 日

2.4.3 工程保修与善后服务

施工单位(承包商)应制订工程保修计划，明确保修范围、期限、责任等，并应符合国家及地方相关规定，与建设单位(发包人)签订工程质量保证书。

2.4.3.1 工程保修计划

施工单位成立保修小组，通常由项目负责人任组长，下含各专业工作人员。保修小组将组织机构、人员、专业、姓名、联系方式通报建设单位，紧急突发事件必须有相应现场处理措施。工程保修计划包括下列内容。

1. 保修范围

(1)屋面渗漏水。

(2)烟道、排气孔道、风道不通，漏气。

(3)室内地坪空鼓、开裂、起砂、面砖松动。

(4)有防水要求的地面漏水。

2. 保修内容

(1)保持系统在任何时间正常运行而需要的修理。

(2)定期例行保养、检修、清洁等必要的工作。

3. 保修期限

工程保修期是从竣工验收证明办理完成后开始的。根据国务院《建设工程质量管理条例》第四十条规定，在正常使用条件下，建设工程的最低保修期限为：

(1)基础设施工程、房屋建筑的地基基础工程和主体结构工程，为设计文件规定的该工程的合理使用年限。

(2)屋面防水工程、有防水要求的卫生间、房间和外墙面的防渗漏，为5年。

(3)供热与供冷系统，为2个采暖期、供冷期。

(4)电气管线、给排水管道、设备安装和装修工程，为2年。

建设工程质量保证金(保修金)是指发包人与承包人在建设工程承包合同中约定，从应付的工程款中预留，用以保证承包人在缺陷责任期内对建设工程出现的缺陷进行维修的资金。

2.4.3.2 工程质量保修书

以国务院上述相关规定为依据，针对具体工程发包人和承包人应签订工程质量保修书。示范文本见表2.4.6。

表 2.4.6　工程质量保修书

工程质量保修书

发包人(全称)：________________________________

承包人(全称)：________________________________

发包人、承包人根据《中华人民共和国建筑法》《建设工程质量管理条例》和《房屋建筑工程质量保修办法》，经协商一致，对________________________________(工程全称)签订工程质量保修书。

一、工程质量保修范围和内容

承包人在质量保修期内，按照有关法律、法规、规章的管理规定和双方约定，承担本工程质量保修责任。

质量保修范围包括地基基础工程，主体结构工程，屋面防水工程，有防水要求的卫生间、房间和外墙面的防渗漏，供热与供冷系统，电气管线、给水排水管道、设备安装和装修工程，以及双方约定的其他项目。具体保修的内容，双方约定如下：

____

____。

二、质量保修期

双方根据《建设工程质量管理条例》及有关规定，约定本工程的质量保修期如下：

1. 地基基础工程和主体结构工程为设计文件规定的该工程合理使用年限；

2. 屋面防水工程、有防水要求的卫生间、房间和外墙面的防渗漏为__________年；

3. 装修工程为__________年；

4. 电气管线、给水排水管道、设备安装与装修工程为__________年；

5. 供热与供冷系统为__________个采暖期、供冷期；

6. 住宅小区内的给水排水设施、道路等配套工程为__________年；

7. 其他项目保修期限约定如下：

____

____。

质量保修期自工程竣工验收合格之日起计算。

三、质量保修责任

1. 属于保修范围、内容的项目，承包人应当在接到保修通知之日起 7 日内派人保修。承包人不在约定期限内派人保修的，发包人可以委托他人修理。

2. 发生紧急抢修事故的，承包人在接到事故通知后，应当立即到达事故现场抢修。

3. 对于涉及结构安全的质量问题，应当按照《房屋建筑工程质量保修办法》的规定，立即向当地建设行政主管部门报告，采取安全防范措施；由原设计单位或者具有相应资质等级的设计单位提出保修方案，承包人实施保修。

4. 质量保修完成后，由发包人组织验收。

四、保修费用

保修费用由造成质量缺陷的责任方承担。

五、其他

双方约定的其他工程质量保修事项：________________________________

____

____。

本工程质量保修书，由施工合同发包人、承包人双方在竣工验收前共同签署，作为施工合同附件，其有效期限至保修期满。

发　包　人(公章)：　　　　　　　　承　包　人(公章)：

法定代表人(签字)：　　　　　　　　法定代表人(签字)：

年　月　日　　　　　　　　　　　　年　月　日

单元小结

本单元全方位诠释了砌体结构房屋的施工进展和质量控制的完整过程，沿着建筑工程施工组织四个阶段顺序展开：施工准备→工程开工→施工过程的形成与验收交工→项目收尾管理与竣工验收。在每一阶段的关键环节上，均以“监理提示”的方式阐述了该阶段工程监理工作的相应内容或要求，穿插介绍了建设、施工与监理三方相互配合、协作的工作关系。在重点任务“2.3 施工过程的形成与验收交工”中，编写了从“定位放线、土方开挖、基础施工”到“屋面混凝土浇筑”等二十几个不重复的施工环节，不仅介绍了施工方案或技术措施，而且在地基、基础、楼板支模、钢筋加工安装、混凝土浇筑等十几个关键技术环节上，简要介绍了工程“施工质量验收”工作和要求。在单元的最后阶段，较为详尽地讲述了项目收尾管理、竣工验收及工程保修和善后服务。

本单元以工作过程为导向、以目标为驱动，实现了流程模块化、理实交融及工学结合，丰富的内容编排，环环相扣的过程叙述，集工程建设、施工和监理三位于一体。正是本单元的核心作用，使得全书成为连接专业教学和学生岗位就业之间的重要纽带或桥梁。

复习思考题

1. 工程开工前，施工管理人员需要做好哪些准备工作？

2. 在开工报审活动中，施工人员和监理人员应分别做好哪些工作？工程开工必须具备哪些条件？

3. 谈谈自己对第一次工地例会的作用的理解。

4. 砌体房屋的施工内容主要包括哪些？以砖混结构为例，叙述一栋砌体房屋较为完整的形成过程及步骤。

5. 地基开挖好后，在遇到什么情况下，应在基底普遍进行轻型动力触探？地基常用的处理方法有哪些？

6. 从组成砂浆的材料来看，砂浆分几类？每一类有什么特点？砂浆在制作及使用过程中应注意哪些事项？

7. 建筑材料、构件及设备进场，应该做好哪几方面的检查验收工作？施工人员如何执行材料供应计划？相应的监理工作如何开展？

8. 砌筑砌体的施工工具有哪两大类？简要举例说明其功能。

9. 砌筑一面墙体，从基面找平、墙身放线开始砌到楼层圈梁底部标高为止，其间主要有哪些操作步骤？每一步的施工技术要点是什么？

10. 以砌筑工程为例，说明应该如何进行分项工程或检验批工程质量验收工作。

11. 钢筋混凝土楼板施工过程有哪几个主要步骤？施工中施工单位对施工方案做出较大调整时，应如何配合工程监理工作？

12. 简要说明现浇混凝土结构工程中，混凝土的“输送、浇筑、振捣、养护”四个环节上需要关注的技术要点。施工质量检查过程中，应注意哪些事项？

13. 分项工程、检验批、分部工程及单位工程的施工质量验收，在组织方式和程序上有什么明显不同？关于验收合格是如何规定的？

14. 施工项目收尾管理工作主要有哪些内容？为什么说应该给予收尾管理工作足够的重视？

15. 竣工验收主要包括哪些内容？如何开展？

16. 工程项目质量保修内容和范围一般是如何规定的？什么是工程质量保修书？

第3单元　综合实践

推荐阅读资料

中国建筑工业出版社出版，危道军主编的《建筑施工组织》；中国建筑工业出版社出版，姚谨英主编的《建筑施工技术》；中华人民共和国国家标准《砌体结构工程施工质量验收规范》(GB 50203—2011)。

任务目标

1. 知识目标

(1)通过综合实践教学活动中的工地参观，进一步理解和掌握砌体工程施工现场平面规划设计的方法、步骤和内容。进一步了解脚手架的种类、构造以及垂直运输设施的种类和功能等。

(2)通过综合实践教学活动中对特定工作情境的观察和模拟训练，进一步理解和掌握图纸会审在施工准备工作中的地位和作用，以及工地例会在施工进程中的地位和作用。

(3)通过砖墙砌筑施工操作实训，加深对墙体砌筑施工步骤的理解和技术要点的掌握，了解“三一”法砌筑工艺，熟悉砌筑施工及质量检查工具、用具的功能和使用方法。

2. 能力目标

(1)通过工地现场参观，能够合理规划和正确绘制砌体工程施工现场平面图。

(2)通过综合实践教学活动中对特定工作情境的观察和模拟训练，具备以建设单位、监理单位身份组织或主持图纸会审的能力，或者以施工单位或设计单位身份参与图纸会审进程和组织整理图纸会审记录的能力；具备无论以监理单位还是施工单位身份主持或参与工地例会的能力，学会如何利用工地例会的平台，实现对砌体工程施工进度的掌控方法。

(3)通过砖墙砌筑施工操作实训，为培养学生砌体工程施工方案编制的能力和施工技术交底的能力打下基础。

任务分解

任务 3.1　工地参观

任务 3.2　情境教学——图纸会审与工地例会

任务 3.3　墙体砌筑操作实训

知识导入

本单元为工程施工综合实践，包括一次工地参观和两场情境观察与模拟。实践教学的内容选择与计划安排，是以本书编写团队所做社会调研为依据，从毕业生就业工作岗位开始、以逆向推论的手段，确定了综合实践内容及方式，按部就班，循序渐进。综合实践的顺利开展与圆满完成，将搭建起一座连接专业课程教学与学生就业工作岗位之间的桥梁。

综合实践在现代教育中是个性内容、体验内容和反思内容的集中体现。综合实践活动提供了一个相对独立的学习生态化空间，学生是这个空间的主导者，学生具有整个活动绝对的支配权和主导权，能够以自我和团队为中心，推动活动的进行。在这个过程中，学生更谋求独立完成整个活动，而不是单纯地聆听指导。教师在综合实践活动这个生态化空间里，只是一个引导者、指导者和旁观者。

1. 关于工地参观

把工地参观列为综合实践的第一步，它不是认识实习的简单重复，而是施工组织知识学习和掌握前的有针对性的必要铺垫。时间安排于第1单元结束后，第2单元开始学习初进行。学生毕业走向工作岗位，无论从事工程项目开发、施工、监理、造价还是地质勘察或工程设计等工作，作为施工现场工作人员，从某种意义上说都工作在生产一线。走近、了解、感触、体验施工现场，是十分必要的。如果把对单项工程施工现场的参访归为课程的“宏观”层面，对单位工程施工现场的观察可算作“中观”，那么即将对脚手架和垂直运输设施开展的参观活动，可列为“微观”详细观察的层面。对脚手架和垂直运输设施的参观目的，一是培养学生尊重规范、严格按照规范办事的工作态度；二是理解脚手架施工方案的制订、垂直运输设备的合理选择和布置，对确保施工安全顺利开展具有重要意义。

2. 关于情境观察与模拟

该项综合实践教学的开展，应择机进行。在施工的各个阶段，有许多重要的工作，比如技术资料准备阶段的图纸会审、开工后举行例会、施工中质量数据记录与资料整理、施工质量验收等。其中，图纸会审属于技术资料的准备阶段的重要工作，是准备工作的核心内容之一。它与建筑工程质量、安全生产、工程进度、经济效益密切相关；而开好工地例会，不仅是工程监理的一项重要工作，同时需要施工单位和建设单位高度重视并密切配合。例会召开的时间根据工程进展情况安排。工程监理过程中的许多信息和决定，都是在工地会议上产生和做出的。各方大部分的协调、沟通与合作，也是在工地现场进行的。

这里的“工作情境”和前面的“工地现场”有一定差别。后者基本上是“静态”或变化不大的，而与“工作情境”相对应的综合实践的开展是“动态”变化的，在很大程度上受到所选工地的施工建设进程的影响。图纸会审，在工程建设过程中一般只举行一次(个别情况下也可能分阶段进行几次)。所以，应择机进行，教学进度计划的安排应随之调整；工地例会虽然是每旬、甚至每周都开，运作形式上也相同，但内容伴随施工进展却是不断更新的。

3. 关于墙体砌筑操作实训

墙体砌筑是本单元唯一的“动手”施工操作训练。这里的“动手”仅仅是手段，不是目的。通过砌筑墙体实训，加深学生对墙体砌筑施工步骤的理解和技术要点的掌握，认知“三一”法砌筑工艺，熟悉砌筑施工工具及质量检查用具的功能和使用方法。从而为学生编制砌体砌筑工程施工方案和具有向专业砌筑作业人员作技术交底的能力打下良好基础。

任务 3.1 工地参观

任务导入

工地参观内容选定两个：一是单位工程施工现场；二是脚手架与垂直运输设备。在建筑工程施工现场，除拟建建筑物外，还有拟建工程建设所需的各种临时设施，如混凝土搅拌站、材料堆场及仓库、工地临时办公室及食堂等。为了使现场施工合理、有序、高效、安全，必须对施工现场进行合理的平面规划和布置。这既是工程施工顺利进展的客观需要，也是现代文明施工的具体体现；砌体工程施工中常见的垂直运输设施、设备，有卷扬机、井字架、龙门架及塔式起重机等，参观中不仅应关注其种类和工作方式，还应注意观察其平面设置的位置。

出发参观工地前，应做好出访单位工作接洽，并编制参观计划书。该计划书确定指导教师，列出参观学生名单，选定参观议题，计划安排参观时间、地点、路线，制定确保学生安全的各项措施并提醒学生应注意事项等。

3.1.1 单位工程施工现场

3.1.1.1 知识准备

参观单位工程施工现场，理解施工现场平面规划布置的含义，应从施工平面图入手。施工平面图的设计绘制，是单位工程施工组织设计的重要组成部分。在建筑总平面图上设计、规划各种为施工现场服务的临时设施，并绘制成施工平面布置图，简称施工平面图。单位工程施工平面图一般按 1∶200～1∶500 比例完成绘制。

1. 施工平面图设计原则

(1)在保证施工顺利进行的前提下，现场布置要尽量紧凑、节约用地。

(2)合理布置施工现场的运输道路及各种材料堆场、加工厂、仓库位置、各种机具的位置，尽量使得运距最短，从而减少或避免二次搬运。

(3)施工区域的划分和场地的临时占用，应符合总体施工部署和施工流程的要求，减少相互干扰。

(4)力求减少临时设施的数量，也可充分利用既有建筑物，以降低临时设施费用。

(5)临时设施的布置，尽量便利工人的生产和生活，使工人至施工区距离最近，往返时间最少；生产、生活、办公区域宜分离设置。

(6)符合节能、环保、安全和消防要求。

(7)尊重当地主管部门和建设单位关于现场文明施工的有关规定。

2. 单位工程施工平面图设计步骤

(1)熟悉、分析有关资料。

(2)确定主要垂直运输机械或大型起重机械设施的平面位置。

(3)选择砂浆及混凝土搅拌站位置。

(4)确定建筑工程主要原材料、成品、半成品及设施设备、构配件在工程现场的堆场或仓库的位置。

(5)确定场内运输道路。

(6)确定各类临时工作或生产、生活设施位置。

施工进展到不同分部工程阶段，施工平面布置内容会有所不同，对应施工平面图内容也不同。图 3.1.1 所示为某学生宿舍建设工地在主体分部工程施工阶段的施工平面图。

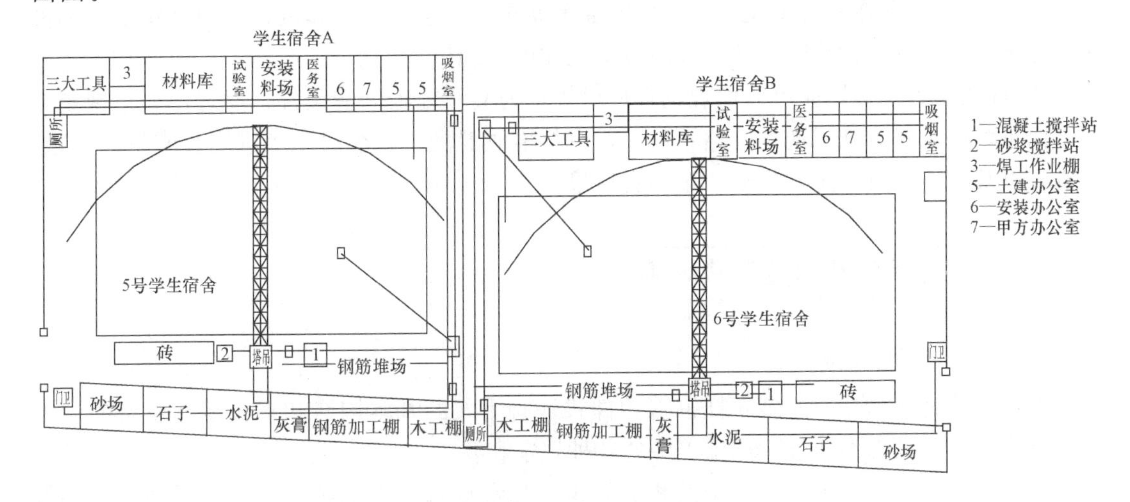

图 3.1.1　施工平面图

3.1.1.2　参观进行

工地现场参观按照前述参观计划并针对后面叙述的参观议题进行。在参观过程中，指导教师切忌成为“旅游导游”或“博物馆讲解员”，而应在参观前已做知识准备的基础上，围绕下列参观议题，重点引导学生进行有关的参观和讨论。指导教师做行进中的“导路员”、讨论中的“主持人”，当大家意见或看法不一致的时候，要有意识地站在“少数人”的立场上，避免马上给出标准答案(更何况现场管理中许多问题，本来就不存在非此即彼的答案)，以使问题的探讨或分析不断地发展下去。由于参观时间有限，观察过程应该紧紧围绕参观主要议题推进，重点培养学生发现和提出问题的能力。比如，为什么应首先确定垂直运输机械设施的位置，施工供水、供电管路布局应考虑哪些因素等。对于学生当时不理解或者不明白的问题，既可以现场短暂讨论解决，也可以带回课堂，留待第 2 单元施工准备工作讲课中一并讨论解决。

1. 施工现场参观议题

施工现场周边原有建筑位置、街道走向、拟建工程的布局，以及场内各种临时建筑、临时设施的位置、相互关系；现场道路的走向，材料的堆放地点，电线架设或埋设状况；施工及施工人员生活用水、取暖、燃气管线分布，排水、排污处理，管路走向；现场主导风向推测等。这些都会直接或间接地对工程施工的顺利进展及施工人员的生活产生影响，都可以纳入关注的议题。

特别提示

这里的参观议题为编者推荐议题，指导教师和学生可根据知识准备中有关施工平面图的设计步骤和原则，对议题内容做出调整。

2. 议题的讨论

议题讨论围绕施工平面图的作用展开，指导教师引领学生加深对施工现场合理规划设计的重要意义的理解。表现在以下几方面：

(1)施工平面图在某种意义上，是施工部署期在现场空间上的体现，反映已建工程和拟建工程之间，以及各种临时建筑、临时设施之间的合理位置关系。

(2)现场布置得好，就可以使现场管理得好，为文明施工创造条件；反之，如果现场施工平面布置得不好，施工现场道路不通畅，材料堆放混乱，就会对施工进度、质量、安全、成本，以及施工人员的正常生活产生不良后果。

3.1.2 脚手架及垂直运输设施

3.1.2.1 知识准备

参观应该是以“静态”的多立杆钢管扣件式外脚手架的基本构造和垂直运输设备的种类与功能为主，兼顾脚手架“动态”施工中的各种规定和要求。

参观之前简要回顾第1单元中的相关知识，如常见脚手架的种类，外脚手架的作用及搭设要求，扣件式脚手架的施工要求，脚手架搭设检查与验收，以及垂直运输机械设备的种类及作用。

3.1.2.2 参观进行

工地参观按照参观计划，针对脚手架的材料和构造要求两方面议题进行，指导教师引导学生现场参观和讨论的方式，和现场平面布置参观相似，不再复述。参观的主要内容如下：

1. 多立杆钢管扣件式外脚手架的材料

(1)钢管杆件与扣件。

(2)底座及脚手板。

2. 多立杆钢管扣件式外脚手架的构造要求

(1)单排脚手架搭设高度不应超过24 m；双排脚手架搭设高度不宜超过50 m；高度超过50 m的双排脚手架，应采用分段搭设等措施。

(2)纵向水平杆应设置在立杆内侧，单根杆长度不应小于3跨；主节点处必须设置一根横向水平杆，用直角扣件扣接且严禁拆除；每根立杆底部宜设置底座或垫板。

(3)脚手架设置纵向、横向扫地杆的构造特点。

(4)开口型脚手架的两端必须设置连墙件，连墙件的垂直间距不应大于建筑物的层高，并且不应大于4 m；开口型双排脚手架的两端均必须设置横向斜撑。

(5)高度在24 m及以上的双排脚手架和高度在24 m以下的单排、双排脚手架，在建筑立面上剪刀撑设置的具体要求。

(6)扣件式脚手架的施工中有关一次搭设高度的要求。

(7)立杆、纵向水平杆、横向水平杆、连墙件及横向斜撑在施工中的搭设规定必须或应该满足的要求。

(8)其他构造规定或施工要求。

此前，虽然在课堂上提供了多媒体图片及视频相关知识的介绍，已经为“课堂教学”直通“工地一线”做了良好的铺垫，但必须指出的是，脚手架连同单位工程施工现场等此类实地参观考察，会起到画龙点睛的作用，而且不可替代(图 3.1.2)。

图 3.1.2　某工地脚手架工程实例

工地现场参观结束后，指导教师应主持全体学生开好总结会，学生认真完成单元后面的复习思考题，或者自拟题目书写相关实践论文。

任务 3.2　情境教学——图纸会审与工地例会

任务导入

图纸会审是施工准备阶段一项重要的活动，属于技术资料的准备工作之一。技术资料的准备工作，是通常所说的“内业”工作，是整个准备工作的核心，它与建筑工程质量、安全生产、工程进度、经济效益密切相关。图纸会审是指建设单位、监理单位、施工单位，在收到设计院施工图设计文件后，对图纸进行全面而细致的熟悉、审查，将施工图中存在的问题及不合理的内容，提交设计院进行必要的变更处理。图纸会审由建设单位负责组织并记录。通过图纸会审，可以使各参建单位特别是施工单位熟悉设计图纸、领会设计意图、掌握工程特点及难点，找出需要解决的技术难题并拟定解决方案，从而将因设计缺陷而存在的问题消灭在施工前。

项目工程在建设过程中，应定期举行工地例会，会议由监理工程师主持，参加者有监理工程师代表及有关监理人员、承包商的授权代表及有关人员、业主(建设单位)或业主代表及有关人员。工地例会召开的时间根据工程进展情况安排，一般有旬、半月和月度例会等几种。工程监理中的许多信息和决定是在工地例会上产生和做出的，协调工作大部分也是在此进行的，因此，开好工地例会是工程监理的一项重要工作。工地例会的决定与其他各种指令性文件一样，具有等效作用。因此，工地例会的会议纪要是一类很重要的文件，会议纪要是监理工作指令文件的一种，要求记录真实、准确。当会议上对有关问题有不同意见时，监理工程师应站在公正的立场上做出决定。但对一些比较复杂的技术问题或难度较大的问题，不宜在工地例会上详细研究讨论时，可以由监理工程师做出决定，另行安排专题会议研究。

综合实践工作，针对图纸会审及工地例会两个特定工作情境安排，并且分别按观察与模拟两个阶段展开。出发前往工地观察前，应做好出访单位工作接洽，并制订参观工作计划，该计划确定指导教师，选定观察议题，列出现场观察学生名单，安排参观时间、地点、路线，制定确保学生安全的各项措施并提醒学生应注意事项等；第一阶段是工作情境观察；第二阶段是返回学校后，学生自主地进行工作情境的模拟。

3.2.1 图纸会审观察与情境模拟

3.2.1.1 人员安排与知识准备

1. 人员安排

以班级为单位，每班安排8～10名学生代表，组成“关键小组”，开赴工作现场进行实地工作情境观察。所谓“关键小组”，详见以下特别提示。由学生代表组成的关键小组，完成工地近距离情境观察，做好观察记录。他们将来返校后，既要向同学们转述所见所闻，还要在下一步的情境模拟中，扮演专业工程师等特定角色，在校内特设的模拟工作环境里，向同学们模仿、演绎，以便展示图纸会审的实际工作情境。

2. 知识准备

知识准备应面向全体学生认真做好，关键小组成员首当其冲。巩固和复习图纸会审的内容、图纸会审的程序以及图纸会审记录等，介绍如下。

(1)图纸会审的内容。

1)是否无证设计或越级设计，图纸是否经由设计单位正式签署。

2)地质勘探资料是否齐全。

3)设计图纸与说明是否齐全，有无分期供图的时间表。

4)设计地震烈度是否符合当地要求。

5)几个设计单位共同设计的图纸相互间有无矛盾；专业图纸之间、平立剖面图之间有无矛盾；标注有无遗漏。

6)总平面图与施工图的几何尺寸、平面位置、标高等是否一致。

7)防火、消防是否满足要求。

8)建筑结构与各专业图纸本身是否有差错及矛盾；结构图与建筑图的平面尺寸及标高是否一致；建筑图与结构图的表示方法是否清楚；是否符合制图标准；预埋件是否表示清楚；有无钢筋明细表；钢筋的构造要求在图中是否表示清楚。

9)施工图中所列各种标准图册，施工单位是否具备。

10)材料来源有无保证，能否代换；图中所要求的条件能否满足；新材料、新技术的应用有无问题。

11)地基处理方法是否合理，建筑与结构构造是否存在不能施工、不便施工的技术问题，或容易导致质量、安全、工程费用增加等方面的问题。

12)工艺管道、电气线路、设备装置、运输道路、建筑物的走向与布置是否合理，以及相互之间有无矛盾，是否满足设计功能要求。

13)施工安全、环境卫生有无保证。

14)图纸是否符合监理大纲所提出的要求。

(2)图纸会审的程序。图纸会审系由建设单位组织、监理单位主持的一次重要的会议，施工单位、建设单位、设计单位、监理单位等均应参加，并在开工前顺利完成。关于图纸会审过程中工程监理工作的原则和重点，详见以下的监理提示。

监理提示

监理工程师在图纸会审中起着组织和主导作用。

1)监理工程师审核施工图的主要原则：

①是否符合有关部门对初步设计的审批要求；

②是否对初步设计进行了全面、合理的优化；

③安全可靠性、经济合理性是否有保证，是否符合工程总造价的要求；

④设计深度是否符合设计阶段的要求；

⑤是否满足使用功能和施工工艺要求。

2)监理工程师进行施工图审核的重点：

①图纸的规范性；

②建筑功能设计；

③建筑造型与立面设计；

④结构安全性；

⑤材料替换的可能性；

⑥各专业协调一致情况；

⑦施工的可行性。

进展程序和注意事项介绍如下。

1)图纸会审的一般程序是：业主或监理方主持人发言→设计方图纸交底→施工方、监理方代表提出问题→逐条研究→形成会审记录文件→签字、盖章后生效。

2)图纸会审前必须组织预审。阅图中发现的问题应归纳汇总，会上派一代表为主发言，其他人可视情况适当解释、补充。

3)施工方及设计方应安排专人对提出和解答的问题做好记录，以便查核。

4)整理图纸会审记录，由各方代表签字盖章认可。

特别提示

“图纸会审”“工地例会”的工作情境，不同于前述“单位工程现场”及“脚手架及垂直运输设备”工地现场。主要是因为“图纸会审”“工地例会”的工作要求、条件，不允许安排几十乃至上百名学生的近距离观察。所以，选择少数学生代表组成“关键小组”，为的是在实践教学中，由该小组起到课堂与工地的桥梁连接作用。这个作用的发挥，主要通过他们对“工作情境”的转述，尤其是通过在实训第二阶段由他们扮演不同角色的专业工程师，展现在全体同学面前得以实现。

(3)关于图纸会审记录。做好图纸会审、设计变更、洽商记录汇总表，详见表2.1.2。接近尾声的时候，有关各方应做好施工图会审记录，按表2.1.3完成会签。

3.2.1.2 工作情境观察

在图纸会审现场，对于参与图纸会审的建设单位、设计单位、监理单位及施工单位等各方人员而言，指导教师和关键小组是以百分之百的“外来”旁观者身份出现，他们在现场全过程保持沉默，并且力求最大限度地减少对现场实际工作的影响。但从完成综合实践的目标出发，在这个“光看不说”的空间里，关键小组具有绝对的支配权和主导权，体现在他们可以独立地选择看什么、想什么及后续议论什么。这里的指导教师，仅仅是综合实践活动的带路者和秩序维护者。

1. 参加人员

到场人员首先按规定签到，注明姓名、单位名称、负责的工作、联系电话等。由总监理工程师主持会议。参加工地图纸会审的单位分别是设计单位、承包(施工)单位(如有必要则含分包单位)、监理单位、建设单位。从设计角度看，分建筑、结构、水、暖、电等主要专业；而从施工角度看，分土建与安装两大专业分部工程。到场人员身份通过会议主持人的介绍和他们就座的位置可以清晰识别。

(1)设计单位人员有设计单位负责人或设计总负责人，建筑、结构、水、暖、电各专业设计人或专业负责人。视工程规模和复杂程度，参加人员的数量可做必要调整。

(2)施工单位。施工单位一般由项目经理、技术负责人、各工种负责人、质量员、安全员、施工员与会，必要时可以通知施工单位领导及各班组长、材料供应商等参加。视工程规模和复杂程度，参加人员的数量可做必要调整。

(3)监理单位。总监理工程师及现场监理工程师、监理员，必要时可请单位领导或其他相关人员参加。

(4)建设单位。建设单位项目负责人，驻工地工程师及其他驻现场人员参加。

2. 图纸会审进程

(1)图纸会审主持人(一般是总监理工程师)发言，首先介绍工程概况、会议日程安排、与会人员身份，然后对会审涉及的图纸难点、重点做一般性提示、要求或建议。

(2)设计单位负责人或设计总负责人介绍设计概况。

(3)设计人员分专业向施工人员进行图纸交底，施工人员与监理人员按图纸顺序逐张逐条提出问题。双方分析研究，设计人员对应解答。

(4)形成会审记录文件，各方签字、盖章后生效。

3. 思考议题

(1)关于身份与角色。图纸会审是专业对专业、面对面进行的。提出问题的单位一般是施工单位，现场答复的是设计单位。

(2)关于设计方与施工方出现的争论。图纸会审中对某一问题，施工、监理或设计方各执己见，难以达成统一意见时，除互谅互让外，更重要的是秉持基本原则。图纸会审的理论依据，一是国家有关技术规范、规程、标准等；二是国家的方针政策，特别要关注那些技术规范中强制性的标准，比如设计规模和建筑设计是否符合环境保护和消防安全的要求，建筑平面布置是否符合核准的按建筑红线画定的详图和现场实际状况，是否提供符合要求的永久水准点或临时水准点位置，抗震设防加强措施是否达到相关要求等。另外，工程所在地区或地方性的有关材料使用或施工方法选择方面的一些限制性的规定，也是图纸会审不容忽视的，必要时应做出相应的调整。

(3)关于图纸问题及解决方式。图纸中的问题，既可能是设计缺陷，也可能由于施工技术人员识图不准、理解偏差造成。如果是设计缺陷，则应进行必要的设计变更。工程庞大、细节繁多，图纸会审中发现一些这样或那样的问题，往往不可避免，此阶段应予以及时解决，尽量不遗留问题，以免给日后施工带来麻烦。

对于图纸中比较简单的问题，设计人员应尽量当场答复解决；对于比较复杂的问题，需要计算校核甚至进行方案论证才有结论的问题，各方可以尽量跳过该问题转入下一问题的研究。然后设计人员将这些相对比较复杂的问题带回处理，并限时做出正式答复。

(4)关于专业地位。从工程设计过程看，建筑专业给结构、水、暖、电等其他各专业提供作业图，其他各专业图纸均是在其基础上绘制完成的。建筑图除建筑做法、功能是否合理，图纸表达是否准确无误等属于建筑专业自身的问题之外，其他专业许多问题的出现往往也会涉及建筑专业本身；各专业之间也会相互影响，即出现所谓牵一发而动全身的问题。因此，处理问题、做出变更设计、设计专业做好协调、统一步调非常重要。

(5)关于图纸会审遗漏的问题。对于图纸中存在的问题，由于各种原因，图纸会审现场各方都没有发现，待日后施工中施工人员发现后，可以及时联系设计单位解决。从提高图纸会审质量和效率的角度出发，应尽量避免或减少这类问题的出现。

观察后，关键小组做好笔记，整理观察资料，如图纸会审、设计变更、洽商记录汇总表的复印件，带回学校，以备后续情境模拟之用。

特别提示

这里的思考议题为编者推荐议题，指导教师和学生可根据知识准备原则与图纸会审的基本原则和要求，对议题内容做出必要的调整。

3.2.1.3　开展情境模拟

图纸会审工作情境，由情境观察“关键小组”在校内课堂上自主完成，将整个演绎过程向同班同学展示。在指导教师直接参与下，完成情境“剧本”的编写。这个剧本内容包括：模拟角色安排与场景布置；情节编排；情节模拟。

1. 模拟角色安排与场景布置

在关键小组8～10人成员中，安排1～2人扮演建设单位代表，1～2人扮演总监理工程师或监理工程师，3人分别扮演设计单位建筑师、结构师、设备工程师(水、暖、电1人)，相应施工单位土建工程师由2人扮演，安装工程师由1人扮演；选一堂教室布置为图纸会审现场，在教室中央以课桌围成工作台，四周围坐观摩学生(人数视场地大小尽量多安排)，黑板位置可拉设横幅“××工程图纸会审工作会议”，以增添真实氛围。

2. 情节编排

按照图纸会审的一般程序展开，即：业主(建设单位)或监理方主持人发言→设计方图纸交底→施工方、监理方代表提问题→逐条研究→形成会审记录文件→签字、盖章生效。

3. 情境模拟

(1)情境模拟空间的独立性。由于关键小组的情境模拟区和普通学生观摩区安排在同一合堂教室，因此必须维持好现场秩序，避免关键小组的模拟演绎进程受到干扰或影响。

(2)图纸会审程序的调整。如前所述，图纸会审的进程与由设计单位建筑、结构、水暖电设备与施工单位土建安装专业之间的问答是同时展开的。但为了周围普通学生获得更好的观摩效果，模拟时改为建筑、结构、设备各专业之间的问答，按照先建筑、后结构、最后水暖电设备专业的顺序展开。

(3)会审问题的选择。在图纸会审技术问题的选择上，一定要注意问题类型的覆盖面。各专业选题既要有一般问题(三言两语即可完成问答过程并形成记录)，也要有适当难度的问题(需经过双方研讨，根据规范条文引用，才能做出最后的判定并形成记录)，还应有复杂问题(双方首先搞清楚问题或矛盾的核心所在，由于时间的原因不能当场解决，而由设计方工程师带回研究并限期做出书面文件答复)。

(4)会审情节的策划。在会审情节策划上要重形式、轻内容，重环节、轻细节。切忌将会审的焦点放在解决某个具体专业问题的技术细节上，这与本实践策划的初衷相违背。会审技术问题选择上，可以用真实观察中带回的相对比较简单的问题，也可以采用完全由关键小组虚拟创编的问题。

图纸会审情境观察与模拟两个环节顺利结束后，指导教师组织全体学生开好总结会，学生按单元后面的复习思考题要求，自拟题目书写相关实践论文。

3.2.2 工地例会观察与情境模拟

3.2.2.1 人员安排与知识准备

1. 人员安排

以班级为单位，每班安排6～8名学生代表，组成“关键小组”，开赴工作现场进行实地工作情境观察。“关键小组”的作用同前述图纸会审。由学生代表组成的关键小组，完成工地近距离情境观察，做好观察记录。他们将来返校后，既要向同学们转述所见所闻，还要在下一步的情境模拟中，扮演专业工程师等特定角色，在校内特设的模拟工作环境里，向同学们模仿、演绎，以便展示工地例会的实际工作情境。

2. 知识准备

知识准备面向全体学生，要认真做好，关键小组成员首当其冲。巩固和复习第2单元已经学习过的有关工地例会的知识。如例会举行的时间、地点、参加人员、会议程序和内容等，均应在第一次工地会议中由各方协商确定。

(1)例会的时间安排。一般以一周一次为宜，如果工程规模较小或工种较单调，可以适当调整为每半月一次，但不应再减少；建筑工程一般工期较长，而工地例会通常是旬旬开或周周办，所以，每次会议举行的时间应灵活控制并尽量缩短，本着切实解决问题的原则，努力提高会议效率。通常为维护工地例会的严肃性，实行出席点名的方法，并配以相关奖惩制度加以保障。

(2)例会的地点。按照惯例，一般均将工程现场会议室作为工地例会的召开地点，但有时根据工程情况，为解决某一主要问题，可以选择施工现场甚至材料供应地等有关地点召开例会。

(3)例会的程序及内容。

1)例会的一般程序：承包单位(施工单位)发言→监理单位发言→建设单位发言→整理会议纪要。

2)例会的内容。由于角色和职责的不同，每个单位发言的侧重点和负责的内容有很大的不同。

①承包单位汇报或说明以下内容：

a. 汇报从上次例会至今的工程进展情况，对工程的进度、质量和安全工作进行总结，并分析进度超前或滞后的原因。

b. 质量、安全方面以及资料上报等方面存在的问题，所采取的措施。

c. 汇报下阶段进度计划安排，克服现阶段进度、质量、安全问题的措施。

d. 提出需要建设单位和监理单位解决的问题。

②监理单位汇报或说明以下内容：

a. 对照上次例会的会议纪要，逐条分析与会各方是否已实施了承诺。

b. 对承包单位分析的进度和质量、安全等情况做出评价，主要是指出漏报的问题以及原因是否正确、整改的措施是否可行。

c. 安全生产、文明施工是一个长期的任务，必须对施工单位的安全教育情况进行分析，加强监理自身的保护。

d. 对工程量核定和工程款支付情况进行阐述。

e. 对承包单位提出的需要监理方答复的问题进行明确答复。

f. 提出需要建设单位或承包单位解决的问题。

③建设单位的关注：指出承包单位和监理单位工作中需要改正的问题，并对承包单位和监理单位提出的问题给予明确答复。

(4)整理会议纪要。会议纪要应由监理机构整理。整理纪要时需注意以下几点：

1)注明该例会为第几次工地例会，例会召开的时间、地点、主持人，并附会议签到名单。

2)用词准确、简略、严谨，书写清楚，避免歧义。

3)分清问题的主次，条理分明。

会议纪要整理完毕后，首先送总监审阅、签字，之后送承包单位和建设单位及被邀请参加的其他单位代表审阅签字，签字时应注明日期。若某一方改动既定会议内容，应征得其他各方的同意。

3.2.2.2 工作情境观察

在工地例会现场，如同前述图纸会审现场一样，对于参与工地例会的建设单位、监理单位、施工单位等各方人员而言，指导教师和关键小组是以百分之百的“外来”旁观者身份出现的，他们在现场全过程保持沉默，并且力求最大限度地减少对现场实际工作的影响。但从完成综合实践的目标出发，在这个“光看不说”的空间里，关键小组具有绝对的支配权和主导权，体现在独立地选择看什么、想什么及后续议论什么。这里的指导教师，仅仅是综合实践活动的带路者和秩序维护者。

1. 参加人员

到场人员首先按规定签到，注明姓名、单位名称、负责的工作、联系电话等。由总监理工程师主持会议。参加工地例会的单位分别是承包(施工)单位(如有必要则含分包单位)、监理单位、建设单位。到场人员身份通过会议主持人的介绍和他们就座的位置可以清晰识别。

(1)施工单位。施工单位一般由项目经理、技术负责人、各工种负责人、质量员、安全员、施工员与会，必要时可以通知施工单位领导及各班组长、材料供应商等参加。视工程规模和复杂程度，参加人员数量可做出必要的调整。

(2)监理单位。除总监理工程师及现场监理工程师、监理员，必要时可请单位领导或其他相关人员参加。

(3)建设单位。建设单位项目负责人、驻工地工程师及其他驻现场人员参加。

2. 工地例会进程

如前所述，例会进程按“承包单位发言→监理单位发言→建设单位发言→整理会议纪要”的程序推进，观察对比现场实际情境，与知识准备的例会内容有无不同或理解偏差。

3. 注意细节

(1)观察例会中各个专业的情况。避免在工地例会中仅仅重视土建专业、忽视设备安装专业的问题。总监理工程师会全面关注所有专业的问题。而且随着科技的发展，现代建筑中各设备安装专业新技术、新材料的应用迅猛增长，存在的问题可能更多，更应引起足够重视。

(2)观察参与例会各方相互协作、相互制约的特定关系。他们发言中所涉及的问题，比前述图纸会审中设计单位和施工、监理单位之间一问一答的关系复杂得多，多与施工进度、质量、安全、成本等有关。他们相互提出要求，同时相互承诺，并在给出解决问题的措施时，均应说明解决问题的具体期限，并严守承诺，使方案能落到实处，达到会议的目的。在下一次的例会中由各方对照检查，未按期落实的应说明原因，由与会各方商讨处理方法。

(3)观察例会纪要的处理。例会纪要由总监理工程师在主持会议过程中完成初步整理，最后经各方均签字完毕后，由监理人员打印、盖章、分发，分发时需请接收人员签字并注明接收的日期和份数。经各方签字的原稿应由监理单位妥善保管，供需要时查阅。开好工地例会，整理好会议纪要，切实解决工程施工中存在的问题，是做好监理工作的重要一环。其有助于监理工作的正常开展，同时，也在一定程度上树立了监理单位的威信，必须引起监理人员的高度重视。

3.2.2.3 开展情境模拟

工地例会工作情境，由情境观察“关键小组”在校内课堂上自主完成，将整个演绎过程向其同学展示，在指导教师直接参与下完成。仅就情境“剧本”的编写方式及演绎形式而言，与图纸会审非常相似，但实际内容比起图纸会审来说却复杂得多。其内容包括：模拟角色安排与场景布置，情节编排，情节模拟。

1. 模拟角色安排与场景布置

与图纸会审相比，由于少了设计单位参与人员，因此，关键小组成员可适当减少为 6～8 人，安排 1～2 人扮演建设单位代表，3 人扮演总监理工程师或监理工程师，相应施工单位土建工程师由 2 人扮演，安装工程师由 1 人扮演；选一合堂教室布置为工地例会现场，在教室中央以课桌围成工作台，四周围坐观摩学生(人数视场地大小尽量多安排)，黑板位置可拉设横幅“××工程第×次工作例会”，以增添真实氛围。

2. 情节编排

按照工地例会的一般程序展开，即：承包单位发言→监理单位发言→建设单位发言→整理会议纪要，签字生效。全过程在总监理工程师的主持下，(除非第 1 次)严格按照上次例会纪要议题顺序展开，总监理工程师控制各方发言时间，发言力求言简意赅，抓住要点，提高效率。

3. 情境模拟

(1)情境模拟空间的独立性。由于关键小组的情境模拟区和普通学生观摩区安排在同一合堂教室，因此，必须维持好现场秩序，避免关键小组的模拟演绎进程受到干扰或影响。

(2)例会情节的策划。在例会情节策划上，要重形式、轻内容，重环节、轻细节。如同对前述图纸会审的要求一样，切忌使例会的焦点放在解决某个具体专业问题的技术细节上，这与本实践策划的初衷同样是相违背的。在例会技术问题选择上，可以用真实观察中带回的相对比较简单的问题，也可以采用完全由关键小组虚拟创编的问题。

(3)例会议题的选择。在例会技术问题的选择上，应注意问题类型的覆盖面有两层含义：一是议题尽量涉及土建和安装(水、暖、电等)各个专业；二是议题尽量包括进度、质量、安全及成本等方方面面的内容。举例如下：

某学校 6 层学生宿舍楼，砖混结构，施工进度接近主体封顶，工程开工已经 3 个月时间，这时第 13 次工地例会正在进行中。

议题一(涉及进度)：第 12 次例会中，总监理工程师发现实际施工进度比计划进度晚了两天，表示关注。施工单位当时指出由于夏季用电高峰限电供应，导致钢筋加工受到影响，致使工期延误。本次例会总监理工程师核实议题落实情况。施工单位答复，在建设单位协助下，设置了一台××型号柴油发电机，电力供应有了改善，工期已经追回一天，预计下次例会进度恢复正常。总监理工程师记录在案并表示满意。

议题二(涉及安全)：本次例会开始前，建设单位人员在巡查中发现，室外局部暖气沟的开挖，致使主体结构部分脚手架立杆基座基础下土层发生明显松动，对安全表示担忧。监理工程师当即决定稍后赴现场仔细观察，拿出加固整改方案。施工单位认同，并表示待现场查明原因便限期加固解决，确保安全。

议题三(涉及付款)：总监理工程师询问付款计划进展情况，施工单位人员回复目前总共收到工程款××笔，合计××万元。同时，强烈关注已经办理签认等手续的最近一次付款，本应三天前到账但至今没有到账。建设单位人员回复，由于银行××技术原因导致延迟，并承诺两天内一定到账。

情境观察与模拟两个环节顺利结束后，指导教师组织全体学生开好总结会，学生认真完成单元后面的复习思考题，或者自拟题目书写相关实践论文。

任务 3.3 墙体砌筑操作实训

任务导入

砖墙砌筑施工实训，选择一个由普通实心砖组砌而成且平面上含有T形交接24砖墙施工实例，其平面如图3.3.1所示。首先，编写实训任务书，在该任务书中，确立实训目标、提出要求，明确准备工作内容、实训具体内容、环节步骤等，并由指导教师向学生一一说明。另外，还应阐述确保学生安全的各项措施及提醒学生应注意的事项等。

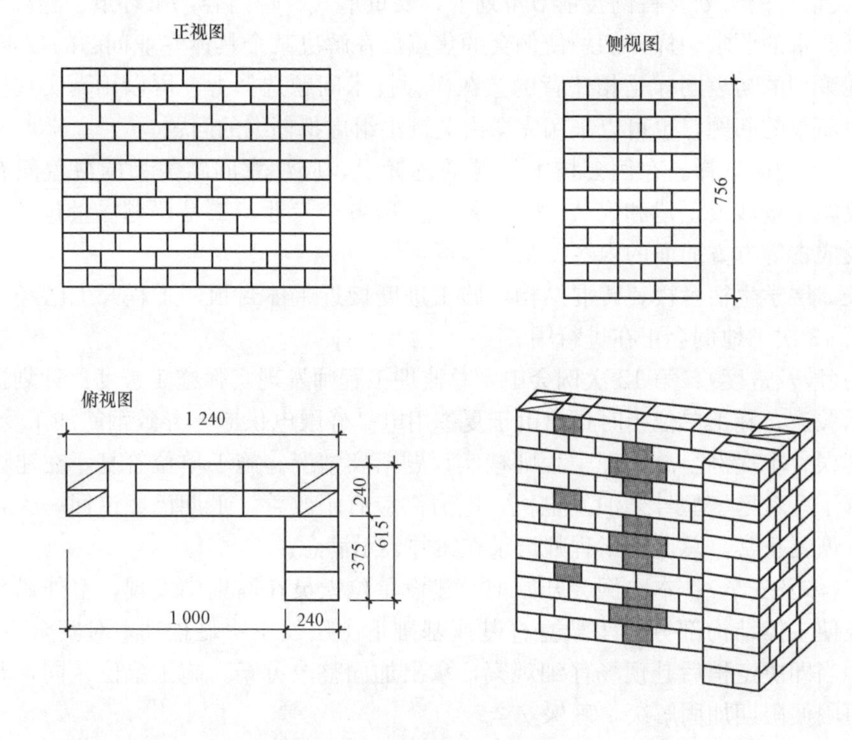

图 3.3.1 墙体砌筑示意(一)

3.3.1 前期准备工作

3.3.1.1 原材料与砌筑工机具

1. 原材料

原材料选用MU10普通烧结实心砖，强度等级为12.5或22.5的砌筑水泥，天然中砂，或砌筑干粉砂浆。拌制砂浆用自来水，经核实处于可供应状态。

2. 操作工具

操作工具中常用的砌筑工具，有瓦刀或大铲、刨锛、准线、皮数杆、线坠、托线板、墨斗等；质量检测工具，有托线板(2 m)、钢卷尺、木直角三角尺、塞尺、百格网、准线等；辅助工具，有灰桶、灰槽、灰把、铁锹、手推车、红蓝铅笔等；常用机具，有砂浆搅拌机和砂浆流动性测定仪等；测量器具，有水准仪、水准尺、水平尺、木折尺、钢卷尺等；特殊工具，有引尺架、引尺坡度靠尺、手锤、方尺等。

学生实训中，并非用到上述全部工机具，但有必要了解其功能，并大致掌握其操作或使用方法。

3.3.1.2 人员安排、现场布置及学时计划

1. 人员安排

以班级为单位，每班划分若干实训小组，每小组6名学生。其中，2人主要负责砌筑施工操作；2人负责质量检查与验收；其余2人可不安排特定角色功能，以便自主地选择工作内容，协助其他4人做好砌筑或验收各阶段的具体工作。

2. 现场布置

砌筑操作工作现场，安排在校内实训基地，每小组活动范围为一个操作单元，该单元平面为3.0 m×4.2 m，其周边外围通过撒石灰线予以区分，以减低相互影响。每单元内做好有关准备工作，如提前布置好砖、砂浆等材料及各种主要工机具。详见以下特别提示。

特别提示

主要建筑材料量单，由指导教师计算完成，依据后续的施工详图、建筑材料定额、校内实训基地规模及每次实训安排学生数量等进行灵活确定。有关人员将所有必要的材料、工具、设施设备运输至现场指定位置，并做好以下事宜：

(1)砖提前1～2天浇水润湿，提前运送至每个操作单元内。

(2)提前准备砂浆的原材料，并不早于使用前半小时于现场完成拌制，并运送至每个操作单元的灰槽内以等待使用。

3. 知识准备与学时安排

(1)组砌方式、砌筑方法及操作过程。砖墙组砌方式有一顺一丁、三顺一丁、梅花丁、全顺或全丁等。主要操作方法有“三一”法、铺浆挤砌法及坐浆砌砖法三种，常用方法为“三一”法，即指一铲灰、一块砖、一揉挤这三个“一”来砌筑砖墙的一种普遍的操作方法。砌筑操作过程是：找平及放线→摆干砖→立皮数杆→盘角及挂线→墙体砌筑。这里采用“三一”法砌筑组砌方式为一顺一丁的24砖墙。实训知识准备主要包括以下内容：

1)砖墙砌筑的准备工作，砂浆拌制方法，砖的准备等；认识主要砌筑操作及质量检查工机具，熟悉各自的作用或功能。

2)摆砖、盘角的操作要求，砌筑高度的控制，垂直平整度的控制方法等。

3)放线的技术要点及放线的意义，皮数杆的设立，500控制线的绘制方法及作用。

4)盘角、接槎、摆砖、砌口及勾缝等操作技术要点；砌砖的质量标准和要求。

5)克服施工中通缝、搭槎不严、游丁走缝等质量通病的方法。

(2)工程质量检查与质量验收。根据《砌体结构工程施工质量验收规范》(GB 50203—2011)，砌筑实训砌筑工程质量验收项目内容主要包括轴线位移、垂直度、组砌方法、水平

与竖向灰缝厚度、墙体表面平整度、水平灰缝平直度、砂浆饱满度、清水墙游丁走缝等。

(3)砌筑实训学时计划安排。砌筑实训学时计划安排，详见表 3.3.1。

表 3.3.1　砌筑实训学时计划表

内　容		学时	得分比例/%
准备	砌筑材料，工机具功能及使用方法，施工详图识读技能	1	12.5
	砌筑的组砌方式，操作工艺要点和工艺顺序	1	12.5
实施	砌筑操作	4	50
	砌筑质量检测与评定	2	25
合　计		8	100

3.3.2　操作实施及质量检测与评定

3.3.2.1　操作实施

为了让尽量多的学生，在相对有限的校内实训空间里以及在较短的时间里，亲自动手完成砌筑操作训练，所选砌筑实例墙体体量较小，为 240 mm 厚 T 形平面砖墙：纵向长度为 1 240 mm，横向长度为 615 mm，高度为 12 皮砖，采用一顺一丁组砌方式，如图 3.3.2 所示。

图 3.3.2　墙体砌筑示意(二)

1. 找平及放线

由于实例 T 形墙体直接坐落于实训场地的水平硬基层面上，省略了以水平控制线方法找平的操作步骤，同时由于实例墙体高度有限且不及一个层高，随后的墙体砌筑过程中还省略了皮数杆的设立。

采用墨斗弹线进行轴线定位放线。弹出Ⓒ轴线，随后借助木直角三角尺进行相互垂直角度的校准并弹出③轴线，用木折尺量测定位，借助直角三角尺校准并放出两道墙体相互垂直的一外边缘的控制线，如图 3.3.3 所示。

2. 摆干砖

干摆四皮砖，第一、三层和第二、四层分别如图 3.3.4、图 3.3.5 所示。每皮一边顺砌时，另一边则为丁砌，同时注意拐角处七分头两块总是沿着顺砖排列。

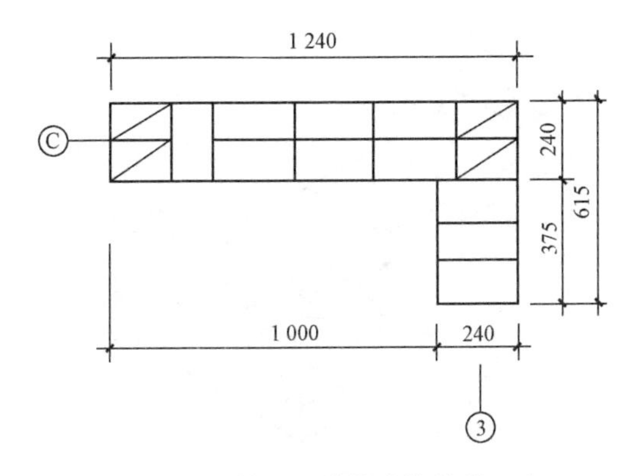

图 3.3.3　轴线及墙体边缘放线示意

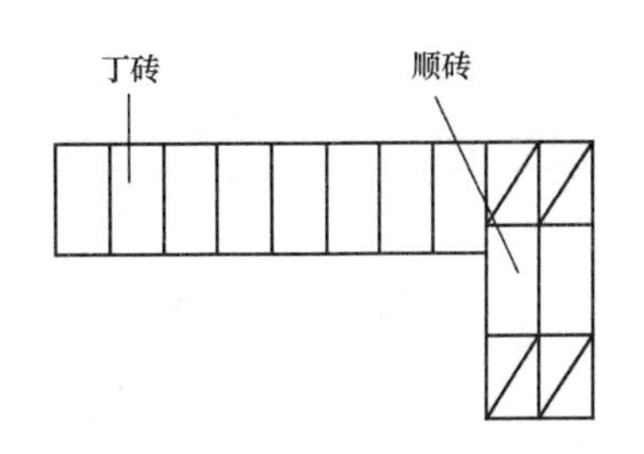

图 3.3.4　摆干砖：第一、三皮砖组砌方式

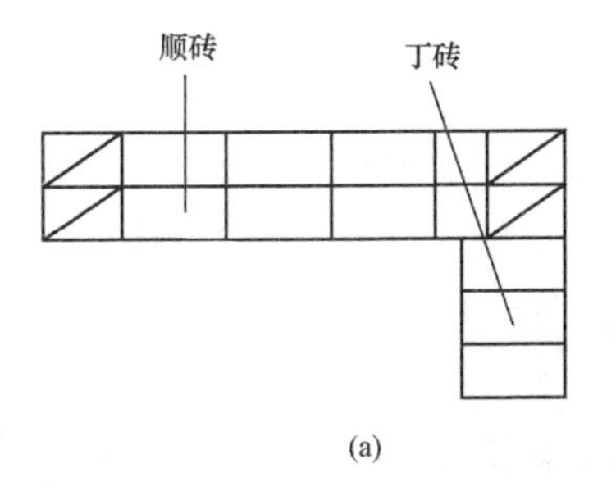

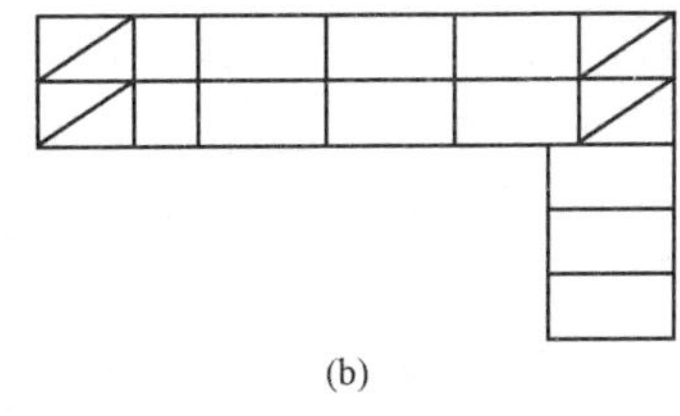

图 3.3.5　摆干砖

(a)第二皮砖组砌方式；(b)第四皮砖组砌方式

3. 盘角及挂线

(1)盘角。

1)在画好的墙体边缘线上，用木折尺核准墙体尺寸，并砌筑墙角砖和端部砖，如图 3.3.6 所示。

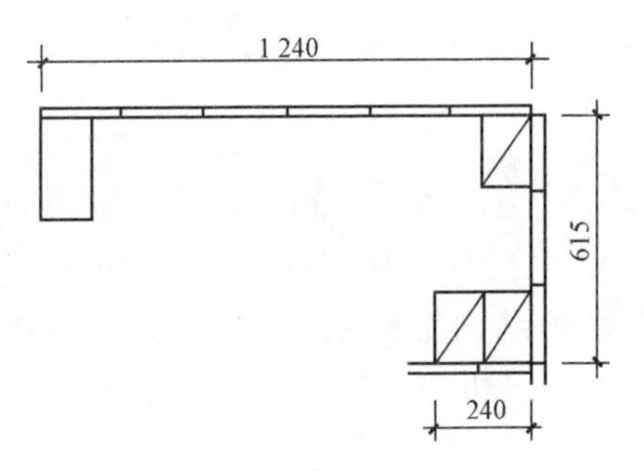

图 3.3.6　轴线及墙体边缘放线示意

2)砌筑第一皮砖，如图 3.3.7 所示。砌筑过程中，一是用靠尺紧贴墙体放外边缘线以确保墙体排列平直；二是用水平尺控制好每皮的水平度；三是用直角三角尺测控好两墙相交外边缘线，确保其相互垂直。

3)将墙角及两端部墙体砌至第三皮，砌筑过程中用水平尺控制好水平度，用木折尺测控好每皮厚度，还应保持两墙相互垂直交接，如图 3.3.8 所示。

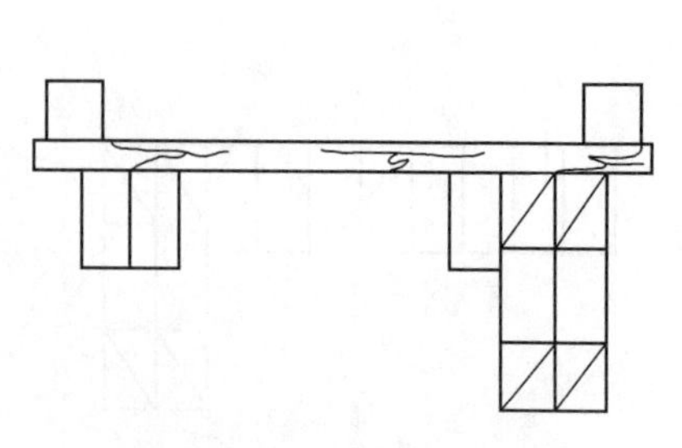

图 3.3.7　砌筑第一皮砖

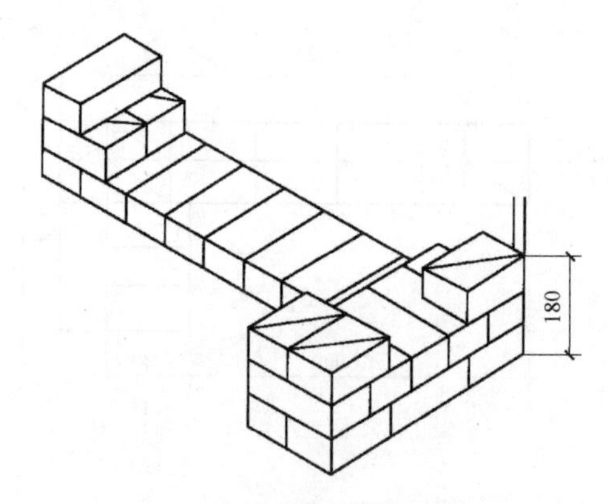

图 3.3.8　墙角及两端部砌至第三皮

(2)挂线。拉准线，沿准线依次砌筑第二、三皮中间砖。

4. 砌筑墙体

(1)盘角。每次按图 3.3.8 所示首先将墙角及端部墙体砌筑三皮，接着拉准线砌满中间各皮。注意每次盘角不要超过 5 皮，应及时吊、靠。如有偏差应及时修整，用钢卷尺量测砖层和标高，确保灰缝均匀一致且厚度符合要求，并控制好墙体总高度，详见以下特别提示。

每次大角盘好后要再复查一次，平整度和垂直度完全符合要求后，再挂线砌墙。

(2)挂线。砌筑一砖及一砖以下宽度墙，单面挂线；一砖以上宽度墙体，双面挂线。施工中几个人使用一根通线砌筑长度很大的墙体时，中间应测设若干支线点；线要拉紧，每皮砖都要穿线看平，水平缝应平直通顺、均匀一致；砌一砖厚混水墙时，宜采用外手挂线，可照顾砖墙两面平整，为下道工序控制抹灰厚度做好准备。

特别提示

在实际施工中，主要依靠皮数杆辅以钢卷尺对砖层、灰缝厚度以及各种墙身构件的标高实现测控。

(3)砌砖。砌砖宜采用“三一”法，满铺、满挤砂浆。砌筑时要跟线，做到“上跟线，下跟棱，左右相邻要对平”，水平灰缝厚度应控制在(10±2)mm。

砌筑操作执行国家标准《砌体结构工程施工质量验收规范》(GB 50203—2011)的规定，保持实训现场整洁，操作时间在 4 学时内完成。

3.3.2.2　质量检查

1. 砌筑工程质量检查内容

(1)砌体砂浆。

1)饱满度。

2)砂浆配合比。检查砂浆配合比是否执行相关规定，是否符合要求。并根据试块进行试压，检查砂浆强度是否符合设计要求。

(2)砖块组砌方式。

(3)砌体尺寸、平整度和垂直度。

(4)砌体外表。

(5)预埋件、预留孔洞位置。

关于砌筑质量检查内容的选择，详见以下的特别提示。

特别提示

所选择的质量检查内容，为砌筑工程实际施工中所执行的内容。其中的许多内容本实训并未涉及，以下“检查的方法和标准”中以“实训略”标注以区别。

2. 检查的方法和标准

(1)砌体砂浆。

1)饱满度。墙体灰缝内砂浆必须饱满。检查方法：按照规定的点数掀起砖块检查，每点每次掀起3块砖，用百格网检查砖底面上砂浆的接触面积，取平均值。水平灰缝内砂浆饱满度不得低于80%。

2)砂浆配合比。砂浆配合比的执行，必须保证同一砂浆强度等级的平均强度不得低于设计强度等级，且任一组试块的最低值不得低于设计强度等级的75%。检查方法：按规定取试块，在标准条件下养护28 d再做试压，根据试验记录确定(实训略)。

(2)砖块组砌方式。砖的组砌应上下错缝，隔层竖缝要对直，不能游丁走缝，更不能有竖向通缝；墙角和墙体交接处如果接槎，应执行相关构造规定。检查方法：直观目测。

(3)砌体尺寸、平整度和垂直度。墙体的厚度、高度及标高必须符合设计要求，墙面平整、与地面垂直，误差控制在允许范围内。检查方法：用经纬仪、水准仪及尺量进行检测。

(4)砌体外表质量。清水墙墙体表面应清洁，灰缝深度适宜，勾缝密实、深浅一致。检查方法：通过直观目测和尺量相结合(实训略)。

(5)预埋件、预留孔洞尺寸和位置。预埋件、预留孔洞尺寸和位置应符合设计要求。检查方法：通过直观目测和尺量相结合(实训略)。

(6)砖砌体尺寸、位置的允许偏差及检验方法参见第2单元表2.3.37。

3. 常见的砖砌体工程质量通病及预防措施

(1)砂浆强度达不到要求。砂浆强度偏低，也可能偏高。

预防措施：加强现场管理，确保水泥、砂子等材料质量符合要求，严格执行砂浆配合比，提高材料计量的准确性。

(2)砂浆和易性差，发生离析、沉底结硬。砂浆和易性差，一般表现为稠度和保水性不能满足要求，会造成砌筑过程中砂浆摊铺困难，影响砌筑质量。

预防措施：应尽量避免用高强度等级水泥拌制低强度砂浆，不用细砂，保证砂浆添加剂质量。制订并执行合理的砂浆拌制计划，随拌随用，且适时翻拌灰桶内砂浆，每次用完砂浆后要清理桶底等。

(3)砌体组砌方式错误。组砌方式错误或不当，多表现为墙面出现通缝、直缝，内外没有搭砌，以及砖柱采用包心砌筑等，违背构造要求，减低了墙体承载强度。

预防措施：强化砌筑施工技术交底，加强对作业人员砌体构造知识培训。另外，施工中注意分散使用缺损砖，少用半砖，禁用碎砖。

(4)墙体灰缝不平直，发生游丁走缝，墙面凹凸不平。

预防措施：砌筑前认真摆干砖，根据墙体实际尺寸调整好灰缝宽度、厚度。采用皮数杆接线砌筑，以砖的小面跟线，拉线长度为15～20 m，超长时加腰线；竖缝每隔一定距离通过弹墨线找齐，墨线以线坠向上引测，立线、水平线、线坠应“三线归一”。

(5)墙体留槎错误。砌筑过程中随意留砖槎，甚至是阴槎；马牙槎构造不符合要求；接槎砂浆不密实等，都会影响墙体的强度和整体性。

预防措施：首先是施工组织设计中执行规范应有统一明确要求，其次是强化施工技术交底。

(6)锚拉钢筋安装遗漏或不符合要求。构造柱及接槎钢筋漏放或者设置错误。

预防措施：加强技术交底，施工中加强质量检查，拉结筋执行隐蔽工程验收。

(7)砌块墙体裂缝。砌块墙体产生水平裂缝，底层窗间墙出现竖向裂缝，顶层建筑端部、房屋角部出现阶梯形裂缝或窗洞四角出现八字裂缝等。

预防措施：砌块出厂后静置30～50 d，以减少砌块自身的收缩；施工前清除砌块表面的灰尘或其他脱模剂，以避免其影响砂浆与砌块的粘结力；施工中严格按设计、施工规范要求，做好圈梁、构造柱以及敏感收缩变形部位的灰缝内拉结钢筋或钢筋网片。另外，除了加强墙体自身的整体性，还应保证地基基础施工的质量，以防止地基不均匀沉降带来的墙体开裂。

(8)墙面渗水。砌块墙面及门框四周，出现渗水、漏水现象。

预防措施：认真检查砌块质量，特别是其抗渗性能；加强砂浆饱满度控制；杜绝墙体裂缝；门窗框周边嵌缝应在墙面抹灰前进行，而且要待固定门窗框铁脚的砂浆达到一定强度后进行。

(9)层高超高。层高实际高度与设计高度的偏差超过允许偏差。

预防措施：保证砂浆原材料符合质量要求，砌筑前计算砌筑皮数并绘制皮数杆，砌筑中控制好铺灰的厚度与长度，控制好每皮砌块的砌筑高度。对于原楼地面的标高误差，可在每皮灰缝的厚度及楼板找平层厚度的允许偏差内逐一调整。

墙体砌筑质量检查实训在2学时内完成后，指导教师主持召开墙体砌筑操作实训总结会。学生认真完成单元后的复习思考题，或者自拟题目写好相关实践论文。

单元小结

本单元为综合实践，包括一场参观(含两个议题)，两场观察模拟和一场砌筑施工操作实训。所含内容及展开方式都有很大不同。

在首先组织的工地参观中，关注了脚手架构造和施工现场平面布置；而接下来进行的工作情境观察与模拟，则深化了学生对施工组织中图纸会审和工地例会的地位与作用的认识与理解；最后，在校内实训基地组织开展了砌筑操作技能训练。动手操作仅仅是手段，其目的是通过它为学生编写砌筑施工方案、向作业人员做技术交底乃至编制砌体工程施工进度计划打下坚实的知识基础。

本单元工作情境教学颠覆了传统的课堂教学和实习参观走马观花的学习方式，在实训全程，指导教师仅仅起到引导、组织和保证学生安全等基本作用，而实训本身在很大程度上由学生编排，自主推展演绎完成。

复习思考题

1. 以一栋砌体楼房工程施工为例，施工现场在不同分部工程施工阶段的平面布置图有变化吗？如果有，会是哪些差别？

2. 应该从哪些方面采取措施来提高图纸会审的工作效率？如何理解建筑专业在工程设计及施工中的“龙头”作用？

3. 根据自己对工地例会工作情境的实地观察，或根据书中描述，试虚拟设计不少于三个例会议题，要求其内容分别涉及质量、进度及成本控制。

4. 简要介绍自己参加砌筑实训的具体经历，并且试叙述其中感触最深的施工操作或质量验收的情境、步骤或技术要点。

参 考 文 献

[1] 中华人民共和国国家标准．GB 50003—2011 砌体结构设计规范[S]. 北京：中国计划出版社，2012.

[2] 中华人民共和国国家标准．GB 50011—2010 建筑抗震设计规范[S]. 北京：中国建筑工业出版社，2010.

[3] 中华人民共和国国家标准．GB 50924—2014 砌体结构工程施工规范[S]. 北京：中国建筑工业出版社，2014.

[4] 中华人民共和国国家标准．GB 50203—2011 砌体结构工程施工质量验收规范[S]. 北京：中国建筑工业出版社，2012.

[5] 中华人民共和国行业标准．JGJ/T 98—2010 砌筑砂浆配合比设计规程[S]. 北京：中国建筑工业出版社，2011.

[6] 中华人民共和国行业标准．JGJ/T 14—2011 混凝土小型空心砌块建筑技术规程[S]. 北京：中国建筑工业出版社，2012.

[7] 中华人民共和国行业标准．JGJ 130—2011 建筑施工扣件式钢管脚手架安全技术规范[S]. 北京：中国建筑工业出版社，2011.

[8] 中华人民共和国国家标准．GB 15831—2006 钢管脚手架扣件[S]. 北京：中国标准出版社，2007.

[9] 中华人民共和国国家标准．GB 50223—2008 建筑工程抗震设防分类标准[S]. 北京：中国建筑工业出版社，2008.

[10] 中华人民共和国国家标准．GB 50666—2011 混凝土结构工程施工规范[S]. 北京：中国建筑工业出版社，2012.

[11] 中华人民共和国国家标准．GB 50300—2013 建筑工程施工质量验收统一标准[S]. 北京：中国建筑工业出版社，2013.

[12] 中华人民共和国国家标准．GB 50204—2015 混凝土结构工程施工质量验收规范[S]. 北京：中国建筑工业出版社，2014.

[13] 中华人民共和国国家标准．GB 50007—2011 建筑地基基础设计规范[S]. 北京：中国计划出版社，2012.

[14] 中华人民共和国国家标准．GB 50202—2018 建筑地基工程施工质量验收标准[S]. 北京：中国计划出版社，2018.

[15] 中华人民共和国行业标准．JGJ/T 104—2011 建筑工程冬期施工规程[S]. 北京：中国建筑工业出版社，2011.

[16] 危道军．建筑施工组织[M]. 北京：中国建筑工业出版社，2014.

[17] 姚谨英．建筑施工技术[M]. 北京：中国建筑工业出版社，2017.